U0155461

Word/Excel/PPT

2021 办公应用

 龙马高新教育

◎ 编著

从入门到精通

北京大学出版社
PEKING UNIVERSITY PRESS

内 容 提 要

本书通过精选案例引导读者深入学习，系统地介绍了使用 Word/Excel/PPT 2021 办公应用的相关知识。

本书分为 4 篇，共 14 章。第 1 篇 "Word 办公应用篇"主要介绍 Word 2021 的基本操作、使用图和表格美化 Word 文档，以及长文档的排版等；第 2 篇 "Excel 办公应用篇"主要介绍 Excel 2021 的基本操作、初级数据处理与分析、中级数据处理与分析（图表、数据透视表和数据透视图），以及高级数据处理与分析（公式和函数的应用）等；第 3 篇 "PPT 办公应用篇"主要介绍 PowerPoint 2021 的基本操作、动画和多媒体的应用，以及放映幻灯片等；第 4 篇 "办公实战篇"主要介绍 Word/Excel/PPT 2021 在办公中的应用、办公中必备的技能及 Word/Excel/PPT 2021 组件间的协作等。

本书不仅适合计算机初、中级用户学习，也可以作为各类院校相关专业学生和计算机培训班学员的教材或辅导用书。

图书在版编目（CIP）数据

Word/Excel/PPT 2021 办公应用从入门到精通 / 龙马高新教育编著 . — 北京：北京大学出版社，2022.5

ISBN 978–7–301–32961–0

Ⅰ . ① W… Ⅱ . ①龙… Ⅲ . ①办公自动化 – 应用软件 Ⅳ . ① TP317.1

中国版本图书馆 CIP 数据核字 (2022) 第 049366 号

书　　　名	Word/Excel/PPT 2021 办公应用从入门到精通
	Word/Excel/PPT 2021 BANGONG YINGYONG CONG RUMEN DAO JINGTONG
著作责任者	龙马高新教育　编著
责 任 编 辑	王继伟　滕柏文
标 准 书 号	ISBN 978–7–301–32961–0
出 版 发 行	北京大学出版社
地　　　址	北京市海淀区成府路 205 号　100871
网　　　址	http://www.pup.cn　　　新浪微博：@ 北京大学出版社
电 子 信 箱	pup7@ pup.cn
电　　　话	邮购部 010–62752015　发行部 010–62750672　编辑部 010–62570390
印 刷 者	三河市北燕印装有限公司
经 销 者	新华书店
	787 毫米 ×1092 毫米　16 开本　21.25 印张　530 千字
	2022 年 5 月第 1 版　2022 年 5 月第 1 次印刷
印　　　数	1–4000 册
定　　　价	79.00 元

前言

Word/Excel/PPT 2021 很神秘吗？

不神秘！

学习 Word/Excel/PPT 2021 难吗？

不难！

阅读本书能掌握 Word/Excel/PPT 2021 的使用方法吗？

能！

为什么要阅读本书

　　Office 是现代职场人士日常办公中不可或缺的工具，主要包括 Word、Excel、PowerPoint 等组件，被广泛地应用于财务、行政、人事、统计和金融等众多领域。本书从实用的角度出发，结合应用案例，模拟真实的办公环境，介绍了 Word/Excel/PPT 2021 的使用方法与技巧，旨在帮助读者全面、系统地掌握 Word/Excel/PPT 2021 在办公中的应用。

选择本书的 N 个理由

　　❶ 简单易学，案例为主

　　以案例为主线，贯穿知识点，实操性强，与读者需求紧密结合，模拟真实的工作环境，帮助读者解决在工作中遇到的问题。

　　❷ 高手支招，高效实用

　　本书的"高手支招"版块提供了大量实用技巧，既能满足读者的阅读需求，也能解决在工作中遇到的一些常见问题。

　　❸ 举一反三，巩固提高

　　本书的"举一反三"版块提供了与该章知识点相关或类型相似的综合案例，帮助读者巩固和提高所学内容。

④ 海量资源，实用至上

赠送大量实用模板、技巧及辅助学习资料等，便于读者学习。

配套资源

① 14 小时名师视频教程

教学视频涵盖本书所有知识点，详细讲解每个案例的操作过程和关键点，可以帮助读者更轻松地掌握 Word/Excel/PPT 2021 的使用方法和技巧，扩展性讲解部分还可使读者获得更多的知识。

② 超多、超值资源大奉送

随书赠送本书素材文件和结果文件、通过互联网获取学习资源和解题方法的途径、办公类手机 APP 索引、办公类网络资源索引、Office 2021 常用快捷键查询手册、1000 个 Office 常用模板、Excel 函数查询手册、Windows 11 操作教学视频、《微信高手技巧随身查》电子书、《QQ 高手技巧随身查》电子书、《高效人士效率倍增手册》电子书及教学 PPT 等超值资源，以方便读者扩展学习。

配套资源下载

① 下载地址

扫描下方二维码，关注微信公众号"博雅读书社"，输入图书 77 页的资源提取码，即可下载本书配套资源。

② 使用方法

下载配套资源到计算机端，打开相应的文件夹即可查看对应的资源，在操作时可随时取用。

本书读者对象

（1）没有任何办公软件应用基础的初学者。

（2）有一定办公软件应用基础，想精通 Word/Excel/PPT 2021 的人员。

（3）有一定办公软件应用基础，但没有实战经验的人员。

（4）大专院校及培训学校的老师和学生。

创作者说

本书由龙马高新教育编著，在编写过程中，我们竭尽所能地为您呈现最好、最全的实用功能，但仍难免有疏漏和不妥之处，敬请广大读者不吝指正。若您在学习过程中产生疑问或有任何建议，可以通过 E-mail 与我们联系。

读者邮箱：2751801073@qq.com

投稿邮箱：pup7@pup.cn

目录
CONTENTS

第 3 章　Word 高级应用
——长文档的排版

在办公与学习中，经常会遇到包含大量文字的长文档，如毕业论文、个人合同、公司合同、企业管理制度、公司内部培训资料、产品说明书等。使用 Word 提供的创建和更改样式、插入页眉和页脚、插入页码、创建目录等操作，可以方便地对这些长文档进行排版。本章以排版公司内部培训资料为例，介绍长文档的排版技巧。

第 2 篇　Excel 办公应用篇

第 4 章　Excel 2021 的基本操作

Excel 2021 提供了创建工作簿和工作表、输入和编辑数据、插入行与列、设置文本格式、页面设置等基本操作，可以方便地记录和管理数据。本章以制作客户联系信息表为例，介绍 Excel 表格的基本操作。

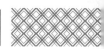

第 5 章 初级数据处理与分析

在工作中，经常需要对各种类型的数据进行处理与分析。Excel 具有处理各种数据的功能，使用排序功能可以将数据表中的内容按照特定的规则排序；使用筛选功能可以将满足用户条件的数据单独显示；设置数据的有效性可以防止输入错误数据；使用条件格式功能可以直观地突出显示重要值；使用合并计算和分类汇总功能可以对数据进行分类或汇总。本章以公司员工销售报表为例，介绍如何使用 Excel 对数据进行处理与分析。

第 6 章 中级数据处理与分析——图表

在 Excel 中使用图表，不仅能使数据的统计结果更直观、形象，还能够清晰地反映数据的变化规律和发展趋势。使用图表可以制作产品统计分析表、预算分析表、工资分析表、成绩分析表等。本章以制作商品销售统计分析图表为例，介绍创建图表、图表的设置和调整、添加图表元素及创建迷你图等操作。

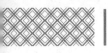
第7章　中级数据处理与分析
——数据透视表和数据透视图

数据透视可以将筛选、排序、分类汇总等操作依次完成，并生成汇总表格，对数据的处理与分析有很大的帮助。熟练掌握对数据透视表和数据透视图的运用，可以大大提高处理大量数据的效率。本章以制作公司财务分析透视报表为例，介绍数据透视表和数据透视图的使用。

第8章　高级数据处理与分析
——公式和函数的应用

公式和函数功能是 Excel 的重要组成部分，有着强大的计算能力，为用户处理和分析工作表中的数据提供了很大的方便。使用公式和函数功能可以节省处理数据的时间，降低在处理大量数据时的出错率。本章通过制作企业员工工资明细表来学习公式和函数的输入和使用。

第 3 篇 PPT 办公应用篇

第 9 章 PowerPoint 2021 的基本操作

在大部分人的职业生涯中，都会遇到包含文字、图片
和表格的幻灯片，如个人述职报告幻灯片、公司管理培训
幻灯片、论文答辩幻灯片、产品营销推广方案幻灯片等。
使用 PowerPoint 2021 为幻灯片应用主题、设置格式化文本、
图文混排、添加数据表格、插入艺术字等，可以方便地对
包含文字、图片和表格的幻灯片进行设计制作。本章以制
作个人述职报告幻灯片为例，介绍 PowerPoint 2021 的基本
操作。

第 10 章 动画和多媒体的应用

动画和多媒体是幻灯片的重要组成元素，在制作幻灯
片的过程中，适当地加入对动画和多媒体的应用可以使幻
灯片变得更加精彩。幻灯片提供了多种动画样式，支持对
动画效果和视频的自定义播放。本章以制作 ×× 公司宣传
幻灯片为例，介绍动画和多媒体在幻灯片中的应用。

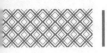
第 11 章　放映幻灯片

　　完成幻灯片的设计制作后，经常需要放映幻灯片。放映前要做好准备工作，选择合适的放映方式，并控制放映幻灯片的进度。使用 PowerPoint 2021 提供的排练计时、自定义幻灯片放映、放大幻灯片局部信息、使用画笔来做标记等功能，可以方便地放映幻灯片。本章以商务会议礼仪幻灯片的放映为例，介绍如何放映幻灯片。

第 4 篇　办公实战篇

第 12 章　Word/Excel/PPT 2021 办公应用实战

　　人力资源管理是一项系统又复杂的工作，使用 Word/Excel/PPT 2021 系列组件可以帮助人力资源管理者轻松、快速地完成各种文档、数据报表及幻灯片的制作。本章主要介绍员工入职申请表、员工加班情况记录表、员工入职培训幻灯片等文件的制作方法。

第 13 章　办公中必备的技能

打印机是自动化办公中重要的输出设备之一。如今，具备办公管理所需的知识与经验，熟练操作常用的办公器材，在自动化办公中是十分必要的。本章主要介绍连接并设置打印机、打印 Word 文档、打印 Excel 表格、打印 PowerPoint 幻灯片的方法。

🛠 高手支招

第 14 章　Word/Excel/PPT 2021 组件间的协作

在办公过程中，经常会遇到诸如如何在 Word 文档中使用 Excel 表格等问题，而 Word/Excel/PPT 2021 组件之间可以很方便地进行相互调用，提高工作效率。使用 Word/Excel/PPT 2021 组件间的协作进行办公，会发挥 Office 办公软件的强大功能。

🛠 高手支招

第
1
篇

Word 办公应用篇

　　本篇主要介绍 Word 中的各种操作。通过对本篇的学习，读者可以掌握在 Word 中进行文字输入、文字调整、图文混排及在文档中添加表格和图表等操作。

第1章
Word 2021 的基本操作

📖 本章导读

　　Word 最常用的操作是记录各类文本内容，不仅修改方便，还能够根据需要设置文本的字体和段落格式，从而制作各类说明性文档。常见的文档类型有租赁协议、总结报告、请假条、邀请函、思想汇报等。本章以制作房屋租赁合同为例，介绍 Word 的基本操作。

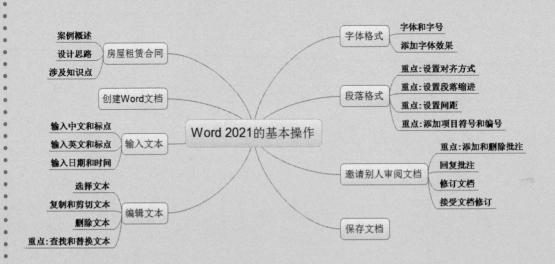

1.1 房屋租赁合同

房屋租赁合同是指房屋出租人和承租人双方签订的关于转让出租房屋的占有权和使用权的协议，是最常见的协议类型之一。

1.1.1 案例概述

房屋租赁合同的主要内容是出租人将房屋交给承租人使用，承租人定期向出租人支付约定的租金，并于约定期限届满或终止租约时将房屋完好地归还给出租人。作为财产租赁合同的一种重要形式，房屋租赁合同对协议内容及文档格式有着严格的要求。

1. 内容要求

内容上，房屋租赁合同要求描述准确、无歧义、权利和义务明确。完整的房屋租赁合同应包含以下几个方面。

① 房屋租赁当事人的姓名（名称）和身份证信息。
② 房屋的位置、面积、结构、附属设施状况，家具和家电等室内设施状况。
③ 租赁期限。
④ 租金和押金的数额与支付方式。
⑤ 租赁用途和房屋使用要求。
⑥ 房屋和室内设施的安全性能。
⑦ 物业服务、水、电、燃气等相关费用的缴纳。
⑧ 房屋维修责任。
⑨ 争议解决办法和违约责任。

2. 格式要求

完整的房屋租赁合同在格式上要求条理清晰、易读。

1.1.2 设计思路

制作房屋租赁合同可以按照以下思路进行。
① 输入内容。
② 编辑文本并设置字体格式。
③ 设置段落格式、添加项目符号和编号等。
④ 邀请他人审阅并批注文档、修订文档，保证内容准确、无歧义。
⑤ 根据需要设计封面，并保存文档。

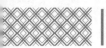

1.1.3　涉及知识点

本案例主要涉及以下知识点。

① 输入标点符号、项目符号、项目编号和时间日期等。

② 编辑、复制、剪切、查找、替换和删除文本等。

③ 设置字体格式、添加字体效果等。

④ 设置段落对齐、段落缩进、段落间距等。

⑤ 阅读文档。

⑥ 添加和删除批注、回复批注、接受修订等。

⑦ 添加新页面。

1.2 创建 Word 文档

创建"房屋租赁合同"文档，首先需要打开 Word 2021，创建一份新文档，具体操作步骤如下。

第1步 单击屏幕左下角的【开始】按钮，选择【W】→【Word】命令，如下图所示。

第2步 打开 Word 2021 主界面，在模板区域，Word 提供了多种可供创建的新文档类型，这里单击【空白文档】图标，如下图所示。

第3步 即可创建一个新的空白文档，如下图所示。

第4步 选择【文件】选项卡，在左侧选择【保存】选项，在右侧的【另存为】选项区域单击【浏览】按钮，弹出【另存为】对话框。在【另存为】对话框中选择保存位置，在【文件名】文本框中输入文档名称，单击【保存】按钮即可，如下图所示。

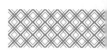

选择【文件】选项卡,在左侧选择【新建】选项,在【新建】页面中选择一种模板并单击,也可以创建一个新文档,如下图所示。

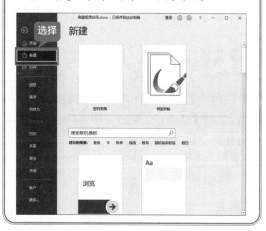

1.3 输入文本

文本的输入都是从插入点开始的,文档中闪烁的垂直光标处就是插入点。光标定位后,即可在光标处输入文本。输入过程中,光标会不断地向右移动,直到每行的结尾处,会自动移至次行左侧继续输入内容。

房屋租赁合同文档保存成功后,即可在文档中输入文本内容。

1.3.1 输入中文和标点

由于 Windows 默认的语言是英语,语言栏初始显示的是英文键盘图标 英。如果不进行中 / 英文切换,就以汉语拼音的形式输入,那么在文档中输出的文本就是英文字母,而非对应的中文汉字。

在 Word 文档中,输入数字时不需要切换中 / 英文输入法,但输入中文时,需要先将英文输入法切换为中文输入法,再进行中文输入。输入中文和中文标点符号的具体操作步骤如下。

第1步 单击任务栏中的美式键盘图标 英,在弹出的快捷菜单中选择中文输入法,如这里选择【搜狗拼音输入法】选项,如下图所示。

| 提示 |

在 Windows 系统中,可以按【Ctrl+Shift】组合键切换输入法,也可以按住【Ctrl】键,然后使用【Shift】键进行切换。

第2步 此时,在 Word 文档中,用户即可使用

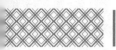
拼音拼写输入中文内容（在输入的过程中，当文字到达一行的最右端时，输入的文本将自动跳转到下一行最左端），如下图所示。

房屋租赁合同

第3步 如果在未输完一行时想要换行输入，则可按【Enter】键来结束一个段落，这样会产生一个段落标记"↵"。在第三行行首输入"出租方"，按【Shift+9】组合键即可输入"（）"，并且光标会自动定位至小括号内，如下图所示。

房屋租赁合同↵
↵
出租方（｜）↵

第4步 在小括号内输入"甲方"，然后将光标定位在当前行右括号外，按【Shift+;】组合键，即可在文档中输入一个中文标点符号"："，如下图所示。

房屋租赁合同↵
↵
出租方（甲方）：｜↵

| 提示 |

单击【插入】选项卡【符号】组中的【符号】下拉按钮，在弹出的下拉列表中选择标点符号，也可以将标点符号插入文档中。

1.3.2 输入英文和标点

在编辑文档时，有时也需要输入英文和英文标点符号，按【Shift】键即可在中文和英文输入法之间切换。下面以使用搜狗拼音输入法为例，介绍输入英文和英文标点符号的方法，具体操作步骤如下。

第1步 在中文输入法的状态下，按【Shift】键，即可切换至英文输入法状态，然后在键盘上按相应的英文按键，即可输入英文，如下图所示。

房屋租赁合同书↵
↵
出租方（以下简称甲方）：↵
Microsoft Word↵

第2步 输入英文标点和输入中文标点的方法相同，如按【Shift+1】组合键，即可在文档中输入一个英文状态的"!"，如下图所示。

房屋租赁合同书↵
↵
出租方（以下简称甲方）：↵
Microsoft Word!↵

| 提示 |

以上输入的英文内容不是房屋租赁合同的内容，可以将其删除。

1.3.3 输入日期和时间

文档编写完成后，可以在末尾处加上创建文档的日期和时间，具体操作步骤如下。

第1步 打开"素材\ch01\房屋租赁合同内容.docx"文档，将内容复制到文档中，如下图所示。

第2步 将光标定位在文档最后一行，按【Enter】键执行换行操作，如下图所示。

第3步 单击【插入】选项卡【文本】组中的【日期和时间】按钮，如下图所示。

第4步 弹出【日期和时间】对话框，单击【语言（国家/地区）】下拉按钮，选择【中文（中国）】选项，在【可用格式】列表框中选择一种格式，单击【确定】按钮，如下图所示。

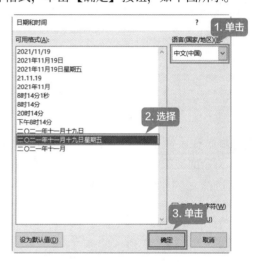

第5步 在"乙方"签字区域下面插入日期和时间，并调整至合适的位置。效果如下图所示。

1.4 编辑文本

输入房屋租赁合同内容之后，即可利用 Word 编辑文本。编辑文本包括选择文本、复制和剪切文本及删除文本、查找和替换文本等。

1.4.1 选择文本

选择文本时既可以选择单个字符，也可以选择整篇文档。选择文本的方法主要有以下几种。

1. 使用鼠标选择文本

使用鼠标选择文本是最常见的一种选择文本的方法，具体操作步骤如下。

第1步 将光标定位在想要选择的文本之前，如下图所示。

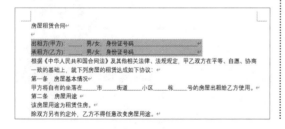

第2步 按住鼠标左键进行拖曳，直到第1行和第2行全部被选中。完成后，释放鼠标左键，即可选择文字内容，如下图所示。

① 选中区域。将光标定位在需要选择的文本的起始位置，按住鼠标左键后拖曳，这时被选中的文本会以阴影的形式显示。选择完成后，释放鼠标左键，光标经过的文字就被选中了。

② 选中词语。将光标定位在某个词语或单词中间，双击，即可选中该词语或单词。

③ 选中单行。将鼠标指针移动到需要选择的行的左侧空白处，当鼠标指针变为箭头形状时单击，即可选中该行。

④ 选中段落。将鼠标指针移动到需要选择的段落的左侧空白处，当鼠标指针变为箭头形状时双击，即可选中该段落。也可以在要选择的段落中，快速单击鼠标左键3次，即可选中该段落。

⑤ 选中全文。将鼠标指针移动到文档左侧的空白处，当鼠标指针变为箭头形状时，单击鼠标左键3次，即可选中全文。也可以单击【开始】选项卡【编辑】选项区域中的【选择】按钮，在弹出的下拉列表中选择【全选】命令，即可选中全文。

2. 使用键盘选择文本

在不使用鼠标的情况下，用户也可以利用键盘组合键来选择文本。使用键盘选择文本时，需先将光标定位到将要选择文本的对应位置，然后按相关的组合键即可，如下表所示。

组合键	功能
【Shift+ ←】	选择光标左边的一个字符
【Shift+ →】	选择光标右边的一个字符
【Shift+ ↑】	选择至光标上一行同一位置之间的所有字符
【Shift+ ↓】	选择至光标下一行同一位置之间的所有字符
【Ctrl+A】	选择全部文档
【Ctrl+Shift+ ↑】	选择至当前段落的开始位置
【Ctrl+Shift+ ↓】	选择至当前段落的结束位置

续表

组合键	功能
【Ctrl+Shift+Home】	选择至文档的开始位置
【Ctrl+Shift+End】	选择至文档的结束位置

1.4.2　复制和剪切文本

复制文本和剪切文本的不同之处在于，前者是把一个文本信息放入剪贴板以供复制出更多文本信息，但原来的文本还在原来的位置；后者也是把一个文本信息放入剪贴板以复制出更多文本信息，但原来位置的文本已经不存在。

1.　复制文本

当需要多次输入同样的文本时，使用复制文本命令可以快捷产生更多与原文本同样的信息，具体操作步骤如下。

第1步 选中文档中需要复制的文字后单击鼠标右键，在弹出的快捷菜单中选择【复制】选项，如下图所示。

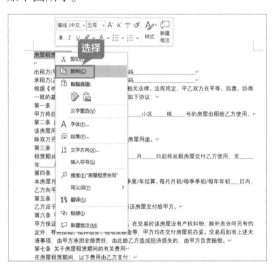

第2步 此时，所选内容已被放入剪贴板。将光标定位至要粘贴该内容的位置，单击【开始】选项卡【剪贴板】选项区域中的【剪贴板】按钮，即可在打开的【剪贴板】窗格中看到复制的内容，如下图所示。

第3步 单击复制好的内容，即可将其插入文档中光标所在的位置。此时，文档中已被插入刚刚复制的内容，且原来的文本信息并未被覆盖，如下图所示。

> **提示**
>
> 用户也可以按【Ctrl+C】组合键复制内容，按【Ctrl+V】组合键粘贴内容。

2.　剪切文本

如果用户需要调整文本的位置，可以使用剪切文本命令来完成，具体操作步骤如下。

第1步 选中文档中需要调整位置的文字后单击鼠标右键，在弹出的快捷菜单中选择【剪切】选项，如下图所示。

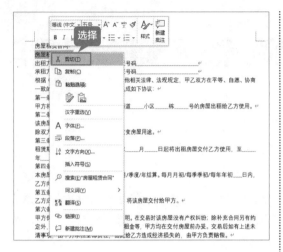

第2步 选中的文本已经被剪切，并且剪切的内

容被放入剪贴板，如下图所示，之后使用与复制后粘贴同样的方法在合适的位置粘贴文本即可。

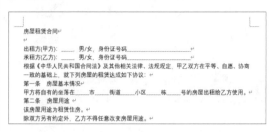

> **提示**
>
> 用户可以按【Ctrl+X】组合键剪切文本，再按【Ctrl+V】组合键将文本粘贴到需要的位置。

1.4.3 删除文本

如果不小心输错了内容，可以选择删除文本，具体操作步骤如下。

第1步 将光标定位在文本一侧，按住鼠标左键拖曳，选择需要删除的文字，如下图所示。

第2步 在键盘上按【Delete】键，即可将选中的文本删除，如下图所示。

1.4.4 重点：查找和替换文本

查找功能可以帮助用户查找到需要的内容，替换功能可以帮助用户将查找到的文本或文本格式替换为新的文本或文本格式。

1. 使用查找功能

使用查找功能可以帮助用户定位目标位置，以便快速找到想要的信息。查找分为查找和高级查找，具体操作步骤如下。

第1步 单击【开始】选项卡【编辑】选项区域中的【查找】下拉按钮，在弹出的下拉列表中选择【查找】命令，如下图所示。

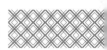

第2步 文档左侧弹出【导航】任务窗格。在文本框中输入要查找的内容，这里输入"租赁"，此时在文本框的下方出现提示"16 个结果"，并且文档中被查找到的内容都会以黄色背景显示，如下图所示。

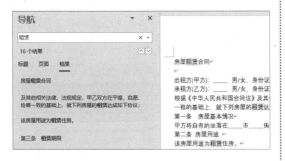

第3步 单击任务窗格中的【下一条】按钮 ，定位到第 2 个匹配项。再次单击【下一条】按钮，即可快速查找到下一条符合的匹配项，如下图所示。

2. 使用替换功能

替换功能可以帮助用户快捷地更改查找到的文本或批量修改相同的内容。如果需要将落款中的"账号"改为"银行卡号"，就可以使用替换功能，具体操作步骤如下。

第1步 单击【开始】选项卡【编辑】选项区域中的【替换】按钮，弹出【查找和替换】对话框，如下图所示。

第2步 在【查找和替换】对话框中的【查找内容】文本框中输入"账号"，在【替换为】文本框

中输入"银行卡号"，单击【查找下一处】按钮，定位到从当前光标所在位置起，第 1 个满足查找条件的文本位置，并以灰色背景显示，如下图所示。

第3步 单击【替换】按钮，就可以将查找到的

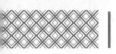
内容替换为新的内容，并跳转至第 2 个查找到到的内容，如下图所示。

第5步 单击上图中的【确定】按钮关闭提示框，即可得到所查找文本完成【全部替换】操作后的文本，如下图所示。

第4步 如果用户需要将文档中所有相同的内容都替换掉，只需要单击【全部替换】按钮，Word 就会自动将整个文档内所有查找到的内容替换为新的内容，并弹出相应的提示框，显示完成替换的数量，如下图所示。

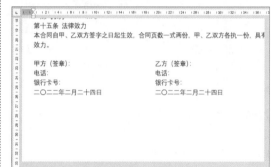

3. 查找和替换的高级应用

Word 2021 不仅能根据指定的文本进行查找和替换，还能根据指定的格式进行查找和替换（使用【高级查找】命令），以满足复杂的查询条件。在进行高级查找时，各种通配符的作用如下表所示。

表 1-1 Word 2021 中通配符的使用

通配符	功能
?	任意单个字符
*	任意字符串
<	单词的开头
>	单词的结尾
[ ]	指定字符之一
[–]	指定范围内任意单个字符
[! × –z]	括号范围中的字符以外的任意单字符
{n}	n 个重复的前一字符或表达式
{n,}	至少 n 个重复的前一字符或表达式
{n,m}	n~m 个前一字符或表达式
@	一个或一个以上的前一字符或表达式

| 提示 |

　　使用通配符时，应展开【更多】选项（下图中【更少】选项的同一位置，展开前，该选项为【更多】），选中【使用通配符】复选框，如下图所示。

　　除了使用通配符进行替换外，还可以进行特殊格式的替换，如将文档中的段落标记统一替换为手动换行符，具体操作步骤如下。

第 1 步 单击【开始】选项卡【编辑】选项区域中的【替换】按钮，弹出【查找和替换】对话框。在【查找和替换】对话框中单击【更多】按钮，唤出【搜索选项】区域，将光标定位在【查找内容】文本框中，然后在【查找】选项区域中单击【特殊格式】按钮，在弹出的菜单中选择【段落标记】命令，如下图所示。

第 2 步 将光标定位在【替换为】文本框中，然后在【查找】选项区域中单击【特殊格式】按钮，在弹出的菜单中选择【手动换行符】命令，如下图所示。

第 3 步 即可分别看到输入段落标记和手动换行符后的效果，单击【全部替换】按钮，如下图所示。

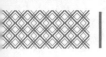

动换行符。此时弹出提示框，显示替换总数。单击【确定】按钮即可完成对文档中对应内容的替换，如下图所示。

第4步 即可将文档中的所有段落标记替换为手

1.5 字体格式

在文档中将内容编辑完成后，用户即可根据需要设置文档中的字体格式，并给文字添加字体效果，使文档看起来层次分明、结构清晰。

1.5.1 字体和字号

下面介绍如何为文档中的内容选用合适的字体和字号，具体操作步骤如下。

第1步 选中文档中的标题，单击【开始】选项卡【字体】选项区域中的【字体】按钮，如下图所示。

第2步 在弹出的【字体】对话框中选择【字体】选项卡，单击【中文字体】文本框后的下拉按钮，在弹出的下拉列表中选择【微软雅黑】选项，在【字形】列表框中选择【加粗】选项，在【字号】列表框中选择【二号】选项（或直接输入"二号"文字），单击【确定】按钮，如下图所示。

第3步 选中标题下的两行文本，单击【开始】选项卡【字体】组中的【字体】按钮，如下图所示。

第4步 在弹出的【字体】对话框中设置【中文字体】为"微软雅黑"，设置【字号】为"四号"，设置【字形】为"加粗"。完成设置后，单击【确定】按钮，如下图所示。

第5步 使用同样的方法，根据需要设置其他内容的字体，完成设置后的效果如下图所示。

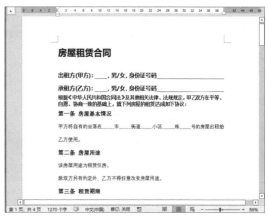

| 提示 |

单击【开始】选项卡【字体】组中的【字体】下拉按钮，在弹出的字体列表中也可以设置字体格式；单击【字号】下拉按钮，在弹出的字号列表中也可以选择字号大小。

1.5.2 添加字体效果

有时，为了突出文档标题，也可以给文字添加字体效果，具体操作步骤如下。

第1步 选中文档中的标题，单击【开始】选项卡【字体】组中的【字体】按钮，如下图所示。

第2步 弹出【字体】对话框，在【效果】选项区域中选择一种效果样式，这里选中【删除线】复选框，然后单击【确定】按钮，如下图所示。

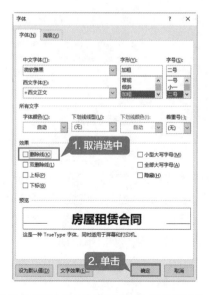

第3步 即可看到文档中的标题已被添加了文字效果，如下图所示。

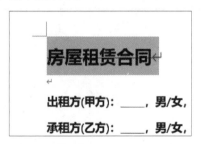

第4步 单击【开始】选项卡【字体】组中的【字体】按钮，弹出【字体】对话框。在【效果】选项区域中取消选中【删除线】复选框，单击【确定】按钮，即可取消对标题添加的字体效果，如下图所示。

第5步 取消字体效果后的呈现如下图所示。

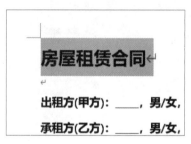

| 提示 |

若要为文字添加艺术效果，可以先选中要添加艺术效果的文字，然后单击【开始】选项卡【字体】组中的【文本效果和版式】下拉按钮，在弹出的下拉列表中，也可以根据需要设置文本的字体效果，如下图所示。

 **段落格式**

段落格式是指以段落为单位的格式设置。设置段落格式主要是指设置段落的对齐方式、段落缩进、段落间距，以及为段落添加项目符号或编号等。Word 2021 的段落格式命令适用于整个段落，即不用选中整段文本，只要将光标定位在要设置段落格式的段落中，即可设置整个段落的格式。

1.6.1 重点：设置对齐方式

这一小节将介绍设置段落对齐的方法，具体操作步骤如下。

第1步 将光标定位至文档标题文本段落中的任意位置，单击【开始】选项卡【段落】组中的【段落设置】按钮，如下图所示。

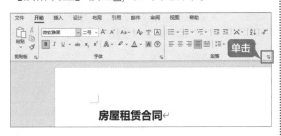

第2步 在弹出的【段落】对话框中选择【缩进和间距】选项卡，在【常规】选项区域中单击【对齐方式】右侧的下拉按钮，在弹出的下拉列表中选择【居中】选项，单击【确定】按钮，如下图所示。

第3步 即可将文档标题设置为居中对齐，效果如下图所示。

1.6.2 重点：设置段落缩进

设置段落缩进是指调整段落中文字到左、右页边的距离。根据中文的书写习惯，通常情况下，正文中的每个段落都会首行缩进 2 个字符。设置段落缩进的具体操作步骤如下。

第1步 选中文档中正文的第一段内容，单击【开始】选项卡【段落】组中的【段落设置】按钮，如下图所示。

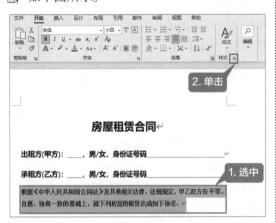

第2步 弹出【段落】对话框，单击【缩进】选项区域中【特殊】文本框后的下拉按钮，在弹出的下拉列表中选择【首行】选项，并设置【缩进值】为"2 字符"。可以单击其后的微调按钮进行设置，也可以直接输入数值及文字。完成设置后，单击【确定】按钮，如下图所示。

第3步 即可看到为所选段落设置段落缩进后的效果，如下图所示。

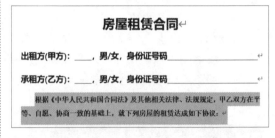

第4步 使用同样的方法为房屋租赁合同中的其他正文段落设置首行缩进，效果如下图所示。

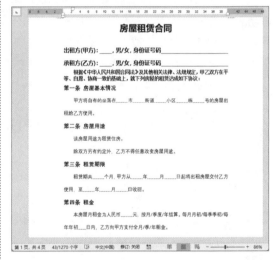

┌─ |提示| ┈┈┈┈┈┈┈

在【段落】对话框中，除了设置首行缩进外，还可以设置文本的悬挂缩进。

1.6.3 重点：设置间距

　　设置间距指的是设置段落间距和行距，段落间距是指文档中段落与段落之间的距离，行距是指行与行之间的距离。设置段落间距和行距的具体操作步骤如下。

第 1 步 选中标题文本，单击【开始】选项卡【段落】组中的【段落设置】按钮，如下图所示。

第 2 步 在弹出的【段落】对话框中选择【缩进和间距】选项卡，在【间距】选项区域中分别设置【段前】和【段后】为"1 行"，在【行距】下拉列表中选择【1.5 倍行距】选项，单击【确定】按钮，如下图所示。

第 3 步 即可将选中文本设置为指定段落格式，效果如下图所示。

第 4 步 使用同样的方法设置其他段落的格式，最终效果如下图所示。

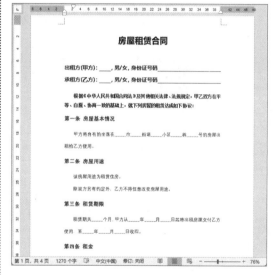

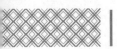
1.6.4 重点：添加项目符号和编号

在文档中使用项目符号和编号，可以突出显示文档中的重点内容，使文档结构更加清晰。

1. 添加项目符号

项目符号就是在相关段落前加上的完全相同的符号。添加项目符号的具体操作步骤如下。

第1步 选中需要添加项目符号的内容，单击【开始】选项卡【段落】组中的【项目符号】下拉按钮，如下图所示。

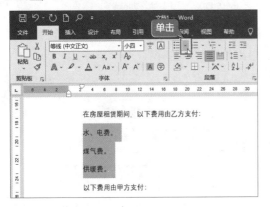

第2步 在弹出的项目符号列表中选择一种样式，如下图所示。

第3步 即可为选定文本添加项目符号，效果如下图所示。

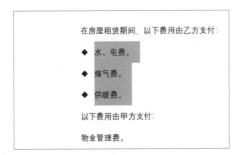

第4步 使用同样的方法为其他文本内容添加项目符号。

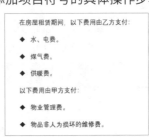

2. 添加编号

文档编号是指按照从小到大的顺序为文档中的段落添加的编号。在文档中添加编号的具体操作步骤如下。

第1步 选中要添加编号的段落，单击【开始】选项卡【段落】组中的【编号】下拉按钮，如下图所示。

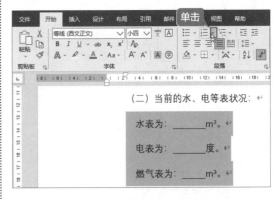

第2步 在弹出的下拉列表中选择一种编号样式，如下图所示。

第3步 即可看到编号添加完成后的效果，如下图所示。

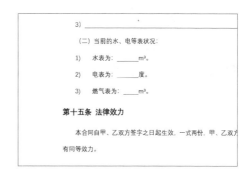

1.7 邀请别人审阅文档

对于重要文件，使用 Word 编辑文档之后，通过审阅才能最终确定，如房屋租赁合同。

1.7.1 重点：添加和删除批注

批注是指文档的审阅者为文档添加的注释、说明、建议和意见等信息。

1. 添加批注

添加批注的具体操作步骤如下。

第1步 在文档中选中需要添加批注的文字后，单击【审阅】选项卡【批注】组中的【新建批注】按钮，如下图所示。

第2步 在文档右侧弹出的批注框中输入批注的内容即可，如下图所示。

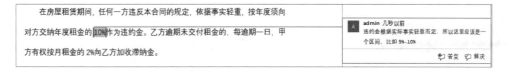

第3步 选中文档中其他需要添加批注的地方，再次单击【新建批注】按钮，即可在文档中的其他位置添加批注内容，如下图所示。

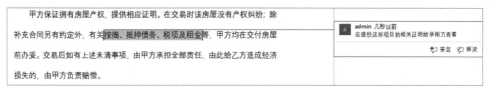

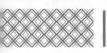
2. 删除批注

当不再需要文档中的批注时，用户可以将其删除，删除批注的具体操作步骤如下。

第1步 将光标定位在文档中需要删除批注的文本段落中的任意位置，如下图所示，即可将其对应的批注删除（查看第2步）。

第2步 此时，【审阅】选项卡【批注】组中的【删除】按钮处于激活状态，单击【删除】按钮，如下图所示。

第3步 即可将所选中文本段落的批注删除，如下图所示。

1.7.2 回复批注

如果需要与批注内容进行"对话"，也可以直接在文档中进行回复，具体操作步骤如下。

第1步 选择需要回复的批注，单击文档中批注框内的【答复】按钮，如下图所示。

第2步 在批注内容下方输入回复内容即可，如下图所示。

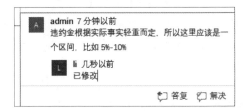

1.7.3 修订文档

修订状态中的文档，将显示文档中所做的诸如删除、插入或其他编辑更改的标记。修订文档的具体操作步骤如下。

第1步 单击【审阅】选项卡【修订】组中的【修订】下拉按钮，在弹出的下拉列表中选择【修订】选项，如下图所示。

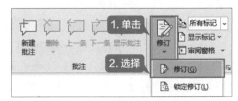

第2步 即可使文档处于修订状态，此时在文档中所做的所有修改内容将被记录下来，如下图所示。

> **第十五条 法律效力**
>
> 本合同自甲、乙双方签字之日起生效，合同页数一式两份，甲、乙双方各执一份，具有同等效力。

1.7.4 接受文档修订

如果修订的内容是正确的，即可接受修订。接受修订的具体操作步骤如下。

第1步 将光标定位在需要接受修订的地方。

> **第十五条 法律效力**
>
> 本合同自甲、乙双方签字之日起生效，合同页数一式两份，甲、乙双方各执一份，具有同等效力。

第2步 单击【审阅】选项卡【更改】组中的【接受】按钮，如下图所示。

第3步 即可看到接受文档修订后的效果，如下图所示。

> **第十五条 法律效力**
>
> 本合同自甲、乙双方签字之日起生效，一式两份，甲、乙双方各执一份，具有同等效力。

| 提示 |

如果文档内所有修订都是正确的，需要全部接受，则可以单击【审阅】选项卡【更改】组中的【接受】下拉按钮，在弹出的列表中选择【接受所有修订】选项，如下图所示。

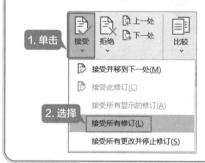

1.8 保存文档

房屋租赁合同文档制作完成后，就可以保存制作后的文档了。

1. 保存已有文档

对于已存在的文档，有三种方法可以进行保存更新。

① 选择【文件】选项卡，在左侧的列表中选择【保存】选项，如下图所示。

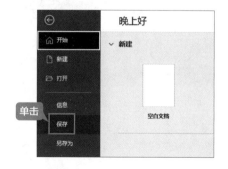

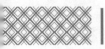
② 单击快速访问工具栏中的【保存】图标 回。

③ 按【Ctrl+S】组合键可以实现快速保存。

2. 另存文档

如果需要将房屋租赁合同文档另存至其他位置或以其他名称另存，可以使用【另存为】命令。将文档另存的具体操作步骤如下。

第1步 在需进行另存操作的文档中选择【文件】选项卡，在左侧选择【另存为】选项，在【另存为】界面中双击【这台电脑】选项，如下图所示。

第2步 在弹出的【另存为】对话框中选择文档所要保存的位置，在【文件名】文本框中输入要另存的名称，单击【保存】按钮，即可完成文档的另存操作，如下图所示。

3. 导出文档

除保存 / 另存外，还可以将文档导出为其他格式。将 Word 文档导出为 PDF 文档的具体操作步骤如下。

第1步 在打开的文档中选择【文件】选项卡，在左侧选择【导出】选项。在【导出】选项区域中选择【创建 PDF/XPS 文档】选项，随后单击右侧的【创建PDF/XPS】按钮，如下图所示。

第2步 弹出【发布为 PDF 或 XPS】对话框，在【文件名】文本框中输入要保存的文档名称，在【保存类型】下拉列表中选择【PDF（*.pdf）】选项。单击【发布】按钮，即可将 Word 文档导出为 PDF 文档，如下图所示。

制作公司聘用协议

与房屋租赁合同类似的文档还有公司聘用协议、个人工作总结、公司合同、产品转让协议等。制作这类文档时，除了要求内容准确、没有歧义外，还要求条理清晰，最好能以列表的形式表明双方应承担的义务及所享有的权利，以方便查看。下面就以制作公司聘用协议为例进行介绍。

第1步 创建并保存文档。新建空白文档，并将其保存为"公司聘用协议.docx"文档，根据需求输入公司聘用协议的内容，如下图所示。

第2步 设置字体格式。根据需求修改文本内容的字体和字号，并在需要填写内容的区域添加下划线，如下图所示。

第3步 设置段落格式。设置段落的对齐方式、段落缩进、行间距等格式，并添加编号，如下图所示。

第4步 审阅文档并保存。将制作完成的公司聘用协议发给其他人审阅，并根据批注修订文档，确保内容无误后，保存文档，如下图所示。

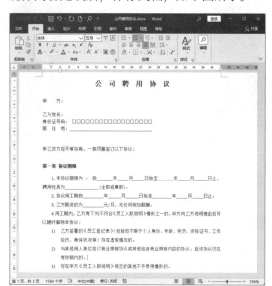

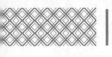

1. 新功能：在沉浸模式下阅读文档

Word 2021提供了"沉浸式"模式，包含【专注】与【沉浸式阅读器】功能。

在【专注】模式下，能够全屏显示文档内容，并自动隐藏功能区和状态栏，清除外部环境干扰，让读者专注于文档。

第1步 单击【视图】→【沉浸式】→【专注】按钮，如下图所示。

第2步 进入专注模式，界面如下图所示。如果要结束专注模式，单击右上角的【关闭】按钮即可，如下图所示。

【沉浸式阅读器】功能可以将文档切换到沉浸式阅读模式中，这一模式能够调整文本的显示方式、朗读状态，进而提升文本的易读性与用户的使用体验。

第1步 单击【视图】→【沉浸式】→【沉浸式阅读器】按钮，如下图所示。

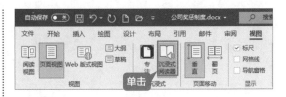

第2步 进入沉浸式阅读模式，显示【沉浸式阅读器】选项卡，如下图所示。

第3步 单击【沉浸式阅读器】→【列宽】按钮，在弹出的下拉列表中选择【适中】选项，如下图所示。

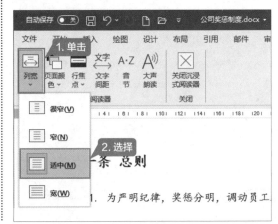

第4步 可以适当增加文档的列宽，如下图所示。

第5步 单击【沉浸式阅读器】→【页面颜色】按钮，在弹出的下拉列表中选择"绿色"，即可看到将页面颜色修改为绿色后的效果，如下图所示。

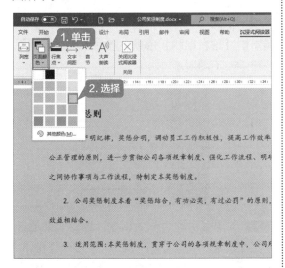

第6步 单击【沉浸式阅读器】→【行焦点】按钮，在弹出的下拉列表中可以选择希望在视图中显示的行数，这里选择【三行】选项，如下图所示。

第7步 在视图中显示三行文本的效果如下图所示。

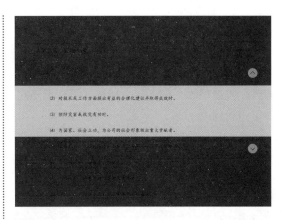

第8步 单击【沉浸式阅读器】→【文字间距】按钮，即可看到将页面文字间距增大后的效果，如下图所示。

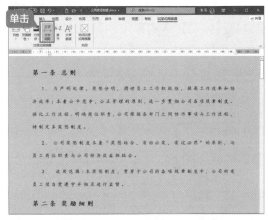

第9步 单击【沉浸式阅读器】→【大声朗读】按钮，即可从光标所在位置开始朗读文章内容，如下图所示。

第10步 单击【关闭】→【关闭沉浸式阅读器】按钮，即可退出沉浸式阅读模式，如下图所示。

2. 新功能：在 Word 中编辑 PDF 文档

PDF 文档方便阅读，但在工作中也存在诸多不便，比如用户发现 PDF 文档中的文字有误，需要修改，在当前文档格式下却无法对文字进行修改。

而 Office 2021 组件中的 Word 2021 改进了 PDF 编辑功能，不仅能够打开 PDF 文档并对其进行编辑，还可以以 PDF 文档的形式保存修改结果，更可以用 Word 支持的任何文件类型进行保存。

第 1 步 在 PDF 文档上单击鼠标右键，在弹出的快捷菜单中选择【打开方式】选项。如果 Word 选项显示在【打开方式】子菜单中，直接选择【Word】选项即可，否则选择【选择其他应用】选项，如下图所示。

第 2 步 弹出【你要如何打开这个文件？】对话框，选择【Word】选项，单击【确定】按钮，如下图所示。

第 3 步 弹出【Microsoft Word】提示框，单击【确定】按钮，如下图所示。

第 4 步 完成使用 Word 2021 打开 PDF 文档的操

作，如下图所示。此时，文档中的文字处于可编辑的状态。

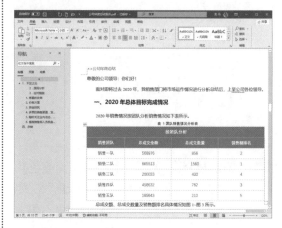

第 5 步 根据需要修改文档内容后，选择【文件】选项卡中的【另存为】选项，在【另存为】区域单击【这台电脑】选项，随后单击【浏览】按钮，如下图所示。

第 6 步 弹出【另存为】对话框，选择文件的计划保存位置，并输入文件名，单击【保存】按钮，如下图所示。即可将 PDF 文档保存为 Word 文档。

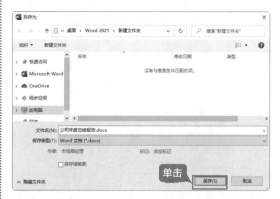

第 7 步 如果要将修改后的文档重新保存为 PDF 格式，可以选择【文件】选项卡中的【导出】

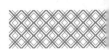

选项，在【导出】区域选择【创建 PDF/XPS 文档】选项，再单击【创建 PDF/XPS 文档】按钮，如下图所示。

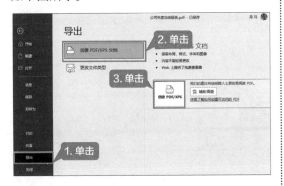

第 8 步 弹出【发布为 PDF 或 XPS】对话框，选择计划保存的位置，并输入文件名，单击【发布】按钮，即可将文件重新保存为 PDF 格式。

3. 批量删除文档中的空白行

如果 Word 文档中包含大量不连续的空白行，手动删除既麻烦又浪费时间。下面介绍一个批量删除空白行的方法，具体操作步骤如下。

第 1 步 单击【开始】选项卡【编辑】组中的【替换】按钮，如下图所示。

第 2 步 在弹出的【查找和替换】对话框中选择【替换】选项卡，在【查找内容】文本框中输入"^p^p"字符，在【替换为】文本框中输入"^p"字符，单击【全部替换】按钮即可，如下图所示。

第 2 章

使用图和表格
美化 Word 文档

📃 本章导读

　　一篇图文并茂的文档，不仅看起来生动形象、充满活力，而且更加美观、易读。在 Word 中，可以通过插入艺术字、图片、自选图形、表格等展示文本或数据内容。本章以制作个人求职简历为例，介绍使用图和表格美化 Word 文档的操作。

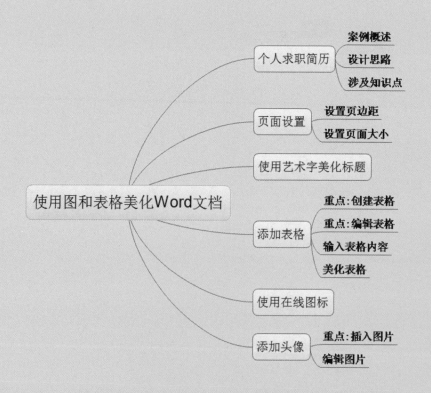

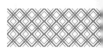
2.1 个人求职简历

制作个人求职简历要求做到格式统一、排版整齐、简洁大方，以便给招聘方留下深刻印象，赢得面试机会。

2.1.1 案例概述

在制作个人求职简历时，不仅要进行合理的页面设置，还要使用艺术字美化标题，并在主题部分插入表格、头像、图标等进行完善。在具体制作时，需要注意以下几点。

1. 格式要统一

① 相同级别的文本内容要使用同样的字体和字号。

② 段落间距要恰当，避免内容太拥挤。

2. 图文结合

现在已经进入"读图时代"，图形是人类通用的视觉符号，可以吸引读者的注意。图片和图形运用恰当，可以为简历增加个性化色彩。

3. 编排简洁

① 确定简历的开本是进行页面编排的前提。

② 排版的整体风格要简洁大方，给人一种认真、严肃的感觉，切记不可过于花哨。

2.1.2 设计思路

制作个人求职简历时可以按以下思路进行。

① 制作简历页面，设置页边距、页面大小，并插入背景图片。

② 插入艺术字美化标题。

③ 添加表格，编辑表格内容并美化表格。

④ 插入合适的在线图标使页面更为清晰明了。

⑤ 插入头像图片，并对图片进行编辑。

2.1.3 涉及知识点

本案例主要涉及以下知识点。

① 设置页边距和页面大小。

② 插入艺术字。

③ 插入表格。

④ 插入在线图标。

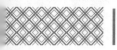
⑤ 插入图片。

2.2 页面设置

在制作个人求职简历时，首先要设置简历的页边距和页面大小，并通过插入背景图片来确定简历的主题色彩。

2.2.1 设置页边距

页边距的合理设置可以使简历更加美观。设置页边距包括设置上、下、左、右边距及页眉和页脚至页边界的距离，使用该功能来设置页边距十分精确，具体操作步骤如下。

第1步 打开 Word 2021 软件，新建一个 Word 空白文档，如下图所示。

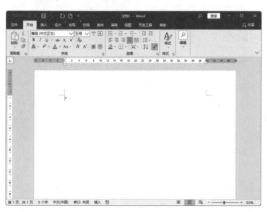

第2步 选择【文件】选项卡，在左侧列表中选择【另存为】选项，在【另存为】界面中选择【浏览】选项，如下图所示。

第3步 在弹出的【另存为】对话框中选择文件要保存的位置，在【文件名】文本框中输入"个人求职简历"，随后单击【保存】按钮，如下图所示。

第4步 单击【布局】选项卡【页面设置】组中的【页边距】下拉按钮，在弹出的下拉列表中选择【窄】选项，如下图所示。

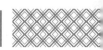

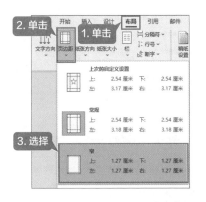

第 5 步 即可完成对页边距的设置，效果如下图所示。

| 提示 | ::::::

用户还可以在【页边距】下拉列表中选择【自定义页边距】选项，在弹出的【页面设置】对话框中对上、下、左、右边距进行自定义设置，如下图所示。

| 提示 | ::::::

页边距太窄会影响文档的装订，太宽则不仅影响美观，还浪费纸张。一般情况下，如果使用 A4 纸，可以采用 Word 提供的默认值；如果使用 B5 纸或 16K 纸，上、下边距设置在 2.4 厘米左右为宜，左、右边距设置在 2 厘米左右为宜。具体设置可根据用户的要求自行更改。

2.2.2 设置页面大小

设置好页边距后，还可以根据需要设置页面大小和纸张方向，使页面设置满足个人求职简历的格式要求，最后再插入背景图片，具体操作步骤如下。

第 1 步 单击【布局】选项卡【页面设置】组中的【纸张方向】下拉按钮，在弹出的下拉列表中可以设置纸张方向为"横向"或"纵向"，Word 默认的纸张方向是"纵向"，如下图所示。

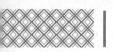
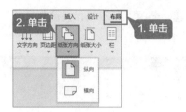

| 提示 |

也可以在【页面设置】对话框【页边距】选项卡的【纸张方向】选项区域设置纸张的方向。

第2步 单击【布局】选项卡【页面设置】组中的【纸张大小】下拉按钮，在弹出的下拉列表中选择【A4】选项，如下图所示。

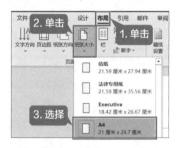

| 提示 |

用户可以在【纸张大小】下拉列表中选择【其他纸张大小】选项，弹出【页面设置】对话框，在该对话框的【纸张】选项卡中选择【纸张大小】选项区域中的【自定义大小】选项，可以自定义纸张大小，如下图所示。

第3步 即可完成对页面大小和纸张方向的设置，效果如下图所示。

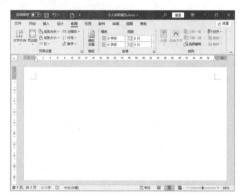

2.3 使用艺术字美化标题

使用 Word 2021 提供的艺术字功能，可以制作出精美的艺术字，丰富简历的页面表现形式，使个人求职简历更加美观。具体操作步骤如下。

第1步 单击【插入】选项卡【文本】组中的【艺术字】按钮，在弹出的下拉列表中选择一种艺术字样式，如下图所示。

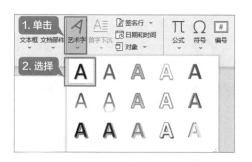

第2步 文档中随即弹出【编辑艺术字文字】文本框，如下图所示。

第3步 单击文本框内的文字，输入标题内容"个人简历"，如下图所示。

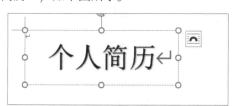

第4步 选中艺术字，单击【形状格式】选项卡【艺术字样式】组中的【文本效果】按钮 ⒜文本效果∨，在弹出的下拉列表中选择【阴影】列表【外部】选项区域中的【偏移：右下】选项，如下图所示。

第5步 选中艺术字，将鼠标指针放在艺术字的边框上，当鼠标指针变为 形状时拖曳鼠标，即可改变文本框的大小。使艺术字处于文档的正中位置，如下图所示。

2.4 添加表格

表格由多个行或列构成的单元格组成，用户在使用 Word 制作个人简历时，可以使用表格编排简历内容，通过对表格的编辑和美化，使个人求职简历更加清晰、明了及易读。

2.4.1 重点：创建表格

Word 2021 提供了多种插入表格的方法，用户可以根据需要进行选择。

1. 创建快速表格

可以利用 Word 2021 提供的内置表格模板来快速创建表格，但内置表格模板提供的表格类型有限，只适用于创建特定格式的表格，具体操作步骤如下。

第1步 将光标定位在需要插入表格的地方。单击【插入】选项卡【表格】组中的【表格】按钮，在弹出的下拉列表中选择【快速表格】选项，在弹出的列表中选择需要的表格类型，这里选择"带副标题 1"，如下图所示。

第2步 即可插入所选择的表格类型。用户可以根据需要替换模板中的数据，如下图所示。

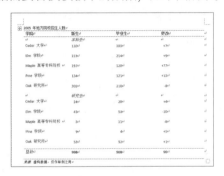

第3步 插入表格后，单击表格左上角的 ⊕ 按钮，选中整个表格后单击鼠标右键，在弹出的快捷菜单中选择【删除表格】命令，即可将表格删除，如下图所示。

2. 使用表格菜单创建表格

使用表格菜单可以创建规则的、行数和列数较少的表格，最多8行10列。将光标定位在需要插入表格的地方，单击【插入】选项卡【表格】组中的【表格】按钮 ▦，在【插入表格】区域内选择要插入表格的行数和列数，即可在指定位置插入表格。被选中的单元格将以橙色显示，并在名称区域显示选中的行数和列数，如下图所示。

3. 使用【插入表格】对话框创建表格

使用表格菜单创建表格固然方便，但该方式提供的单元格数量有限，只能创建有限的行数和列数。使用【插入表格】对话框，则不受数量限制，并且可以根据需要对表格的宽度进行调整。在本案例中，将使用【插入表格】对话框创建表格，具体操作步骤如下。

第1步 将光标定位在需要插入表格的地方。单击【插入】选项卡【表格】组中的【表格】按钮 ▦，在其下拉列表中选择【插入表格】选项，如下图所示。

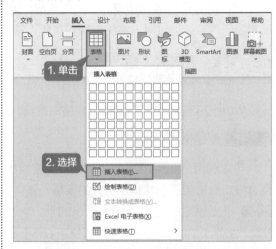

第 2 步 在弹出的【插入表格】对话框中设置表格的行数和列数，本案例中设置【列数】为"4"，【行数】为"13"，随后单击【确定】按钮，如下图所示。

> | 提示 |:::::::::::
>
> 【"自动调整"操作】选项区域中各个选项的含义如下。
>
> 【固定列宽】单选按钮：设定列宽的具体数值，单位是厘米。当设置为自动时，表示表格将自动在页面中填满整行，并平均分配各列的列宽。

> 【根据内容调整表格】单选按钮：根据单元格的内容，自动调整表格的列宽和行高。
>
> 【根据窗口调整表格】单选按钮：根据窗口大小，自动调整表格的列宽和行高。

第 3 步 即可插入一个 4 列 13 行的表格，效果如下图所示。

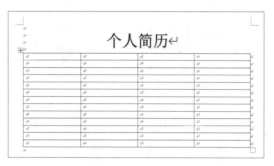

2.4.2 重点：编辑表格

表格创建完成后，可以根据需要对表格进行编辑，这里主要是根据内容调整表格的布局，如插入新行和新列、单元格的合并与拆分等。

1. 插入新行和新列

有时，在文档中插入表格后，发现表格少了一行或一列，该如何快速插入一行或一列呢？具体操作步骤如下。

第 1 步 选中表格中要插入新列的左侧列中任意单元格，单击菜单栏最左侧的【布局】选项卡【行和列】组中的【在右侧插入】选项，如下图所示。

第 2 步 即可在指定位置插入新的列，如下图所示。

所示。

第 3 步 若要删除列，可以先将要删除的列全部选中，随后在表示为被选中状态的灰色区域单击鼠标右键，在弹出的快捷菜单中选择【删除列】选项，如下图所示。

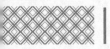

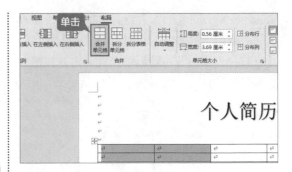

第2步 即可将选中的单元格合并，如下图所示。

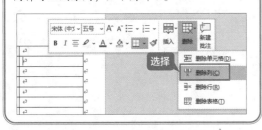

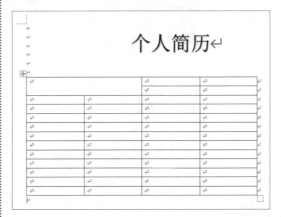

第4步 即可将选中的列删除，如下图所示。

第3步 若要拆分单元格，可以先选中要拆分的单元格，单击菜单栏最右侧的【布局】选项卡【合并】组中的【拆分单元格】按钮 ，如下图所示。

第4步 弹出【拆分单元格】对话框，设置要拆分的目标"列数"和"行数"，单击【确定】按钮，如下图所示。

2.　单元格的合并与拆分

　　完成表格插入后，在输入表格内容之前，可以先根据内容对单元格进行合并与拆分，调整表格的布局。具体操作步骤如下。

第1步 选中要合并的单元格，单击菜单栏最右侧的【布局】选项卡【合并】组中的【合并单元格】按钮 ，如下图所示。

第5步 即可按指定的列数和行数拆分单元格，如下图所示。

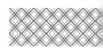

格的地方进行合并，最终效果如下图所示。

第6步 使用同样的方法，将其他需要合并单元

2.4.3 输入表格内容

表格布局调整完成后，即可根据个人实际情况，输入简历内容，具体操作步骤如下。

第1步 输入表格内容，效果如下图所示。

并设置【加粗】效果，如下图所示。

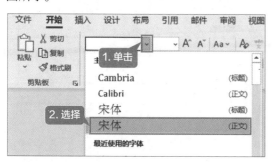

第2步 表格内容输入完成后，单击表格左上角的 ⊞ 按钮，选中表格中的所有内容，单击【开始】选项卡【字体】组中的【字体】下拉按钮 ✓，在弹出的下拉列表中选择【宋体】选项，如下图所示。

第4步 根据内容设置其他文字的字体及字号，并为部分文字设置加粗效果，如下图所示。

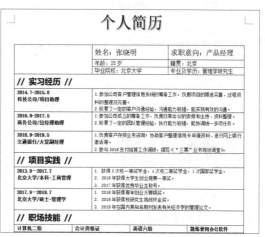

第3步 随后，按同样的操作顺序，将"实习经历""项目实践""职场技能"3 个标题的字体设置为【微软雅黑】，将其字号设置为【小二】，

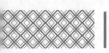
第5步 表格中文字的字号调整完成后，发现表格整体看起来比较拥挤，这时可以适当调整表格的行高。将光标定位在要调整行高的单元格中，选择菜单栏最右侧的【布局】选项卡，在【单元格大小】组的【高度】文本框中输入表格的行高，或者单击文本框右侧的微调按钮，调整表格行高。如这里输入"1.5 厘米"，按【Enter】键，如下图所示。

第8步 设置表格内容的对齐方式。选中要设置对齐方式的单元格，单击菜单栏最右侧的【布局】选项卡【对齐方式】组中的【中部左对齐】按钮，如下图所示。

第9步 即可将选中的单元格中的内容完成中部左对齐。

姓名：张晓明	求职意向：产品经理
年龄：25 岁	籍贯：北京
毕业院校：北京大学	专业及学历：管理学研究生

第6步 即可调整表格的行高，如下图所示。

第10步 使用同样的方法，为其他文字内容设置对齐方式，调整后的效果如下图所示。

第7步 使用同样的方法，为表格中的其他行调整行高。调整后的效果如下图所示。

2.4.4 美化表格

在 Word 2021 中将表格制作完成后，可对表格的边框和底纹进行美化设置，使个人求职简历看起来更加美观。

1. 填充表格底纹

为了突出表格内的某些内容，可以为其填充底纹，以便查阅者能够清楚地看到要突出的数据。填充表格底纹的具体操作步骤如下。

第1步 选中要填充底纹的单元格，单击【表设计】选项卡【表格样式】组中的【底纹】下拉按钮，在弹出的下拉列表中选择一种底纹颜色，如下图所示。

第2步 即可看到设置底纹后的效果，如下图"// 实习经历 //"单元格所示。

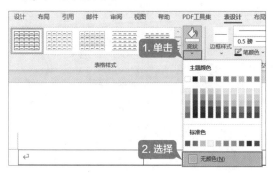

	姓名：张晓明	求职意向：产品经理
	性别：25 岁	籍贯：北京
	毕业院校：北京大学	专业及学历：管理学研究生
// 实习经历 //		

> **| 提示 |** ::::::::
>
> 选中要设置底纹的单元格，单击【开始】选项卡【段落】组中的【底纹】按钮，在弹出的下拉列表中也可以选择填充表格的底纹。

第3步 选中刚才设置了底纹的单元格，单击【表设计】选项卡【表格样式】组中的【底纹】下拉按钮，在弹出的下拉列表中选择【无颜色】选项，如下图所示。

第4步 即可删除刚才设置的底纹颜色，如下图所示。

	姓名：张晓明	求职意向：产品经理
	性别：25 岁	籍贯：北京
	毕业院校：北京大学	专业及学历：管理学研究生
// 实习经历 //		

2. 设置表格的边框类型

如果用户对默认的表格边框不满意，可以重新进行设置。为表格添加或更改边框的具体操作步骤如下。

第1步 选中整个表格，单击菜单栏最右侧的【布局】选项卡【表】组中的【属性】按钮，弹出【表格属性】对话框，选择【表格】选项卡，单击【边框和底纹】按钮，如下图所示。

第2步 弹出【边框和底纹】对话框。在【样式】选项区域的列表框中任意选择一种线型，这里选择第一种线型，设置【颜色】为"橙色"，设置【宽度】为"0.5 磅"。随后，在【预览】选项区域选择要设置的边框位置，即可看到预览效果，如下图所示。

> **| 提示 |** ::::::::
>
> 此外，还可以在【表设计】选项卡【边框】组中更改边框的样式。

第3步 单击【底纹】选项卡【填充】选项区域中的下拉按钮，在弹出的下拉列表的【主题颜色】选项区域中选择【蓝 - 灰，文字 2，淡色 80%】选项，如下图所示。

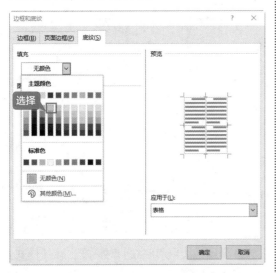

第4步 在【预览】区域即可看到设置底纹后的效果，单击【确定】按钮，如下图所示。

第5步 返回【表格属性】对话框，单击【确定】按钮，如下图所示。

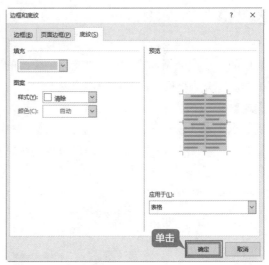

第6步 在个人求职简历文档中，即可看到设置表格边框类型后的效果，如下图所示。

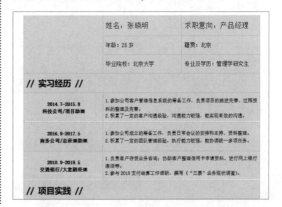

取消表格颜色、底纹和边框的具体操作步骤如下。

第 1 步 选中整个表格，单击菜单栏最右侧的【布局】选项卡【表】组中的【属性】按钮，弹出【表格属性】对话框，单击【边框和底纹】按钮，如下图所示。

第 2 步 弹出【边框和底纹】对话框，在【边框】选项卡中选择【设置】选项区域中的【无】选项，在【预览】区域即可看到取消边框后的效果，如下图所示。

第 3 步 单击【底纹】选项卡【填充】选项区域中的下拉按钮，在弹出的下拉列表中选择【无颜色】选项，如下图所示。

第 4 步 在【预览】区域即可看到取消底纹后的效果，单击【确定】按钮，如下图所示。

第 5 步 返回【表格属性】对话框，单击【确定】按钮，如下图所示。

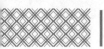

第6步 在个人求职简历文档中，即可查看取消表格颜色、底纹和边框后的效果，如下图所示。

个人简历

姓名：张晓明	求职意向：产品经理
年龄：25 岁	籍贯：北京
毕业院校：北京大学	专业及学历：管理学研究生

// **实习经历** //

2014. 7-2015. 8
科技公司/项目助理
1. 参加公司客户管理信息系统的筹备工作，负责项目的跟进完善、过程资料的整理及完善。
2. 积累了一定的客户沟通经验，沟通能力较强，能实现有效的沟通。

2016. 9-2017. 5
商务公司/总经理助理
1. 参加公司成立的筹备工作，负责日常会议的安排和主持、资料整理。
2. 积累了一定的团队管理经验，执行能力较强，能协调统一多项任务。

2018. 9-2019. 5
交通银行/大堂副经理
1. 负责客户办贷咨询，协助客户整理信用卡申请资料、进行网上银行激活等。
2. 参与2018支付结算工作调研，撰写《"三票"业务现状调查》。

3. 快速应用表格样式

Word 2021 中内置了多种表格样式，用户可以根据需要选择合适的表格样式，将其应用到表格中，具体操作步骤如下。

第1步 将光标定位于要设置样式的表格的任意位置或选中表格。单击【表设计】选项卡，将光标悬停在【表格样式】组中的某种表格样式上，文档中的表格即会以预览的形式显示所选的表格样式。这里单击【其他】按钮，在弹出的下拉列表中选择一种表格样式，即可将选择的表格样式应用到表格中，如下图所示。

第2步 应用表格样式后的效果如下图所示。

个人简历

姓名：张晓明	求职意向：产品经理
年龄：25 岁	籍贯：北京
毕业院校：北京大学	专业及学历：管理学研究生

// 实习经历 //

2014. 7-2015. 8
科技公司/项目助理
1. 参加公司客户管理信息系统的筹备工作，负责项目的跟进完善、过程资料的整理及完善。
2. 积累了一定的客户沟通经验，沟通能力较强，能实现有效的沟通。

2016. 9-2017. 5
商务公司/总经理助理
1. 参加公司成立的筹备工作，负责日常会议的安排和主持、资料整理。
2. 积累了一定的团队管理经验，执行能力较强，能协调统一多项任务。

2018. 9-2019. 5
交通银行/大堂副经理
1. 负责客户办贷咨询，协助客户整理信用卡申请资料、进行网上银行激活等。
2. 参与2018支付结算工作调研，撰写《"三票"业务现状调查》。

// 项目实践 //

2013. 9-2017. 7
北京大学/本科-工商管理
1. 获得2次校一等奖学金、1次校二等奖学金、1次国家奖学金。
2. 2016年获得大学生创业竞赛一等奖。
3. 2017年获得优秀毕业生称号。

第3步 若要取消表格样式，选中表格后单击【表设计】选项卡【表格样式】组中的【其他】按钮，在弹出的下拉列表中选择【清除】选项，如下图所示。

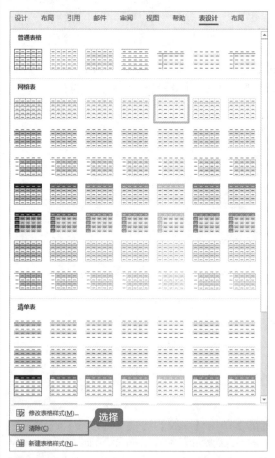

第4步 即可将所有样式清除，效果如下图所示。

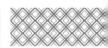

第 5 步 最后，根据需要调整文字的对齐方式，最终效果如下图所示。

4. 为表格插入背景图片

本案例通过插入背景图片及设置表格的边框类型来美化表格，具体操作步骤如下。

第 1 步 单击【插入】选项卡【插图】组中的【图片】下拉按钮，在弹出的下拉列表中，选择【此设备】选项，如下图所示。

第 2 步 选择插入图片来源后，弹出【插入图片】

对话框，选择要插入的图片，单击【插入】按钮，如下图所示。

第 3 步 即可将图片插入文档中。随后，选中图片，单击【图片格式】选项卡【排列】组中的【环绕文字】按钮，在弹出的下拉列表中选择【衬于文字下方】选项，如下图所示。

第 4 步 调整图片大小，使其布满大部分页面，然后将除第一行外的其他表格文字的字体颜色设置为"白色"，效果如下图所示。

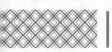
第5步 选中"姓名：张晓明""求职意向：产品经理""实习经历""项目实践""职场技能"等文字，单击【开始】选项卡【字体】选项区域中的【字体颜色】下拉按钮 A⌄，在弹出的下拉列表中选择【橙色】，如下图所示。

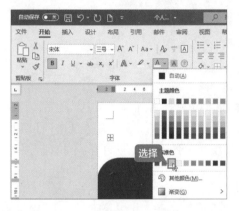

第6步 设置字体颜色后，效果如下图所示。

第7步 选中"实习经历"所在的单元格，单击【开始】选项卡【段落】组中的【边框】下拉按钮 田⌄，在弹出的下拉列表中选择【边框和底纹】选项，如下图所示。

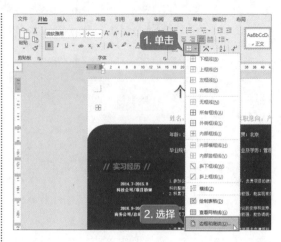

第8步 弹出【边框和底纹】对话框，选择【边框】选项卡，在【设置】选项区域中选择【自定义】选项，随后在【样式】选项区域的列表中选择一种边框样式，将其【颜色】设置为"白色"，【宽度】设置为"0.5磅"，在【预览】区域中选择边框应用的位置，然后单击【确定】按钮，完成设置后的界面如下图所示（因设置颜色为白色，故线条不可见）。

第9步 即可看到所添加的边框效果，如下图所示。

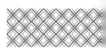

第 10 步 使用同样的方法，为表格中的其他单元格添加边框，效果如下图所示。

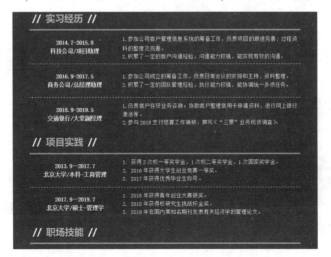

2.5 使用在线图标

在制作个人求职简历文档时，有时会用到图标。大部分图标结构简单、表现力强，但在网上搜索时很难找到合适的，而 Office 2021 拥有在线插入图标的功能。在 Word 2021 中单击【插入】选项卡【插图】组中的【图标】按钮，在弹出的对话框中可以看到，所有图标被分为"标志和符号""技术和电子""服饰"等十多种类型，并且这些图标还支持填充颜色及将图标拆分后分块填色。

下面根据需要在个人求职简历文档的"职场技能"栏中插入 4 个图标，具体操作步骤如下。

第 1 步 将光标定位至"计算机二级"前，单击【插入】选项卡【插图】组中的【图标】按钮，如下图所示。

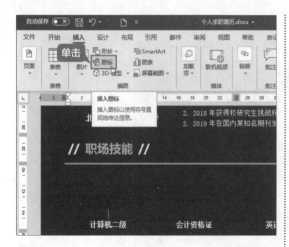

第2步 弹出【图标】对话框，在"技术和电子"类型中选择合适的图标，单击【插入】按钮，如下图所示。

第3步 即可将选中的图标插入文档。然后使用同样的方法，在"通讯""分析"等类型中选择合适的图标，依次放置在"会计资格证""英语六级""熟练使用办公软件"等相应的单元

第4步 选中一个已完成插入的图标，则会弹出【图形格式】功能选项卡，单击【图形格式】选项卡【图形样式】组中的【图形填充】下拉按钮，在弹出的下拉列表中选择"白色"，如下图所示。

第5步 即可将选中的图标颜色更改为"白色"，效果如下图所示。

第6步 使用同样的方法，将其他3个图标的颜色也更改为"白色"，效果如下图所示。

2.6 添加头像

在个人简历中添加头像时可能遇到各种问题，如头像显示不完整、无法调整头像大小等。本节通过介绍插入图片和编辑图片的方法，帮助用户解决在简历中插入头像的问题。

2.6.1 重点：插入图片

Word 2021 支持多种图片格式，如".jpg"".jpeg"".jpe"".png"".bmp"".dib"".rle"等。在个人简历中添加图片的具体操作步骤如下。

第1步 将光标定位至要插入头像图片的位置，单击【插入】选项卡【插图】组中的【图片】下拉按钮，在弹出的下拉列表中，选择【此设备】选项，如下图所示。

第2步 选择插入图片来源后，在【插入图片】对话框中选择要插入的图片，单击【插入】按钮，如下图所示。

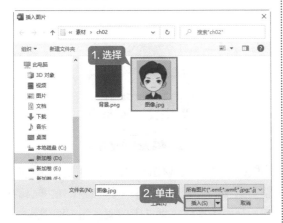

第3步 即可将头像图片插入指定位置，如下图所示。

第4步 将鼠标指针放置在图片的 4 个角之一上，

当鼠标指针变为形状时，按住鼠标左键进行拖曳，即可等比例缩放图片。图片大小调整后的效果如下图所示。

第5步 选中图片，单击【图片格式】选项卡【排列】组中的【环绕文字】按钮，在弹出的下拉列表中选择【浮于文字上方】选项，如下图所示。

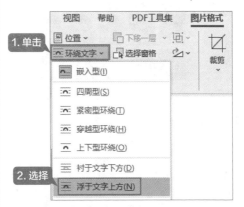

第6步 完成图片与文字的相对位置设置后，将鼠标指针放在图片上，当鼠标指针变为形状时，按住鼠标左键进行拖曳，调整图片的位置，最终效果如下图所示。

2.6.2 编辑图片

对插入的图片进行样式、格式、添加艺术效果等调整，可以使图片更好地融入个人简历，具体操作步骤如下。

第1步 选中所插入的图片，单击【图片格式】选项卡【调整】组中的【校正】下拉按钮，在弹出的下拉列表中选择【亮度/对比度】选项区域中的一种，如下图所示。

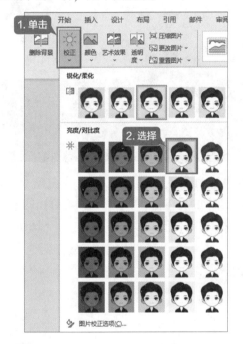

第2步 即可改变图片的亮度和对比度，如下图所示。

第3步 选中图片，单击【图片格式】选项卡【调整】组中的【颜色】下拉按钮，在弹出的下拉列表中选择【重新着色】选项区域中的一种颜色，如下图所示。

第4步 即可为图片重新着色，如下图所示。

第5步 选中图片，单击【图片格式】选项卡【调整】组中的【艺术效果】下拉按钮，在弹出的下拉列表中选择一种艺术效果，如下图所示。

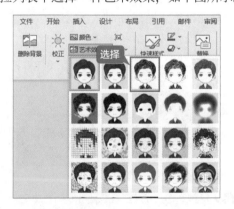

第 6 步 即可改变图片的艺术效果，如下图所示。

第 7 步 选中图片，单击【图片格式】选项卡【图片样式】组中的【其他】按钮，在弹出的下拉列表中选择【棱台形椭圆，黑色】选项，如下图所示。

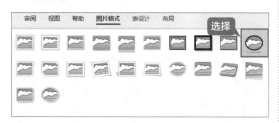

第 8 步 即可看到图片样式更改后的效果，如下图所示。

第 9 步 选中图片，单击【图片格式】选项卡【图片样式】组中的【图片边框】下拉按钮，在弹出的下拉列表中选择【无轮廓】选项，如下图所示。

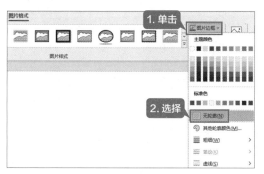

第 10 步 即可看到设置图片边框后的效果，如下图所示。

下面进行对图片效果的设置，具体操作步骤如下。

第 1 步 单击【图片格式】选项卡【图片样式】组中的【图片效果】下拉按钮，在弹出的下拉列表中选择【预设】→【预设 3】选项，如下图所示。

第 2 步 即可看到进行图片预设后的效果，如下图所示。

拉列表中选择【柔化边缘椭圆】选项，如下图所示。

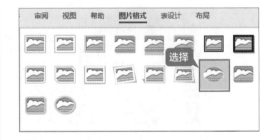

| 提示 |

　　在【图片效果】列表中，还可以为图片设置"阴影""映像""发光""柔化边缘""棱台""三维旋转"等效果，有兴趣的读者可根据需要自行设置。

第4步 即可完成对图片样式的更改。至此，个人求职简历就制作完成了，最终效果如下图所示。

　　以下步骤仅更改图片样式，可以先清除前一部分设置的校正、颜色及艺术效果。重置图片并设置图片样式的具体操作步骤如下。

第1步 选中图片，单击【图片格式】选项卡【调整】组中的【重置图片】按钮，如下图所示。

第2步 即可删除前面对图片添加的各种效果，恢复至最原始的只调整过大小的图片，如下图所示。

第3步 选中图片，单击【图片格式】选项卡【图片样式】组中的【其他】按钮，在弹出的下

制作报价单

　　与个人求职简历类似的文档还有报价单、企业宣传单、培训资料、产品说明书等。制作这类文档时，都要求做到色彩统一、图文结合、编排简洁，使读者能轻松把握重点并快速获取需要的信息。

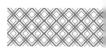

下面就以制作报价单为例进行介绍。

1. 设置页面

新建空白文档，设置报价单的页面边距、页面大小等，并将文档名称设置为"报价单"，如下图所示。

2. 插入表格并合并单元格

选择【插入】选项卡【表格】组中的【插入表格】选项，调用【插入表格】对话框，插入 8 列 31 行的表格。根据需要对单元格进行合并与调整，如下图所示。

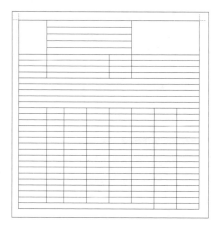

3. 输入表格内容并设置字体效果等

输入报价单内容，根据需要设置字体效果，并调整行高和列宽，如下图所示。

企业 LOGO	公司名称：					报价单	
	公司地址：						
	固定电话：						
	传真：						
	E-mall：						
客户名称				报价单号			
客户电话				开单日期			
联系人				列印日期			
客户地址				更改日期			
1.报价事项说明：							
2.报价事项说明：							
3.报价事项说明：							
4.报价事项说明：							
5.报价事项说明：							
序号	物品名称	规格	单位	数量	单价	总价	币别
1	手机	A1586	部	20	4888	97760	RMB
2	笔记本电脑	KU025	台	10	7860	78600	RMB
3	打印机	BO224	台	15	3800	57000	RMB
4	A4 纸	WD102	箱	40	150	6000	RMB
						总价	239360	RMB

4. 美化表格

对表格进行底纹填充等操作，美化表格，如下图所示。

企业 LOGO	公司名称：					报价单	
	公司地址：						
	固定电话：						
	传真：						
	E-mall：						
客户名称				报价单号			
客户电话				开单日期			
联系人				列印日期			
客户地址				更改日期			
1.报价事项说明：							
2.报价事项说明：							
3.报价事项说明：							
4.报价事项说明：							
5.报价事项说明：							
序号	物品名称	规格	单位	数量	单价	总价	币别
1	手机	A1586	部	20	4888	97760	RMB
2	笔记本电脑	KU025	台	10	7860	78600	RMB
3	打印机	BO224	台	15	3800	57000	RMB
4	A4 纸	WD102	箱	40	150	6000	RMB
						总价	239360	RMB

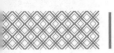

1. 从 Word 中导出清晰的图片

Word 中的图片可以单独导出并保存在计算机中，方便用户使用，具体操作步骤如下。

第1步 打开"素材 \ch02\ 导出清晰图片 .docx"文档，选中文档中的图片，如下图所示。

第2步 在图片上单击鼠标右键，在弹出的快捷菜单中选择【另存为图片】选项，如下图所示。

第3步 弹出【另存为图片】对话框，在【文件名】文本框中输入名称"导出清晰的图片"，设置【保

存类型】为"JPEG 文件交换格式（*.jpg）"，单击【保存】按钮，如下图所示。

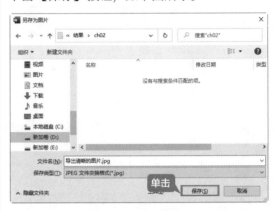

2. 新功能：将"形状"另存为图片

Word 2021 提供了将"形状"另存为图片的功能，可以将在 Word 文档中插入或者绘制的图形、图标或其他对象另存为图片文件，方便在其他文档或其他软件中重复使用。

第1步 选中所绘制的形状，单击鼠标右键，在弹出的快捷菜单中选择【另存为图片】选项，如下图所示。

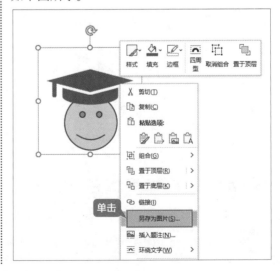

第2步 弹出【另存为图片】对话框，选择图片的目标存储位置，输入文件名，单击【保存】按钮，完成将"形状"另存为图片的操作，如下图所示。

3. 给跨页的表格添加表头

如果表格的内容较多，会自动在下一个 Word 页面显示首页未排完的表格内容，但是表头却不会自动在下一页显示。可以通过设置，使表格跨页时自动在下一页添加表头，具体操作步骤如下。

第1步 打开"素材 \ch02\ 跨页表格 .docx"文档，全选表格，单击菜单栏最右侧的【布局】选项卡【表】组中的【属性】按钮，如下图所示。

第2步 在弹出的【表格属性】对话框中选中【行】选项卡【选项】选项区域中的【在各页顶端以标题行形式重复出现】复选框，然后单击【确定】按钮，如下图所示。

第3步 返回 Word 文档中，即可看到每一页的表格均添加了表头，如下图所示。

第 3 章

Word 高级应用——
长文档的排版

🖱 本章导读

在办公与学习中，经常会遇到包含大量文字的长文档，如毕业论文、个人合同、公司合同、企业管理制度、公司内部培训资料、产品说明书等。使用 Word 提供的创建和更改样式、插入页眉和页脚、插入页码、创建目录等操作，可以方便地对这些长文档进行排版。本章以排版公司内部培训资料为例，介绍长文档的排版技巧。

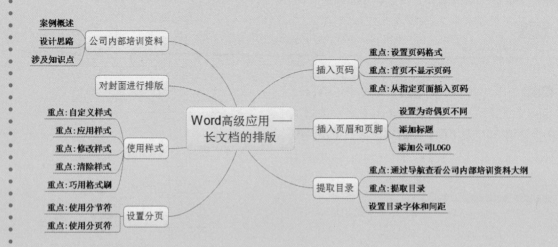

 # 3.1 公司内部培训资料

每个公司都有其独特的公司文化和行为要求，新员工进入公司后，往往会经过一个简单的礼仪培训。公司内部培训资料作为公司培训中经常使用的文档资料，可以帮助员工更好地完成培训。

3.1.1 案例概述

制作一份格式统一、版面工整的公司内部培训资料，不仅方便被培训者阅读，还能助其把握培训重点并快速掌握培训内容，起到事半功倍的效果。公司内部培训资料的排版需要注意以下几点。

1. 格式统一

① 公司内部培训资料的内容分为若干等级，相同等级的标题要使用相同的字体格式（包括字体、字号、颜色等），不同等级的标题之间，字体格式要有明显的区分。通常按照等级高低将字号由大到小设置。

② 正文字号最小且需要统一所有正文内容的样式，否则文档将显得杂乱。

2. 层次结构区别明显

① 可以根据需要设置标题的段落格式，为不同标题设置不同的段间距和行间距，使不同标题等级之间或是标题和正文之间结构区分明显，便于阅读者查阅。

② 使用分页符将公司内部培训资料中需要单独显示的页面另起一页显示。

3. 提取目录便于阅读

① 根据标题等级设置对应的大纲级别，这是提取目录的前提。

② 添加页眉和页脚不仅可以美化文档，还能快速向阅读者传递文档信息。可以为奇偶页设置不同的页眉和页脚。

③ 插入页码也是提取目录的必备条件之一。

④ 提取目录后可以根据需要设置目录的样式，使目录格式工整、层次分明。

3.1.2 设计思路

排版公司内部培训资料时可以按以下思路进行。

① 制作公司内部培训资料的封面，包含培训项目名称、培训时间等，可以根据需要对封面进行美化。

② 设置培训资料的标题和正文样式。根据需要设计培训资料的标题及正文样式，包括文本样式及段落格式等，并根据需要设置标题的大纲级别。

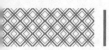

③ 使用分节符或分页符设置文本格式，将重要内容另起一页显示。

④ 插入页码、页眉和页脚，并根据要求提取目录。

3.1.3 涉及知识点

本案例主要涉及以下知识点。

① 使用样式。

② 使用格式刷工具。

③ 使用分节符和分页符。

④ 插入页码。

⑤ 插入页眉和页脚。

⑥ 提取目录。

3.2 对封面进行排版

首先为公司内部培训资料添加封面，具体操作步骤如下。

第1步 打开"素材\ch03\公司内部培训资料.docx"文档，将光标定位至文档最前的位置，单击【插入】选项卡【页面】组中的【空白页】按钮，如下图所示。

第2步 即可在文档中插入一个空白页面。将光标定位于页面最开始的位置，如下图所示。

第3步 按【Enter】键换行，并输入"××公司礼仪培训资料"，按【Enter】键换行，输入"内部资料"，再按【Enter】键换行，然后输入日期，效果如下图所示。

第4步 选中"××公司礼仪培训资料"文本，单击【开始】选项卡【字体】组中的【字体】按钮，打开【字体】对话框。在【字体】选项卡中设置【中文字体】为"黑体"，【西文字体】为"（使用中文字体）"，【字形】为"常规"，【字号】为"二号"，完成设置后单击【确定】按钮，如下图所示。

第5步 单击【开始】选项卡【段落】组中的【段落设置】按钮 ⊡，打开【段落】对话框。在【缩进和间距】选项卡的【常规】选项区域中设置【对齐方式】为"居中"，在【间距】选项区域中设置【段前】为"0.5 行"，设置【段后】为"0.5 行"，设置【行距】为"单倍行距"，完成设置后单击【确定】按钮，如下图所示。

第6步 完成设置后的效果如下图所示。

第7步 选中"内部资料"文本和日期文本，在【开始】选项卡【字体】组中设置【字体】为"黑体"，【字号】为"三号"，在【段落】组中设置【对齐方式】为"右对齐"。在【段落】对话框的【缩进和间距】选项卡中设置【间距】选项区域中的【段前】为"0.5 行"，【段后】为"0.5 行"，【行距】为"单倍行距"。完成设置后的效果如下图所示。

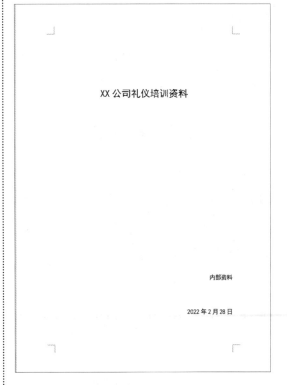

为封面设置背景，具体操作步骤如下。

第1步 单击【插入】选项卡【页眉和页脚】组中的【页眉】按钮 🖥，在弹出的下拉列表中选择【编辑页眉】选项，如下图所示。

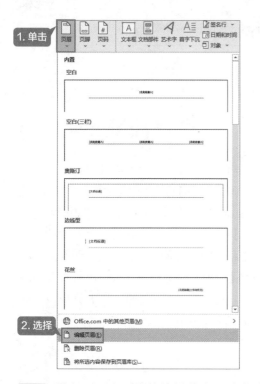

第5步 即可将图片插入文档中。然后选中图片，单击【图片格式】选项卡【排列】组中的【环绕文字】按钮，在弹出的下拉列表中选择【衬于文字下方】选项，如下图所示。

第2步 进入页眉和页脚的编辑状态，选中【页眉和页脚】选项卡【选项】组中的【首页不同】复选框，如下图所示。

第3步 单击【页眉和页脚】选项卡【插入】组中的【图片】按钮，如下图所示。

第4步 弹出【插入图片】对话框，选择要插入的图片，单击【插入】按钮，如下图所示。

第6步 调整背景图片的大小，使其布满整个页面，调整完成后的效果如下图所示。

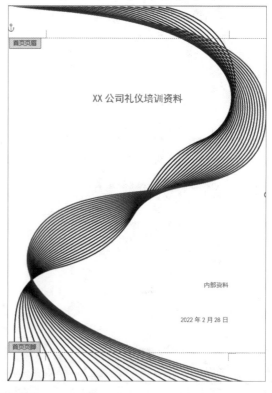

第7步 选中页眉处的段落标记，单击【开始】

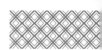
选项卡【段落】组中的【边框】下拉按钮田▾，
在弹出的下拉列表中选择【无框线】选项，如
下图所示。

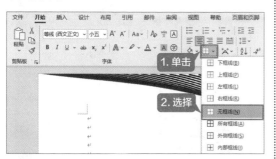

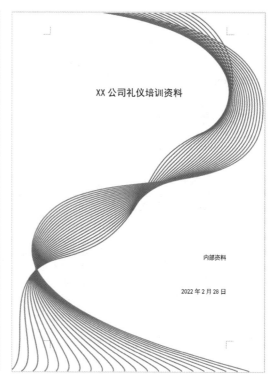

第8步 即可将页眉处的横线去掉。单击【页眉
和页脚】选项卡【关闭】组中的【关闭页眉和
页脚】按钮⊠，退出页眉和页脚的编辑状态。
最终效果如下图所示。

3.3 使用样式

样式是字体格式和段落格式的集合。在对长文档进行排版的过程中，可以对相同级别的文
本重复套用特定样式，以提高排版效率。

3.3.1 重点：自定义样式

在对公司培训资料这类长文档进行排版时，相同级别的文本一般会使用统一的样式，具体
操作步骤如下。

第1步 选中"一、个人礼仪"文本，单击【开始】
选项卡【样式】组中的【样式】按钮▣，如下
图所示。

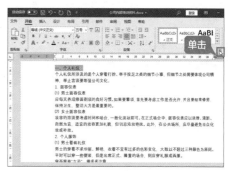

第2步 弹出【样式】任务窗格，单击【新建样式】按钮 A₊，如下图所示。

第3步 弹出【根据格式化创建新样式】对话框，在【属性】选项区域中设置【名称】为"培训资料一级标题"，在【格式】选项区域中设置【字体】为"宋体"，【字号】为"三号"，并设置"加粗"效果，如下图所示。

第4步 单击左下角的【格式】按钮，在弹出的列表中选择【段落】选项，如下图所示。

第5步 弹出【段落】对话框，在【缩进和间距】选项卡的【常规】选项区域中设置【对齐方式】为"两端对齐"，【大纲级别】为"1级"，在【间距】选项区域中设置【段前】为"0.5行"，【段后】为"0.5行"，然后单击【确定】按钮，如下图所示。

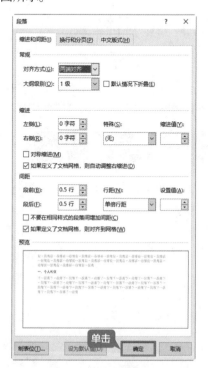

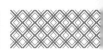

第6步 返回【根据格式化创建新样式】对话框，在预览窗口可以看到设置后的效果，单击【确定】按钮，如下图所示。

第7步 即可成功创建名称为"培训资料一级标题"的样式，设置前所选中的文本将会自动应用该自定义样式，如下图所示。

第8步 重复上述操作步骤，选中"1.面容仪表"文本，设置样式的【名称】为"培训资料二级标题"，并设置【字体】为"黑体"，【字号】为"四号"，【对齐方式】为"两端对齐"，【大纲级别】为"2级"，完成设置并应用样式后的效果如下图所示。

3.3.2 重点：应用样式

使用创建好的样式，可以对需要设置相同样式的文本进行套用。

第1步 选中"二、社交礼仪"文本，在【样式】任务窗格的列表中选择【培训资料一级标题】样式，即可将【培训资料一级标题】样式应用至所选文本，如下图所示。

第2步 使用同样的方法对其余一级标题和二级标题进行设置，最终效果如下图所示。

3.3.3 重点：修改样式

如果排版的样式要求在原来样式的基础上发生了一些变化，可以对样式进行修改，应用该样式的文本样式也会对应发生改变，具体操作步骤如下。

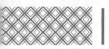
第1步 单击【开始】选项卡【样式】组中的【样式】按钮，弹出【样式】任务窗格，如下图所示。

第2步 选中需要修改的样式，如"培训资料一级标题"样式，单击样式右侧的下拉按钮，在弹出的下拉列表中选择【修改】选项，如下图所示。

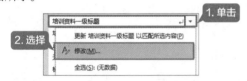

第3步 弹出【修改样式】对话框，将【格式】选项区域中的【字体】改为"黑体"，单击左下角的【格式】按钮，在弹出的下拉列表中选择【段落】选项，如下图所示。

第4步 弹出【段落】对话框，将【间距】选项区域中的【段前】和【段后】都改为"1 行"，单击【确定】按钮，如下图所示。

第5步 返回【修改样式】对话框，在预览窗口中查看设置效果，无误后单击【确定】按钮，如下图所示。

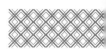

第6步 修改完成后，所有应用该样式的文本样式也相应地发生了变化，效果如下图所示。

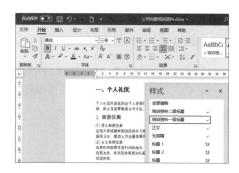

3.3.4 重点：清除样式

如果不再需要某些样式，可以将其清除，具体操作步骤如下。

第1步 创建【字体】为"楷体"，【字号】为"11"，【首行缩进】为"2 字符"的名为"正文内容"的样式，并将其应用到正文文本中，如下图所示。

第2步 选中【正文内容】样式，单击【正文内容】样式右侧的下拉按钮，在弹出的下拉列表中选择【删除"正文内容"】选项，如下图所示。

第3步 在弹出的确认删除对话框中单击【是】按钮，即可将该样式删除，如下图所示。

第4步 如下图所示，该样式已被从样式列表中删除。

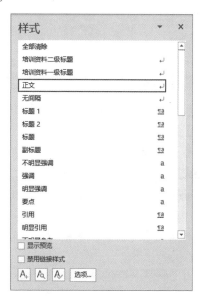

第5步 使用该样式的文本样式也相应地发生了变化，如下图所示。

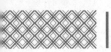

3.3.5 重点：巧用格式刷

除了通过点选对文本套用创建好的样式之外，还可以使用格式刷工具对相同性质的文本进行格式的设置。设置正文的样式并使用格式刷工具的具体操作步骤如下。

第1步 选中要设置正文样式的段落，如下图所示。

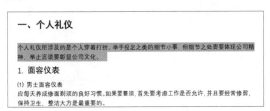

第2步 在【开始】选项卡【字体】组中设置【字体】为"黑体"，【字号】为"11"，如下图所示。

第3步 单击【开始】选项卡【段落】组中的【段落设置】按钮，弹出【段落】对话框。在【缩进和间距】选项卡中设置【缩进】选项区域中的【特殊】为"首行"，【缩进值】为"2字符"，设置【间距】选项区域中的【段前】为"0.5行"，【段后】为"0.5行"，【行距】为"单倍行距"。完成设置后单击【确定】按钮，如下图所示。

第4步 设置后的效果如下图所示。

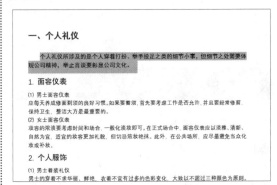

第5步 选中已完成样式设置的正文段落，双击【开始】选项卡【剪贴板】组中的【格式刷】按钮，可重复使用格式刷工具。使用格式刷工具对其余正文内容的格式进行设置，最终效果如下图所示。

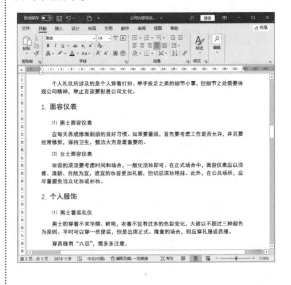

3.4 设置分页

在公司内部培训资料中，有些文本内容需要进行分页显示，下面介绍如何使用分节符和分页符进行分页。

3.4.1 重点：使用分节符

分节符是指为表示节的结尾而插入的标记。分节符包含节的格式设置元素，如页边距、页面的方向、页眉和页脚，以及页码的顺序等，起着分隔其前面文本格式的作用，如果删除了某个分节符，它前面的文字会采用后面的节的格式设置，设置分节符的具体操作步骤如下。

第1步 将光标定位在任意段落末尾，单击【布局】选项卡【页面设置】组中的【分隔符】按钮 吕 分隔符 ，在弹出的下拉列表中选择【分节符】选项区域中的【下一页】选项，如下图所示。

第2步 即可在段落末尾添加一个分节符，后面的内容将被放置在下一页，效果如下图所示。

第3步 如果要删除分节符，可以将光标定位在分节符尾部的段落标记处，按【Delete】键删除即可，效果如下图所示。

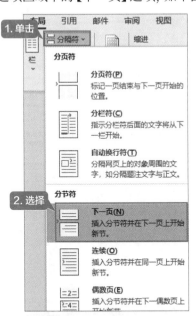

3.4.2 重点：使用分页符

引导语可以让读者大致了解资料内容，作为概述性语言，可以单独放在一页，具体操作步骤如下。

第1步 选中"引导语"文本，单击【开始】选项卡【样式】组中的【样式】按钮 ，在弹出的【样式】任务窗格中选择【培训资料一级标题】样式，然后再将其"居中"显示，如下图所示。

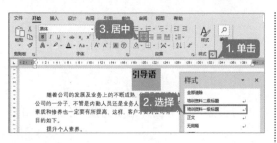

第2步 将光标定位在"引导语"段落文本末尾，单击【布局】选项卡【页面设置】组中的【分隔符】按钮 ，在弹出的下拉列表中选择【分页符】选项区域中的【分页符】选项，如下图所示。

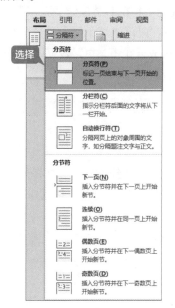

第3步 即可将光标所在位置以下的文本移至下一页，效果如下图所示。

第4步 选中"提升个人素养。""方便个人交往应酬。""维护企业形象。"文本内容，单击【开始】选项卡【段落】组中的【项目符号】下拉按钮 ，在弹出的下拉列表中选择一种项目符号，如下图所示。

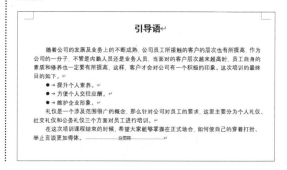

第5步 最终效果如下图所示。

3.5 插入页码

对于公司内部培训资料这种篇幅较长的文档，页码可以帮助阅读者记住所阅读的位置，阅读起来会更加方便，插入页码的具体操作步骤如下。

第1步 单击【插入】选项卡【页眉和页脚】组中的【页码】按钮，在弹出的下拉列表中选择【页面底端】→【普通数字3】选项，如下图所示。

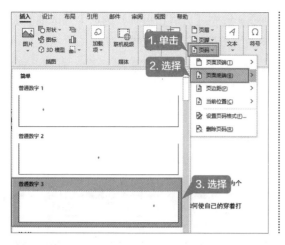

第 2 步 即可在文档中插入页码，效果如下图所示。

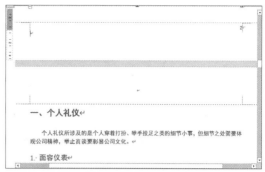

3.5.1 重点：设置页码格式

为了使页码达到最佳的显示效果，可以对页码的格式进行简单的设置，具体操作步骤如下。

第 1 步 单击【插入】选项卡【页眉和页脚】组中的【页码】按钮，在弹出的下拉列表中选择【设置页码格式】选项，如下图所示。

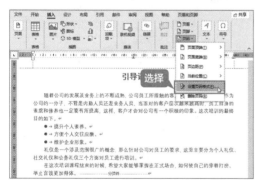

第 2 步 弹出【页码格式】对话框，在【编号格式】下拉列表中选择一种合适的编号格式后，单击【确定】按钮，如下图所示。

第 3 步 完成设置后的效果如下图所示。

┃提示┃┊┊┊┊┊┊

【包含章节号】复选框：可以将章节号插入页码中（选中后需要继续选择章节起始样式和分隔符）。

【续前节】单选按钮：接着上一节的页码连续设置页码。

【起始页码】单选按钮：选中此单选按钮后，可以在后方的微调框中输入起始页码数。

3.5.2 重点：首页不显示页码

公司内部培训资料的首页是封面，一般不显示页码，使首页不显示页码的具体操作步骤如下。

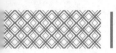

第1步 单击【插入】选项卡【页眉和页脚】组中的【页码】按钮，在弹出的下拉列表中选择【设置页码格式】选项，如下图所示。

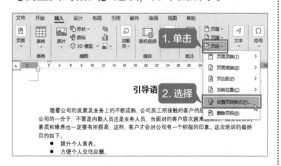

第2步 弹出【页码格式】对话框，在【页码编号】选项区域中选中【起始页码】单选按钮，在微调框中输入"0"，单击【确定】按钮，如下图所示。

第3步 选中【页眉和页脚】选项卡【选项】组中的【首页不同】复选框，如下图所示。

第4步 完成设置后，单击【关闭页眉和页脚】按钮⊠，如下图所示。

第5步 即可取消首页页码的显示，效果如下图所示。

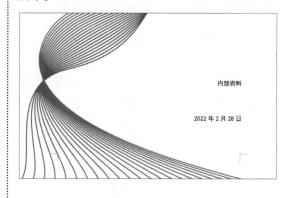

3.5.3 重点：从指定页面插入页码

对于某些文档，由于说明性文字或与正文无关的文字篇幅较多，需要从指定的页面开始添加页码，具体操作步骤如下。

第1步 将光标定位在引导语部分段落文本的末尾，按【Delete】键，将之前插入的"分页符"删除。单击【布局】选项卡【页面设置】组中的【分隔符】按钮 吕 分隔符~，在弹出的下拉列表中选择【分节符】选项区域中的【下一页】选项，如下图所示。

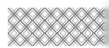

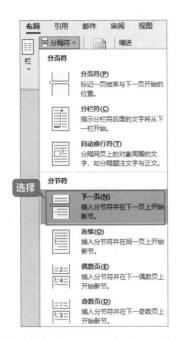

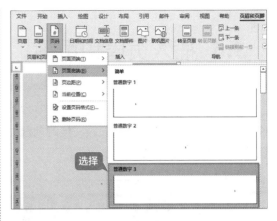

第2步 此时光标在下一页显示，双击此页页脚位置，即可进入页脚编辑状态。单击【页眉和页脚】选项卡【导航】组中的【链接到前一节】按钮，取消此功能，如下图所示。

| 提示 | ::::::::

　　取消页眉或页脚【链接到前一节】后，不同节的页眉或页脚将不再有联系，删除或修改一节的页眉或页脚，其他节不受影响。

第3步 单击【页眉和页脚】选项卡【页眉和页脚】组中的【页码】按钮，在弹出的下拉列表中选择【页面底端】→【普通数字 3】样式，如下图所示。

第4步 单击【页眉和页脚】组中的【页码】按钮，在弹出的下拉列表中选择【设置页码格式】选项。弹出【页码格式】对话框，在【页码编号】选项区域中设置起始页码为"2"，如下图所示。

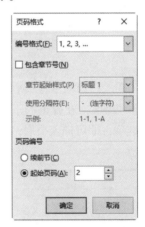

第5步 单击【关闭页眉和页脚】按钮，即可完成对页码的设置。

| 提示 | ::::::::

　　从指定页面插入页码的操作在长文档的排版中经常遇到。如果排版时不需要此操作，可以将其删除，并重新插入符合要求的页码样式。

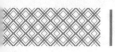

3.6 插入页眉和页脚

在页眉和页脚中，可以输入文档的基本信息，例如，在页眉中输入文档名称、章节标题或作者姓名等信息，在页脚中输入文档的创建时间、页码等，不仅能使文档更美观，还能向读者快速传递文档所要表达的信息。

> **提示** ┊┊┊┊┊┊
>
> 插入与设置页脚的方法和插入与设置页眉的方法类似，在本案例中没有设置页脚，这里就不再过多介绍了，主要对插入与设置页眉进行讲解。

3.6.1 设置为奇偶页不同

页眉和页脚都可以设置为奇偶页显示不同的内容，以传达更多信息。下面以设置页眉奇偶页不同的效果为例来介绍，具体操作步骤如下。

第1步 单击【插入】选项卡【页眉和页脚】组中的【页眉】按钮，在弹出的下拉列表中选择【空白】选项，即可插入页眉，插入后的效果如下图所示。

第2步 在"在此处键入"位置输入"××公司"，然后选中"××公司"文本内容，在【开始】选项卡【字体】组中设置【字体】为"黑体"，【字号】为"五号"，在【段落】组中设置对齐方式为"左对齐"。单击【段落】组中的【边框】下拉按钮，在弹出的下拉列表中选择【无框线】选项，完成设置后的效果如下图所示。

第3步 选中【页眉和页脚】选项卡【选项】组中的【奇偶页不同】复选框，如下图所示。

第4步 页面会自动跳转至页眉编辑页面，在偶数页文本编辑栏中输入"礼仪培训资料"文本，将其【字体】设置为"黑体"，【字号】设置为"五号"，并将其【对齐方式】设置为"右对齐"，完成设置后的效果如下图所示。

第5步 单击【页眉和页脚】选项卡【页眉和页脚】组中的【页码】按钮，在弹出的下拉列表中选择【页面底端】→【普通数字2】选项，如下图所示。

第6步 即可为偶数页重新设置页码，效果如下图所示。双击空白处，即可退出页眉和页脚编辑状态。

| 提示 |

设置奇偶页不同的效果后，需要重新设置奇数页和偶数页的样式。

3.6.2 添加标题

如果正文页眉处需要显示当前页面的内容标题，如在页眉处显示"个人礼仪""社交礼仪""公务礼仪"等标题，则可以使用 StyleRef 域来设置，具体操作步骤如下。

第1步 在页眉处双击，进入页眉和页脚编辑状态，取消选中【页眉和页脚】选项卡【选项】组中的【奇偶页不同】复选框，如下图所示。

第2步 即可取消奇偶页不同页眉的显示，将所有页眉统一显示为奇数页的页眉，如下图所示。

第3步 单击【页眉和页脚】选项卡【插入】组中的【文档部件】按钮，在弹出的下拉列表中选择【域】选项，如下图所示。

第4步 弹出【域】对话框，在【请选择域】选项区域中的【域名】列表框中选择【StyleRef】选项，在【域属性】选项区域中的【样式名】列表框中选择【培训资料一级标题】选项，随后单击【确定】按钮，如下图所示。

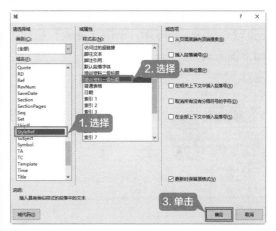

第5步 即可在文档的页眉处插入相应的标题，如下图所示。

第6步 将光标定位在"××公司"和"一、个人礼仪"之间，按【Enter】键，将"一、个人礼仪"文本内容换到下一行，并将其设置为"右对齐"，完成对页眉文字的设置。双击空白处，退出页眉和页脚编辑状态，完成设置后的效果如下图所示。

3.6.3　添加公司LOGO

在公司内部培训资料中加入公司 LOGO 的具体操作步骤如下。

第1步 在页眉处双击，进入页眉和页脚编辑状态。单击【页眉和页脚】选项卡【插入】组中的【图片】按钮，如下图所示。

第2步 弹出【插入图片】对话框，选择"素材\ch03\LOGO.jpg"图片，单击【插入】按钮，如下图所示。

第3步 即可插入图片至页眉。先调整图片大小，然后选中图片，单击【图片格式】选项卡【排列】组中的【环绕文字】按钮，在弹出的下拉列表中选择【浮于文字上方】选项，如下图所示。

第4步 调整图片至合适位置后，双击空白处，退出页眉和页脚编辑状态，完成设置后的效果如下图所示。

3.7 提取目录

目录是公司内部培训资料的重要组成部分，可以帮助阅读者更方便地阅读资料，使阅读者更快地找到自己想要阅读的内容。

3.7.1 重点：通过导航查看公司内部培训资料大纲

对文档应用了标题样式或设置了标题级别之后，可以在【导航】窗格中查看设置后的效果，并快速切换至所要查看的章节。显示【导航】窗格的方法如下。

选中【视图】选项卡【显示】组中的【导航窗格】复选框，即可在文栏左侧显示【导航】窗格，如下图所示。

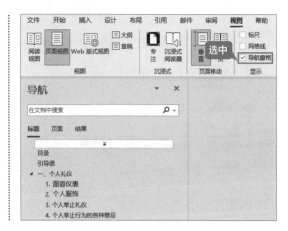

3.7.2 重点：提取目录

为方便阅读，需要在公司内部培训资料中加入目录，具体操作步骤如下。

第1步 将光标定位在"引导语"前，单击【布局】选项卡【页面设置】组中的【分隔符】按钮 分隔符 ▾，在弹出的下拉列表中选择【分页符】选项区域中的【分页符】选项，如下图所示。

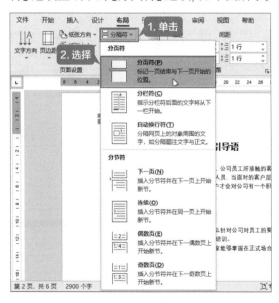

第2步 将光标定位于新插入的页面中，输入"目录"文本，并设置字体格式，效果如下图所示。

第3步 将光标定位在"目录"文本后，按【Enter】键换行，然后单击【开始】选项卡【字体】组中的【清除所有格式】按钮 A，如下图所示。

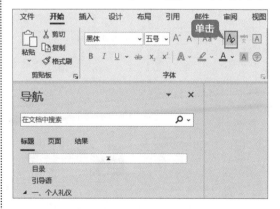

第4步 将光标所在行的格式清除，然后单击【引用】选项卡【目录】组中的【目录】按钮，在弹出的下拉列表中选择【自定义目录】选项，如下图所示。

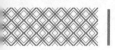

第5步 弹出【目录】对话框，在【目录】选项卡【常规】选项区域的【格式】下拉列表中选择"正式"，将【显示级别】设置为"2"，在预览区域可以看到设置后的效果。随后单击【确定】按钮确认设置，如下图所示。

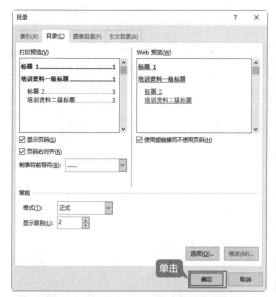

第6步 创建目录后的效果如下图所示。

第7步 将鼠标指针移动至目录上，按住【Ctrl】键，鼠标指针会变为 形状，单击相应链接即可跳转至相应标题所在页面，如下图所示。

3.7.3 设置目录字体和间距

目录是文章的导航型文本，合适的字体和间距会方便阅读者快速找到所需的信息。设置目录字体和间距的具体操作步骤如下。

第 1 步 选中除"目录"标题外的所有目录文本，在【开始】选项卡【字体】组中设置【字体】为"黑体"，【字号】为"五号"，如下图所示。

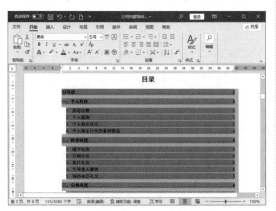

第 2 步 单击【开始】选项卡【段落】组中的【行和段落间距】按钮 ，在弹出的下拉列表中选择【1.5】选项，如下图所示。

第 3 步 设置后的效果如下图所示。

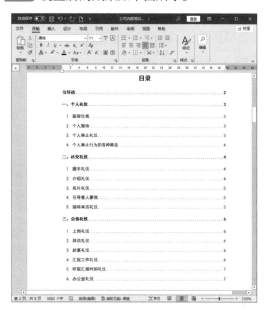

至此，就完成了对内部培训资料的排版。

排版毕业论文

排版毕业论文时需要注意，文档中同一类别文本的格式要统一，层次要有明显的区分，不仅要对同一级别的段落设置相同的大纲级别，还要将需要单独显示的页面设置单独显示。排版毕业论文时可以按以下思路进行。

第 1 步 设计毕业论文首页。制作毕业论文封面，包含题目、个人相关信息、指导教师和日期等，如下图所示。

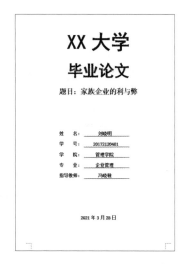

第2步 设计毕业论文格式。在撰写毕业论文的时候，学校会对毕业论文的格式进行统一要求，需要根据要求，设计毕业论文的格式，如下图所示。

第3步 设置页眉并插入页码。在毕业论文中，可插入页眉，使文档看起来更美观，此外还需要插入页码，如下图所示。

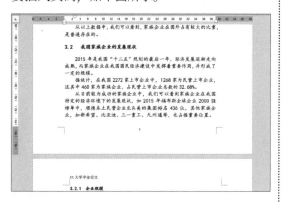

第4步 提取目录。完成毕业论文格式设置，添加页眉与页脚后，还需要为毕业论文提取目录，如下图所示。

1. 为样式设置快捷键

在创建样式时，可以为样式指定快捷键。设置快捷键后，只需要选中要应用样式的段落并按下快捷键，即可应用样式，具体操作步骤如下。

第1步 在【样式】任务窗格中单击要指定快捷键的样式后的下拉按钮，在弹出的下拉列表中选择【修改】选项，如下图所示。

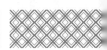

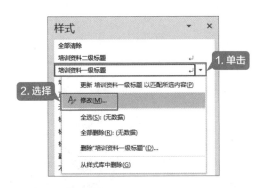

第2步 弹出【修改样式】对话框，单击对话框左下角的【格式】按钮，在弹出的列表中选择【快捷键】选项，如下图所示。

第3步 弹出【自定义键盘】对话框，将光标定位至【指定键盘顺序】选项区域中的【请按新快捷键】文本框中，并在键盘上按下要设置的快捷键，这里按【Alt+C】组合键，完成设置后，单击【指定】按钮，如下图所示。

第4步 即可将此快捷键添加至【指定键盘顺序】选项区域中的【当前快捷键】列表框中，单击【关闭】按钮，即完成了指定样式快捷键的操作，如下图所示。

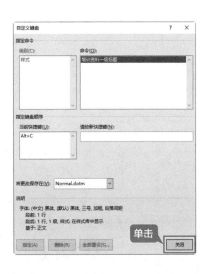

2. 解决"错误！未定义书签"问题

如果在 Word 目录中遇到"错误！未定义书签"的提示，可能是由于原来的标题被无意中修改了，可以采用下面的方法解决。

第1步 在目录的任意位置单击鼠标右键，在弹出的快捷菜单中选择【更新域】选项，如下图所示。

第2步 弹出【更新目录】对话框，选中【更新整个目录】单选按钮，单击【确定】按钮，完成对目录的更新，即可解决目录中"错误！未定义书签"的问题，如下图所示。

| 提示 |

提取目录后，按【Ctrl+Shift+F9】组合键可以取消目录中的超链接。

第 **2** 篇

Excel 办公应用篇

本篇主要介绍 Excel 中的各种操作。通过对本篇的学习，读者可以掌握 Excel 的基本操作，表格的美化，初级数据处理与分析，图表、数据透视表和数据透视图的设置与使用，以及公式和函数的应用等操作。

第 4 章

Excel 2021 的基本操作

🖱 本章导读

Excel 2021 提供了创建工作簿和工作表、输入和编辑数据、插入行与列、设置文本格式、页面设置等基本操作，可以方便地记录和管理数据。本章以制作客户联系信息表为例，介绍 Excel 表格的基本操作。

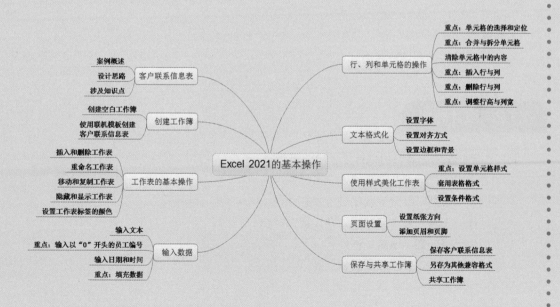

4.1 客户联系信息表

制作客户联系信息表要做到数据准确、层次分明、重点突出，便于公司快速统计客户信息。

4.1.1 案例概述

客户联系信息表记录了客户的编号、公司名称、姓名、性别、城市、电话号码、通信地址等情况，制作客户联系信息表时，需要注意以下几点。

1. 数据准确

① 制作客户联系信息表时，选择单元格要准确，合并单元格时要提前规划好应合并的位置，插入行和列要定位准确，来确保客户联系信息表中数据的准确。

② Excel 中的数据分为数字型、文本型、日期型、时间型、逻辑型数据等，要分清客户联系信息表中的数据是哪种类型的数据，做到数据输入准确。

2. 重点突出

① 在 Excel 中，把客户联系信息表的内容用边框和背景加以区分，使读者的注意力集中到客户联系信息表上。

② 使用条件格式使重要的联系人信息得以突出显示，可以使信息表更加便于查阅。

3. 分类简洁

① 首先确定客户联系信息表的布局，进行合理分类。

② 合并需要合并的单元格，为单元格内容保留合适的位置。

③ 表格中文字的字体字号不宜过大，标题行可以适当加大、加粗处理，以快速传达表格的内容。

4.1.2 设计思路

制作客户联系信息表时可以按以下思路进行。

① 创建空白工作簿，并将工作簿命名和保存。

② 根据布局规划对部分单元格进行合并处理，并调整行高与列宽。

③ 在工作簿中输入文本与数据，并设置文本格式。

④ 设置单元格样式、设置条件格式。

⑤ 设置纸张方向，并添加页眉和页脚。

⑥ 另存为兼容格式，共享工作簿。

4.1.3 涉及知识点

本案例主要涉及以下知识点。
① 创建空白工作簿。
② 合并单元格。
③ 插入与删除行和列。
④ 设置文本段落格式。
⑤ 页面设置。
⑥ 设置条件格式。
⑦ 保存与共享工作簿。

4.2 创建工作簿

在制作客户联系信息表时，首先要创建空白工作簿，并对创建的工作簿进行保存与命名。

4.2.1 创建空白工作簿

工作簿是指在 Excel 中用来存储并处理工作数据的文件，在 Excel 2021 中，扩展名是".xlsx"。通常所说的 Excel 文件指的就是工作簿文件。在使用 Excel 时，首先需要创建一个空白工作簿，具体创建方法有以下几种。

1. 自动创建

使用自动创建，可以快速地在 Excel 中创建一个空白的工作簿。在制作本案例的客户联系信息表时，可以使用自动创建的方法创建一个空白工作簿，具体操作步骤如下。

第 1 步 启动 Excel 2021 后，单击界面左侧的【新建】按钮，随后在界面右侧选择【空白工作簿】选项，如下图所示。

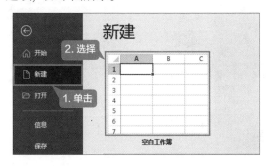

第 2 步 系统会自动创建一个名称为"工作簿 1"的空白工作簿，如下图所示。

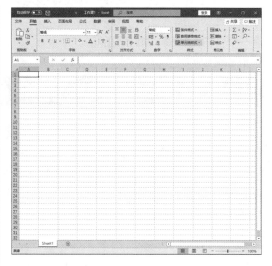

第 3 步 选择【文件】选项卡中的【另存为】选项，

在【另存为】界面中单击【这台电脑】→【浏览】按钮，在弹出的【另存为】对话框中选择文件要保存的位置，并在【文件名】文本框中输入"客户联系信息表"，单击【保存】按钮，如下图所示。

2. 使用【文件】选项卡

在已经启动的 Excel 2021 中，也可以再次新建一个空白工作簿。

选择【文件】选项卡中的【新建】选项，在界面右侧选择【空白工作簿】选项，即可创建一个空白工作簿，如下图所示。

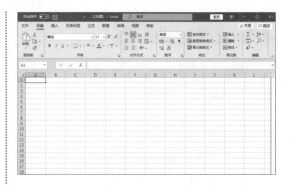

3. 使用快速访问工具栏

在已经启动的 Excel 2021 中，使用快速访问工具栏也可以新建空白工作簿。

单击【自定义快速访问工具栏】按钮，在弹出的下拉菜单中选择【新建】选项，即可将【新建】按钮固定显示在快速访问工具栏中。单击【新建】按钮，即可创建一个空白工作簿，如下图所示。

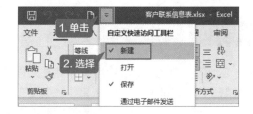

4. 使用快捷键

使用快捷键同样可以快速地新建空白工作簿。

在打开的工作簿中按【Ctrl + N】组合键，即可新建一个空白工作簿。

4.2.2 使用联机模板创建客户联系信息表

启动 Excel 2021 后，可以使用联机模板创建客户联系信息表，具体操作步骤如下。

第 1 步 选择【文件】选项卡中的【新建】选项，界面右侧会出现【搜索联机模板】搜索框，如下图所示。

第2步 在【搜索联机模板】搜索框中输入"客户联系人列表",单击【搜索】按钮🔍,如下图所示。

第3步 即可搜索出 Excel 2021 中的联机模板。选择【客户联系人列表】模板,如下图所示。

第4步 在弹出的【客户联系人列表】模板界面,单击【创建】按钮,如下图所示。

第5步 弹出【正在下载您的模板】界面,如下图所示。

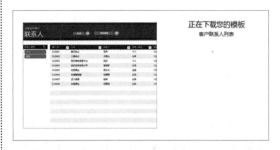

第6步 下载完成后,Excel 将自动打开【客户联系人列表】模板,如下图所示。

第7步 单击功能区右上角的【关闭】按钮,即可直接关闭该模板,如下图所示。

4.3 工作表的基本操作

　　工作表是工作簿中的一个表。Excel 2021 的每个工作簿默认有一个工作表,用户可以根据需要添加工作表,每个工作簿最多可以包含 255 个工作表。工作表的标签上显示了系统默认的工作表名称,如 Sheet1、Sheet2、Sheet3 等,本节主要介绍客户联系信息表中有关工作表的基本操作。

4.3.1 插入和删除工作表

在 Excel 2021 中，可以通过插入新的工作表来满足多工作表的需求。下面介绍几种插入与删除工作表的方法。

1. 插入工作表

方法 1：使用功能区

第1步 在打开的 Excel 文件中，单击【开始】选项卡【单元格】组中的【插入】下拉按钮，在弹出的下拉列表中选择【插入工作表】选项，如下图所示。

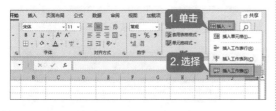

第2步 即可在原工作表的前面创建一个新工作表，如下图所示。

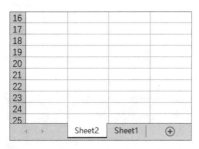

方法 2：使用快捷菜单

第1步 在【Sheet1】工作表标签上单击鼠标右键，在弹出的快捷菜单中选择【插入】选项，如下图所示。

第2步 弹出【插入】对话框，选择【工作表】选项，

单击【确定】按钮，如下图所示。

第3步 即可在当前工作表的前面插入一个新工作表，如下图所示。

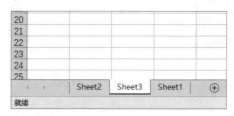

2. 删除工作表

方法 1：使用快捷菜单

第1步 在要删除的工作表标签上单击鼠标右键，在弹出的快捷菜单中选择【删除】选项，如下图所示。

第2步 即可看到删除工作表后的效果，如下图所示。

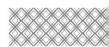

方法 2：使用功能区

选中要删除的工作表，单击【开始】选项卡【单元格】组中的【删除】下拉按钮，在弹出的下拉列表中选择【删除工作表】选项，即可将所选中的工作表删除，如下图所示。

4.3.2　重命名工作表

每个工作表都有自己的名称，默认情况下以 Sheet1、Sheet2、Sheet3……命名工作表。用户可以对工作表进行重命名操作，以便更好地管理工作表。

重命名工作表的方法有以下两种。

1.　在标签上直接重命名

第 1 步 双击要重命名的工作表标签【Sheet1】（此时该标签以高亮状态显示），即可进入可编辑状态，如下图所示。

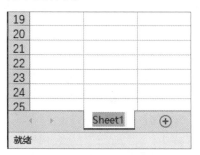

第 2 步 输入新的标签名，按【Enter】键，即可完成对该工作表的重命名操作，如下图所示。

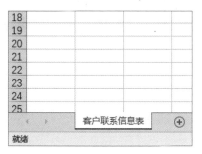

2.　使用快捷菜单重命名

第 1 步 在"客户联系信息表"工作表后面创建一个新的工作表，并在新创建的工作表标签上单击鼠标右键，在弹出的快捷菜单中选择【重命名】选项，如下图所示。

第 2 步 此时的工作表标签会高亮显示，输入新的标签名，按【Enter】键，即可完成对工作表的重命名，如下图所示。

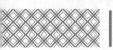

4.3.3　移动和复制工作表

在 Excel 中插入多个工作表后，可以对工作表进行移动和复制操作。

1.　移动工作表

移动工作表最简单的方法是使用鼠标进行操作，在同一个工作簿中移动工作表的方法有以下两种。

方法 1：直接拖曳

第1步 选中要移动的工作表的标签，按住鼠标左键不放，如下图所示。

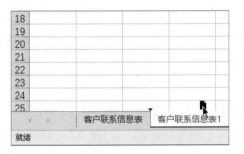

第2步 拖曳鼠标指针到工作表的新位置。黑色倒三角形会随鼠标指针移动而移动，如下图所示。

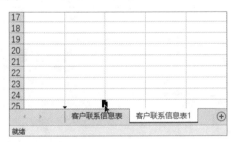

第3步 释放鼠标左键，工作表即可被移动到新的位置，如下图所示。

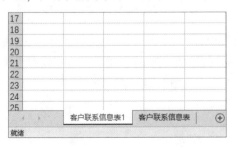

方法 2：使用快捷菜单移动

第1步 在要移动的工作表的标签上单击鼠标右键，在弹出的快捷菜单中选择【移动或复制】选项，如下图所示。

第2步 在弹出的【移动或复制工作表】对话框中选择目标的位置，单击【确定】按钮，如下图所示。

第3步 即可将当前工作表移动到指定位置，如下图所示。

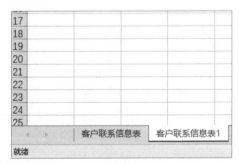

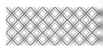

移动工作表不但可以在同一个 Excel 工作簿中操作，还可以在不同的工作簿间操作。若要在不同的工作簿间移动工作表，则要求这些工作簿必须是同时打开的。调出【移动或复制工作表】对话框，在【将选定工作表移至工作簿】下拉列表中选择目标工作簿，随后再选定具体的目标位置，单击【确定】按钮，即可将当前工作表移动到指定的位置，如下图所示。

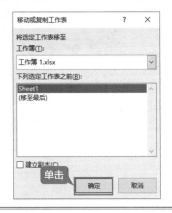

2. 复制工作表

用户可以在一个或多个 Excel 工作簿中复制工作表，有以下两种方法。

方法 1：使用鼠标复制

用鼠标复制工作表的步骤与移动工作表的步骤相似，在拖曳鼠标的同时按住【Ctrl】键即可。

<kbd>第1步</kbd> 选中要复制的工作表，按住【Ctrl】键的同时按住鼠标左键拖曳所选中的工作表，如下图所示。

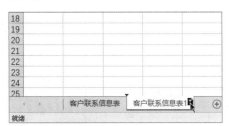

<kbd>第2步</kbd> 拖曳鼠标指针到工作表副本的新位置，黑色倒三角形会随鼠标指针移动而移动。释放鼠标左键，工作表即被复制到新的位置，如下图所示。

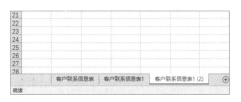

方法 2：使用快捷菜单复制

<kbd>第1步</kbd> 选中要复制的工作表，在工作表标签上单击鼠标右键，在弹出的快捷菜单中选择【移动或复制】选项，如下图所示。

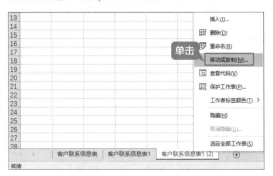

<kbd>第2步</kbd> 在弹出的【移动或复制工作表】对话框中选择要插入的目标工作簿及具体的插入位置，然后选中【建立副本】复选框，单击【确定】按钮，如下图所示。

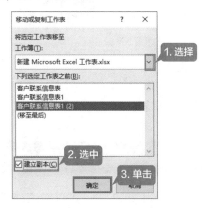

<kbd>第3步</kbd> 即可完成复制工作表的操作，如下图所示。

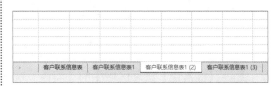

4.3.4 隐藏和显示工作表

用户可以对工作表进行隐藏和显示操作，以便更好地管理工作表，具体操作步骤如下。

第1步 选中要隐藏的工作表，在工作表标签上单击鼠标右键，在弹出的快捷菜单中选择【隐藏】选项，如下图所示。

第2步 在 Excel 2021 中，即可看到"客户联系信息表"工作表已被隐藏，如下图所示。

第3步 在任意工作表标签上单击鼠标右键，在弹出的快捷菜单中选择【取消隐藏】选项，如下图所示。

第4步 在弹出的【取消隐藏】对话框中，选择【客户联系信息表】选项，单击【确定】按钮，如下图所示。

第5步 在 Excel 2021 中，即可看到"客户联系信息表"工作表已重新显示。将其他工作表都删除，只保留"客户联系信息表"工作表，如下图所示。

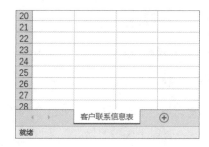

> **提示**
>
> 隐藏工作表时，工作簿中必须有两个或两个以上工作表。

4.3.5 设置工作表标签的颜色

在 Excel 2021 中，可以对工作表的标签设置颜色，使该工作表显得格外醒目，以便用户更好地管理工作表，具体操作步骤如下。

第1步 选中要设置标签颜色的工作表，在工作表标签上单击鼠标右键，在弹出的快捷菜单中选择【工作表标签颜色】选项，在弹出的子菜单中选择【标准色】选项区域中的【蓝色】选项，如下图所示。

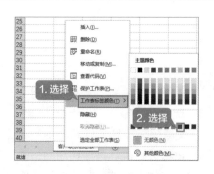

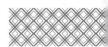

第2步 即可看到工作表的标签颜色更改为蓝
色，如下图所示。

4.4 输入数据

对于在单元格中输入的数据，Excel 会自动根据数据的特征进行处理并显示。本节介绍如何
在客户联系信息表中输入和编辑这些数据。

4.4.1 输入文本

单元格中的可输入文本包括汉字、英文字母、数字和符号等，每个单元格最多可包含 32 767 个
字符。若同时在单元格中输入文字和数字，Excel 2021 会将它们显示为文本形式；若仅输入文字，
Excel 2021 会将文字作为文本处理；若仅输入数字，Excel 2021 会将数字作为数值处理。

选中要输入数据的单元格，输入数据后按【Enter】键，Excel 2021 会自动识别数据类型，
并将输入数值的单元格对齐方式默认设置为"右对齐"、将输入文本的单元格对齐方式默认设
置为"左对齐"。

如果单元格列宽无法容纳所输入的字符串，多余的字符串会在相邻单元格中显示，若相邻
的单元格中已有数据，就截断显示，如下图所示。

在客户联系信息表中输入各类数据，如下图所示。

| 提示 |

如果在单元格中输入的是多行数据，在换行处按【Alt+Enter】组合键，可以实现换行。换行后，
一个单元格中将显示多行文本，行的高度也会自动增大。

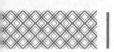

4.4.2 重点：输入以"0"开头的员工编号

在客户联系信息表中，需要输入以"0"开头的客户 ID 对客户联系信息表进行规范管理。输入以"0"开头的数字有以下两种方法。

1. 使用英文单引号

如果输入以数字"0"开头的数字，Excel 将自动省略 0。如果要保持输入的内容不变，可以先输入英文单引号（'），再输入以 0 开头的数字，如下图所示。

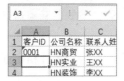

完成输入后按【Enter】键，即可确定输入的数字内容，如下图所示。

2. 使用功能区

第1步 选中要输入以"0"开头的数字的单元格，单击【开始】选项卡【数字】组中的【数字格式】下拉按钮 ▼，在弹出的下拉列表中选择【文本】选项，如下图所示。

第2步 输入数值"0002"，如下图所示。

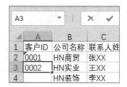

第3步 按【Enter】键确定输入数据后，数值前的"0"并没有消失，即可完成输入以"0"开头的数字，如下图所示。

4.4.3 输入日期和时间

在客户联系信息表中输入日期或时间时，需要用特定的格式进行定义。Excel 内置了一些日期与时间的格式，当输入的数据与这些格式相匹配时，Excel 会自动将它们识别为日期或时间数据。

1. 输入日期

在客户联系信息表中，需要输入当前月份及日期，以便归档管理客户联系信息表。在输入日期时，可以用左斜线或短线分隔日期的年、月、日。例如，可以输入"2021/1"或"2021-1"（若不添加具体日期，则在涉及具体日期的显示时默认为当月 1 日），具体操作步骤如下。

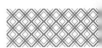

第1步 将光标定位至要输入日期的单元格，输入"2021/1"，如下图所示。

第2步 按【Enter】键，单元格中的内容变为"Jan-21"，如下图所示。

第3步 选中单元格，单击【开始】选项卡【数字】组中的【数字格式】下拉按钮，在弹出的下拉列表中选择【短日期】选项，如下图所示。

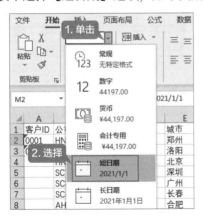

第4步 在 Excel 中，即可看到设置单元格的数字格式后的效果，如下图所示。

第5步 选中单元格，单击【开始】选项卡【数字】组中的【数字格式】下拉按钮，在弹出的下拉列表中选择【长日期】选项，如下图所示。

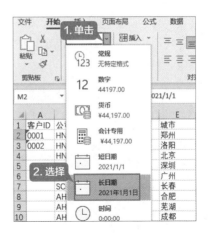

第6步 在 Excel 中，即可看到设置单元格的数字格式后的效果，如下图所示。

> **| 提示 |** :::::::
>
> 如果要输入当前的日期，按【Ctrl + ;】组合键即可。

在本案例中，选中 M2:M14 单元格区域，单击【开始】选项卡【数字】组中的【数字格式】下拉按钮，在弹出的下拉列表中选择【其他数字格式】选项，如下图所示。

弹出【设置单元格格式】对话框，在【数字】选项卡【分类】选项区域的列表框中选择

【日期】选项，在【类型】选项区域的列表框中选择一种日期类型，单击【确定】按钮，如下图所示。

在 M2 单元格中输入"2021/1/1"，按【Enter】键，即可看到所设置的日期类型，如下图所示。

2. 输入时间

在输入时间时，小时、分、秒之间用冒号

（:）作为分隔符（本案例仅细化到"分"），即可快速地完成输入。例如，输入"15:15"，如下图所示。

如果按 12 小时制输入时间，需要在时间的后面空一格，再输入字母 am（上午）或pm（下午）。例如，输入"5:00 pm"，按【Enter】键后的时间结果是"5:00 PM"，如下图所示。

如果需要输入当前的时间，按【Ctrl+Shift+;】组合键即可，如下图所示。

4.4.4 重点：填充数据

在客户联系信息表中，用 Excel 的自动填充功能可以方便快捷地输入有规律的数据。有规律的数据是指等差、等比等系统预定义的数据填充序列和用户自定义的数据填充序列。

1. 填充编号

使用填充柄可以快速填充"客户 ID"，具体操作步骤如下。

第1步 选中 A2:A3 单元格区域，将鼠标指针移动至 A3 单元格的右下角，可以看到鼠标指针变为➕形状，如下图所示。

第2步 此时，按住鼠标左键，向下填充至 A14单元格，结果如下图所示。

2. 填充日期

使用填充柄,不仅可以填充编号,还可以按日、按月填充日期,具体操作步骤如下。

第1步 选中 M2 单元格,将鼠标指针移动至 M2 单元格的右下角,可以看到鼠标指针变为 **十** 形状,如下图所示。

M	N
合作日期	
2021-01-01	

第2步 此时,按住鼠标左键向下填充至 M14 单元格,即可进行 Excel 2021 中默认的等差序列填充,即按日填充,如下图所示。

K	L	M
传真号码	电子邮箱地	合作日期
0371-6111	ZHANGXX	2021-01-01
0379-6111	WANGXX	2021-01-02
010-61111	LIXX@outl	2021-01-03
0755-6111	ZHAOXX@	2021-01-04
020-61111	ZHOUXX@	2021-01-05
0431-6111	QIANXX@	2021-01-06
0551-6111	ZHUXX@o	2021-01-07
0553-6111	JINXX@ou	2021-01-08
028-61111	HUXX@ou	2021-01-09
021-61111	MAXX@ou	2021-01-10
021-61111	SUNXX@o	2021-01-11
021-61111	LIUXX@ou	2021-01-12
022-61111	WUXX@ou	2021-01-13

第3步 单击【自动填充选项】按钮 ,在弹出的下拉列表中选中【以月填充】单选按钮,如下图所示。

第4步 即可将日期由按日填充改为按月填充,效果如下图所示。

J	K	L	M	N
电话号码	传真号码	电子邮箱地	合作日期	
138XXXX0	0371-6111	ZHANGXX	2021-01-01	
138XXXX0	0379-6111	WANGXX	2021-02-01	
138XXXX0	010-61111	LIXX@outl	2021-03-01	
138XXXX0	0755-6111	ZHAOXX@	2021-04-01	
138XXXX0	020-61111	ZHOUXX@	2021-05-01	
138XXXX0	0431-6111	QIANXX@	2021-06-01	
138XXXX0	0551-6111	ZHUXX@o	2021-07-01	
138XXXX0	0553-6111	JINXX@ou	2021-08-01	
138XXXX0	028-61111	HUXX@ou	2021-09-01	
138XXXX0	021-61111	MAXX@ou	2021-10-01	
138XXXX0	021-61111	SUNXX@o	2021-11-01	
138XXXX0	021-61111	LIUXX@ou	2021-12-01	
138XXXX0	022-61111	WUXX@ou	2022-01-01	

4.5 行、列和单元格的操作

单元格是工作表中行列交汇形成的区域,它可以保存数值、文本等数据。在 Excel 中,单元格是编辑数据的基本单位。下面介绍客户联系信息表中行、列、单元格的基本操作。

4.5.1 重点:单元格的选择和定位

对客户联系信息表中的单元格进行编辑操作前,首先要选中单元格或单元格区域(启动 Excel 并创建新的工作簿时,单元格 A1 处于自动选中状态)。

1. 选中一个单元格

单击某一单元格，若单元格的边框线变成粗线，则此单元格处于被选中状态。被选中单元格的地址将显示在名称框中，如下图所示。

| 提示 |

在名称框中输入目标单元格的地址，如"G1"，按【Enter】键，即可选中第 G 列和第 1 行交汇区域的单元格。此外，使用键盘上的【↑】【↓】【←】【→】4 个方向键，也可以调整所选中的单元格。

2. 选中连续的单元格区域

在客户联系信息表中，若要对多个单元格进行相同的操作，可以先选中目标单元格区域。

在本案例中，单击该区域左上角的单元格 A2，按住【Shift】键的同时单击该区域右下角的单元格 C6，即可选中单元格区域 A2:C6，结果如下图所示。

| 提示 |

将鼠标指针移到该区域左上角的单元格 A2 上，按住鼠标左键不放，向该区域右下角的单元格 C6 拖曳，或者在名称框中输入单元格区域名称"A2:C6"，按【Enter】键，均可选中 A2:C6 单元格区域。

3. 选中不连续的单元格区域

选中不连续的单元格区域，也就是选中不相邻的单元格或单元格区域，具体操作步骤如下。

第1步 选中第 1 个单元格区域后（例如，选中 A2:C3 单元格区域），按住【Ctrl】键不放，如下图所示。

第2步 拖曳鼠标选中第 2 个单元格区域（例如，选中 C7:E8 单元格区域），如下图所示。

第3步 使用同样的方法，可以选中多个不连续的单元格区域，如下图所示。

4. 选中所有单元格

选中所有单元格，即选中整个工作表，方法有以下两种。

①单击工作表左上角行号与列标相交处的【全选】按钮 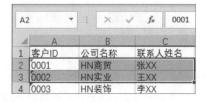，即可选中整个工作表，如下图所示。

②按【Ctrl+A】组合键也可以选中整个表格，如下图所示。

> **| 提示 |** ┊┊┊┊┊┊
>
> 　　选中非数据区域中的任意单元格，按【Ctrl+A】组合键，选中的是整个工作表；选中数据区域中的任意单元格，按【Ctrl+A】组合键，选中的是所有带数据的连续单元格区域。

4.5.2　重点：合并与拆分单元格

　　合并与拆分单元格是最常用的单元格操作之一，它不仅可以满足用户灵活编辑表格中数据的需求，也可以使表格整体更加美观。

1.　合并单元格

　　合并单元格是指在 Excel 工作表中将两个或多个选中的相邻单元格合并成一个单元格。在客户联系信息表中合并单元格的具体操作步骤如下。

第1步 选中要合并的单元格区域，如下图所示。

	A	B	C	D	E	F
7	0006	SC装饰	钱XX	男	长春	吉林
8	0007	AH商贸	朱XX	女	合肥	安徽
9	0008	AH实业	金XX	男	芜湖	安徽
10	0009	AH装饰	胡XX	男	成都	四川
11	0010	SH商贸	马XX	男	上海	上海
12	0011	SH实业	孙XX	女	上海	上海
13	0012	SH装饰	刘XX	男	上海	上海
14	0013	TJ商贸	吴XX	男	天津	天津
15						
16						
17						

第2步 单击【开始】选项卡【对齐方式】组中的【合并后居中】下拉按钮，在弹出的下拉列表中选择【合并后居中】选项，如下图所示。

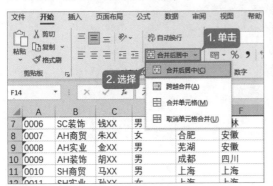

第3步 即可合并该单元格并将原单元格中的内容居中显示，如下图所示。

	A	B	C	D	E	F
7	0006	SC装饰	钱XX	男	长春	吉林
8	0007	AH商贸	朱XX	女	合肥	安徽
9	0008	AH实业	金XX	男	芜湖	安徽
10	0009	AH装饰	胡XX	男	成都	四川
11	0010	SH商贸	马XX	男	上海	上海
12	0011	SH实业	孙XX	女	上海	上海
13	0012	SH装饰	刘XX	男	上海	上海
14	0013	TJ商贸	吴XX	男	天津	
15						天津

提示

合并单元格后，将使用原始区域左上角的单元格地址来表示合并后的单元格地址。

2. 拆分单元格

在 Excel 工作表中，还可以将合并后的单元格拆分成多个单元格，具体操作步骤如下。

第1步 选中合并后的单元格，如下图所示。

	A	B	C	D	E	F
7	0006	SC装饰	钱XX	男	长春	吉林
8	0007	AH商贸	朱XX	女	合肥	安徽
9	0008	AH实业	金XX	男	芜湖	安徽
10	0009	AH装饰	胡XX	男	成都	四川
11	0010	SH商贸	马XX	男	上海	上海
12	0011	SH实业	孙XX	女	上海	上海
13	0012	SH装饰	刘XX	男	上海	上海
14	0013	TJ商贸	吴XX	男	天津	
15						天津

第2步 单击【开始】选项卡【对齐方式】组中的【合并后居中】下拉按钮，在弹出的下拉列表中选择【取消单元格合并】选项，如下图所示。

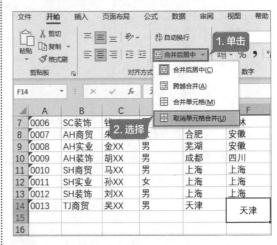

第3步 即可取消单元格的合并，如下图所示。

	A	B	C	D	E	F
7	0006	SC装饰	钱XX	男	长春	吉林
8	0007	AH商贸	朱XX	女	合肥	安徽
9	0008	AH实业	金XX	男	芜湖	安徽
10	0009	AH装饰	胡XX	男	成都	四川
11	0010	SH商贸	马XX	男	上海	上海
12	0011	SH实业	孙XX	女	上海	上海
13	0012	SH装饰	刘XX	男	上海	上海
14	0013	TJ商贸	吴XX	男	天津	天津
15						

提示

按【Ctrl+Z】组合键可以撤销上一步操作。

使用鼠标右键唤出快捷菜单也可以拆分单元格，具体操作步骤如下。

第1步 在合并后的单元格上单击鼠标右键，在弹出的快捷菜单中选择【设置单元格格式】选项，如下图所示。

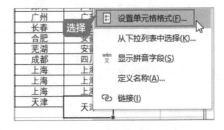

第2步 弹出【设置单元格格式】对话框，在【对

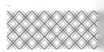

齐】选项卡中取消选中【文本控制】选项区域中的【合并单元格】复选框，然后单击【确定】按钮，如下图所示。

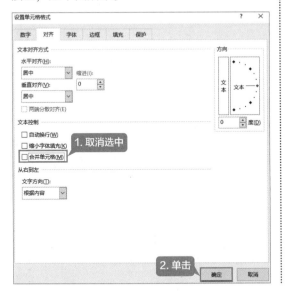

第3步 即可将合并后的单元格拆分，如下图所示。

	A	B	C	D	E	F
7	0006	SC装饰	钱XX	男	长春	吉林
8	0007	AH商贸	朱XX	女	合肥	安徽
9	0008	AH实业	金XX	男	芜湖	安徽
10	0009	AH装饰	胡XX	男	成都	四川
11	0010	SH商贸	马XX	男	上海	上海
12	0011	SH实业	孙XX	女	上海	上海
13	0012	SH装饰	刘XX	男	上海	上海
14	0013	TJ商贸	吴XX	男	天津	天津
15						
16						
17						
18						

4.5.3 清除单元格中的内容

清除单元格中的无用内容，可以使客户联系信息表中的数据更加清晰明了。清除单元格中的内容有以下 3 种方法。

1. 使用【清除】按钮

第1步 选中要清除数据的单元格，如下图所示。

	M	N	O
15			
16	8:40		
17			
18			
19			
20	5:00 PM		
21			
22	16:00		

第2步 单击【开始】选项卡【编辑】组中的【清除】按钮，在弹出的下拉列表中选择【清除内容】选项，如下图所示。

第3步 即可清除所选单元格中的内容，如下图所示。

	M	N	O
15			
16			
17			
18			
19			
20	5:00 PM		
22	16:00		
23			

2. 使用快捷菜单

第1步 选中要清除数据的单元格，如下图所示。

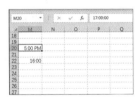

第2步 单击鼠标右键，在弹出的快捷菜单中选择【清除内容】选项，如下图所示。

第3步 即可清除所选单元格中的内容，如下图所示。

第3步 即可在刚才选中的表格第5行上方插入新的行，如下图所示。

---

3. 按【Delete】键

第1步 选中要清除数据的单元格，如下图所示。

第2步 按【Delete】键，即可清除单元格中的内容，如下图所示。

4.5.4 重点：插入行与列

在客户联系信息表中，用户可以根据需要插入行与列。插入行与列有以下两种方法，具体操作步骤如下。

1. 使用快捷菜单

第1步 如果需要在第5行上方插入行，可以选中第5行的任意单元格或选中第5行（这里选中A5单元格）并单击鼠标右键，在弹出的快捷菜单中选择【插入】命令，如下图所示。

选按钮，单击【确定】按钮，如下图所示。

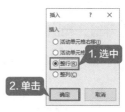

第3步 即可在刚才选中的表格第5行上方插入新的行，如下图所示。

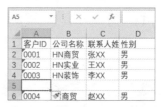

第2步 弹出【插入】对话框，选中【整行】单

第4步 如果要插入列，可以选中某列或某列中的任意单元格并单击鼠标右键，在弹出的快捷菜单中选择【插入】选项，在弹出的【插入】对话框中选中【整列】单选按钮，单击【确定】按钮，如下图所示。

第 5 步 即可在刚才选中的单元格所在列的左侧
插入新的列，如下图所示。

	A	B	C	D	E
1		客户ID	公司名称	联系人姓	性别
2		0001	HN商贸	张XX	男
3		0002	HN实业	王XX	男
4		0003	HN装饰	李XX	男
5					
6		0004	SC商贸	赵XX	男
7		0005	SC实业	周XX	男
8		0006	SC装饰	钱XX	男
9		0007	AH商贸	朱XX	女

2. 使用功能区

第 1 步 选中需要插入行的单元格，如 A7，单
击【开始】选项卡【单元格】组中的【插入】
下拉按钮，在弹出的下拉列表中选择【插入
工作表行】选项，如下图所示。

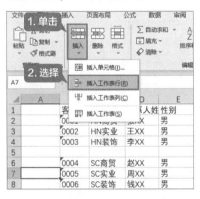

第 2 步 即可在原第 7 行的位置插入新的一行，
如下图所示。

	A	B	C	D	E
1		客户ID	公司名称	联系人姓	性别
2		0001	HN商贸	张XX	男
3		0002	HN实业	王XX	男
4		0003	HN装饰	李XX	男
5					
6		0004	SC商贸	赵XX	男
7					
8		0005	SC实业	周XX	男
9		0006	SC装饰	钱XX	男
10		0007	AH商贸	朱XX	女
11		0008	AH实业	金XX	男

第 3 步 同理，单击【开始】选项卡【单元格】
组中的【插入】下拉按钮，在弹出的下拉列
表中选择【插入工作表列】选项，即可在所选
单元格的左侧插入新的列，插入后的效果如下
图所示。

	A	B	C	D	E	F
1			客户ID	公司名称	联系人姓	性别
2			0001	HN商贸	张XX	男
3			0002	HN实业	王XX	男
4			0003	HN装饰	李XX	男
5						
6			0004	SC商贸	赵XX	男
7						
8			0005	SC实业	周XX	男
9			0006	SC装饰	钱XX	男
10			0007	AH商贸	朱XX	女
11			0008	AH实业	金XX	男
12			0009	AH装饰	胡XX	男
13			0010	SH商贸	马XX	男
14			0011	SH实业	孙XX	女
15			0012	SH装饰	刘XX	男
16			0013	TJ商贸	吴XX	男

| 提示 |

在工作表中插入新行时，当前行向下移动；
插入新列时，当前列向右移动，选中单元格的
名称会发生相应的变化。

4.5.5 重点：删除行与列

删除多余的行与列，可以使客户联系信息表更加美观和准确。删除行与列有以下两种方法，
具体操作步骤如下。

1. 使用快捷菜单

第 1 步 选中要删除的行中的任意一个单元格，例如选中 A7 单元格，单击鼠标右键，在弹出的快
捷菜单中选择【删除】选项，如下图所示。

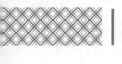

第2步 在弹出的【删除】对话框中选中【整行】单选按钮，然后单击【确定】按钮，如下图所示。

第3步 即可删除选中单元格所在的行，如下图所示。

第4步 选中要删除的列中的任意单元格，例如选中 A1 单元格，单击鼠标右键，在弹出的快捷菜单中选择【删除】选项。在弹出的【删除】对话框中选中【整列】单选按钮，然后单击【确定】按钮，如下图所示。

第5步 即可删除选中单元格所在的列，如下图所示。

	A	B	C	D	E	F
1		客户ID	公司名称	联系人姓	性别	城市
2		0001	HN商贸	张XX	男	郑州
3		0002	HN实业	王XX	男	洛阳
4		0003	HN装饰	李XX	男	北京
5						
6		0004	SC商贸	赵XX	男	深圳
7		0005	SC实业	周XX	男	广州
8		0006	SC装饰	钱XX	男	长春
9		0007	AH商贸	朱XX	女	合肥
10		0008	AH实业	金XX	男	芜湖
11		0009	AH装饰	胡XX	男	成都
12		0010	SH商贸	马XX	男	上海
13		0011	SH实业	孙XX	女	上海
14		0012	SH装饰	刘XX	男	上海
15		0013	TJ商贸	吴XX	男	天津
16						

2. 使用功能区

第1步 选中要删除的行中的任意单元格，例如选中 A5 单元格，单击【开始】选项卡【单元格】组中的【删除】下拉按钮，在弹出的下拉列表中选择【删除工作表行】选项，如下图所示。

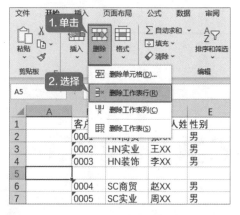

第2步 即可将选中的单元格所在的行删除，如下图所示。

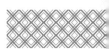

第3步 选中要删除的列中的任意单元格，例如选中 A1 单元格，单击【开始】选项卡【单元格】组中的【删除】下拉按钮，在弹出的下拉列表中选择【删除工作表列】选项，即可将选中的单元格所在的列删除，删除后的效果如下图所示。

4.5.6 重点：调整行高与列宽

在客户联系信息表中，当单元格的高度或宽度不足时，会导致数据显示不完整。这时就需要调整行高与列宽，使客户联系信息表的布局更加合理、更加美观，具体操作步骤如下。

1. 调整单行或单列

第1步 将鼠标指针移动到第 1 行与第 2 行的行号之间，当鼠标指针变成 ⊞ 形状时，按住鼠标左键，向上拖曳即可使行高变小，向下拖曳即可使行高变大，如下图所示。

第2步 向下拖曳到合适位置时，松开鼠标左键，即可增加行高，如下图所示。

第3步 将鼠标指针移动到 C 列与 D 列的列标之间，当鼠标指针变成 ⊞ 形状时，按住鼠标左键，向左拖曳即可使列变窄，向右拖曳则可使列变宽，如下图所示。

第4步 向右拖曳到合适位置时，松开鼠标左键，即可增加列宽，如下图所示。

2. 调整多行或多列

第1步 选中 H 列到 L 列之间的所有列，按住鼠标左键，拖曳所选列标的右侧边界，向右拖曳增加列宽，如下图所示。

| 提示 |

拖曳时，将显示以点和像素为单位的高度或宽度提示。

第2步 拖曳到合适位置时松开鼠标左键，即可增加所有所选列的列宽，如下图所示。

第3步 选中第 2 行到第 14 行之间的所有行，按住鼠标左键，拖曳所选行号的下侧边界，向下拖曳增加行高，如下图所示。

第4步 拖曳到合适位置时松开鼠标左键，即可增加所有所选行的行高，如下图所示。

A2			✕ ✓ *fx*	0001								
客户ID	公司名称	联系人姓名	性别	城市	省/市	邮政编码	通讯地址	联系人职务	电话号码	传真号码	电子邮箱地址	合作日期
0001	HN商贸	张XX	男	郑州	河南	450000	康庄大道101号	经理	138XXXX0001	0371-61111111	ZHANGXX@outlook.com	2021-01-01
0002	HN实业	王XX	男	洛阳	河南	471000	幸福大道101号	采购总监	138XXXX0002	0379-61111111	WANGXX@outlook.com	2021-02-01
0003	HN装饰	李XX	男	北京	北京	100000	花园大道101号	分析员	138XXXX0003	010-61111111	LIXX@outlook.com	2021-03-01
0004	SC商贸	赵XX	男	深圳	广东	518000	嵩山大道101号	总经理	138XXXX0004	0755-61111111	ZHAOXX@outlook.com	2021-04-01
0005	SC实业	周XX	男	广州	广东	510000	淮河大道101号	总经理	138XXXX0005	020-61111111	ZHOUXX@outlook.com	2021-05-01
0006	SC装饰	钱XX	男	长春	吉林	130000	京广大道101号	顾问	138XXXX0006	0431-61111111	QIANXX@outlook.com	2021-06-01
0007	AH商贸	朱XX	女	合肥	安徽	230000	航海大道101号	采购总监	138XXXX0007	0551-61111111	ZHUXX@outlook.com	2021-07-01
0008	AH实业	金XX	男	芜湖	安徽	241000	陇海大道101号	经理	138XXXX0008	0553-61111111	JINXX@outlook.com	2021-08-01
0009	AH装饰	胡XX	男	成都	四川	610000	长江大道101号	高级采购员	138XXXX0009	028-61111111	HUXX@outlook.com	2021-09-01
0010	SH商贸	马XX	男	上海	上海	200000	莲花大道101号	分析员	138XXXX0010	021-61111111	MAXX@outlook.com	2021-10-01
0011	SH实业	孙XX	女	上海	上海	200000	农业大道101号	总经理	138XXXX0011	021-61111112	SUNXX@outlook.com	2021-11-01
0012	SH装饰	刘XX	男	上海	上海	200000	东风大道101号	总经理	138XXXX0012	021-61111113	LIUXX@outlook.com	2021-12-01
0013	TJ商贸	吴XX	男	天津	天津	200000	经三大道101号	顾问	138XXXX0013	022-61111111	WUXX@outlook.com	2022-01-01

3. **调整整个工作表的行或列**

如果要调整工作表中所有单元格的行高和列宽，单击【全选】按钮 ◢ ，然后拖曳任意行号或列标的边界，即可调整工作表中所有单元格的行高或列宽，如下图所示。

A1		单击	✕ ✓ *fx*	客户ID								
	B	C	D	E	F	G	H	I	J	K	L	M
客户ID	公司名称	联系人姓名	性别	城市	省/市	邮政编码	通讯地址	联系人职务	电话号码	传真号码	电子邮箱地址	合作日期
0001	HN商贸	张XX	男	郑州	河南	450000	康庄大道101	经理	138XXXX0001	0371-6111111	ZHANGXX@c	2021-01-01
0002	HN实业	王XX	男	洛阳	河南	471000	幸福大道101	采购总监	138XXXX0002	0379-6111111	WANGXX@o	2021-02-01
0003	HN装饰	李XX	男	北京	北京	100000	花园大道101	分析员	138XXXX0003	010-6111111	LIXX@outloo	2021-03-01
0004	SC商贸	赵XX	男	深圳	广东	518000	嵩山大道101	总经理	138XXXX0004	0755-6111111	ZHAOXX@ou	2021-04-01
0005	SC实业	周XX	男	广州	广东	510000	淮河大道101	总经理	138XXXX0005	020-6111111	ZHOUXX@ou	2021-05-01
0006	SC装饰	钱XX	男	长春	吉林	130000	京广大道101	顾问	138XXXX0006	0431-6111111	QIANXX@out	2021-06-01
0007	AH商贸	朱XX	女	合肥	安徽	230000	航海大道101	采购总监	138XXXX0007	0551-6111111	ZHUXX@outl	2021-07-01
0008	AH实业	金XX	男	芜湖	安徽	241000	陇海大道101	经理	138XXXX0008	0553-6111111	JINXX@outlo	2021-08-01
0009	AH装饰	胡XX	男	成都	四川	610000	长江大道101	高级采购员	138XXXX0009	028-6111111	HUXX@outlo	2021-09-01
0010	SH商贸	马XX	男	上海	上海	200000	莲花大道101	分析员	138XXXX0010	021-6111111	MAXX@outlo	2021-10-01
0011	SH实业	孙XX	女	上海	上海	200000	农业大道101	总经理	138XXXX0011	021-6111112	SUNXX@outl	2021-11-01
0012	SH装饰	刘XX	男	上海	上海	200000	东风大道101	总经理	138XXXX0012	021-6111113	LIUXX@outlo	2021-12-01
0013	TJ商贸	吴XX	男	天津	天津	300000	经三大道101	顾问	138XXXX0013	022-6111111	WUXX@outlo	2022-01-01

4. **自动调整行高与列宽**

在 Excel 中，除了手动调整行高与列宽外，还可以将单元格设置为根据单元格内容自动调整行高或列宽，具体操作步骤如下。

第1步 在客户联系信息表中选中要调整的行或列，如这里选中 D 列，如下图所示。

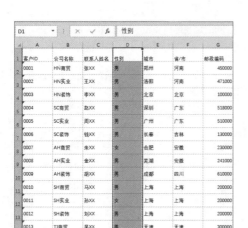

第2步 单击【开始】选项卡【单元格】组中的【格式】按钮，在弹出的下拉列表中选择【自动调整行高】或【自动调整列宽】选项。这里选择【自动调整列宽】选项，如下图所示。

第3步 自动调整列宽后的效果如下图所示。

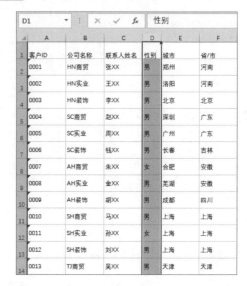

第4步 根据需要调整其他行和列的行高与列宽，完成调整后的效果如下图所示。

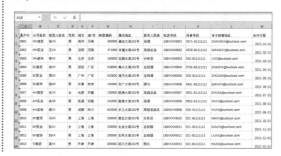

4.6 文本格式化

在 Excel 2021 中，通过设置字体格式、对齐方式、边框和背景等，可以美化客户联系信息表。

4.6.1 设置字体

客户联系信息表制作完成后，可对其中数据进行大小、加粗、颜色等设置，使客户联系信息表看起来更加美观，具体操作步骤如下。

第1步 选中 A1:M1 单元格区域，单击【开始】选项卡【字体】组中的【字体】下拉按钮，在弹出的下拉列表中选择【等线】选项，如下图所示。

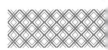

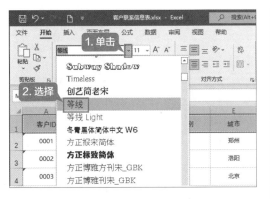

下拉按钮，在弹出的下拉列表中选择"12"，如下图所示。

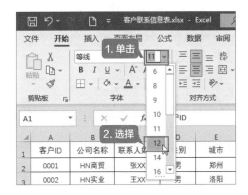

第 2 步 单击【开始】选项卡【字体】组中的【字号】

第 3 步 重复上面的步骤，选中 A2:M14 单元格区域，设置【字体】为"微软雅黑"，【字号】为"10"，并根据内容的实际占位调整行高与列宽，完成调整后的效果如下图所示。

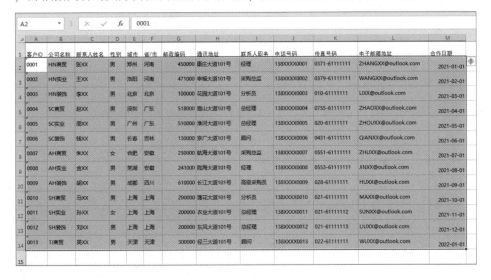

4.6.2 设置对齐方式

Excel 2021 允许为单元格数据设置的对齐方式有左对齐、右对齐和居中对齐等。在本案例中设置居中对齐，使客户联系信息表更加有序、美观。

【开始】选项卡【对齐方式】组中对齐按钮的分布如下图所示，单击对应按钮可执行相应的设置，具体操作步骤如下。

第 1 步 选中 A1:M1 单元格区域，如下图所示。

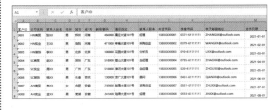

第 2 步 单击【开始】选项卡【对齐方式】组中的【居中】按钮，所选中的数据会全部居中

显示，如下图所示。

第3步 使用同样的方法，设置其他单元格的对齐方式，完成设置后的效果如下图所示。

4.6.3 设置边框和背景

在 Excel 2021 中，默认单元格四周的灰色网格线在打印时不被打印出来。为了使客户联系信息表更加规范和美观，可以为表格设置边框和背景。

设置边框和背景主要有以下两种方法。

1. 使用【字体】组

第1步 选中要添加边框的单元格区域，如选中A2:M14 单元格区域，单击【开始】选项卡【字体】组中的【边框】下拉按钮，在弹出的下拉列表中选择【所有框线】选项，如下图所示。

第3步 选中 A1:M1 单元格区域，单击【开始】选项卡【字体】组中的【填充颜色】下拉按钮，在弹出的下拉列表的【主题颜色】选项区域中选择任意一种颜色，如这里选择【蓝色，个性色 1，淡色 40%】选项，如下图所示。

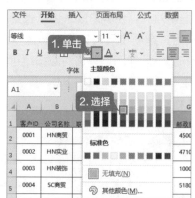

第2步 即可为表格添加边框，如下图所示。

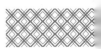

第 4 步 即可为表格填充颜色。客户联系信息表设置边框和背景后的效果如下图所示。

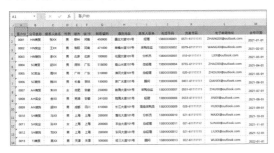

第 5 步 重复上面的步骤，选中 A2:M14 单元格区域，单击【开始】选项卡【字体】组中的【边框】下拉按钮 田▾，在弹出的下拉列表中选择【无框线】选项，即可取消在之前步骤中添加的框线。取消框线后的效果如下图所示。

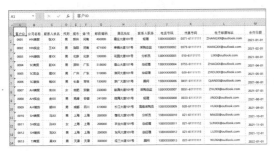

第 6 步 选中 A1:M1 单元格区域，单击【开始】选项卡【字体】组中的【填充颜色】下拉按钮 ◇▾，在弹出的下拉列表中选择【无填充颜色】选项，即可取消客户联系信息表中的背景颜色。取消背景颜色后的效果如下图所示。

2. 使用【设置单元格格式】对话框

在本案例中，使用【设置单元格格式】对话框设置边框和背景，具体操作步骤如下。

第 1 步 选中 A2:M14 单元格区域，单击【开始】

选项卡【单元格】组中的【格式】按钮，在弹出的下拉列表中选择【设置单元格格式】选项，如下图所示。

第 2 步 弹出【设置单元格格式】对话框，选择【边框】选项卡，在【直线】选项区域【样式】列表框中选择一种边框样式，然后在【颜色】下拉列表中选择【蓝色，个性色 1】选项，在【边框】选项区域单击【上边框】图标。此时，在预览区域中可以看到设置的上边框的边框样式，如下图所示。

第 3 步 使用同样的方法，继续在【设置单元格格式】对话框的【边框】选项卡中设置其他边框，在预览区域中可以看到设置后的效果，完成设置后单击【确定】按钮，如下图所示。

第4步 即可看到所设置的边框效果，如下图所示。

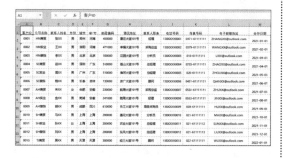

第5步 选中 A1:M1 单元格区域，按【Ctrl+1】组合键，即可调用【设置单元格格式】对话框。选择【填充】选项卡，在【背景色】选项区域中选择一种颜色，可以填充单色背景，如下图所示。

第6步 选择【边框】选项卡，在【直线】选项区域【样式】列表框中选择一种边框样式，将其【颜色】设置为"黑色"，并应用到右边框上。在预览区域中可以看到所设置的边框效果，单击【确定】按钮，如下图所示。

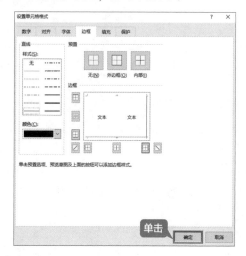

第7步 返回客户联系信息表中，即可看到设置边框和背景后的效果，如下图所示。

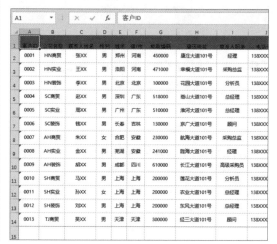

4.7 使用样式美化工作表

在 Excel 2021 中，有多种内置单元格样式及表格格式，可以满足用户对客户联系信息表的美化需求。另外，还可以单独设置条件格式，突出显示需重点关注的信息。

4.7.1 重点：设置单元格样式

单元格样式是一组已定义的格式特征，使用 Excel 2021 中的内置单元格样式，可以快速改变文本样式、标题样式、背景样式和数字样式等。在客户联系信息表中设置单元格样式的具体操作步骤如下。

第1步 选中要设置单元格样式的区域，这里选中 A2:M14 单元格区域，单击【开始】选项卡【样式】组中的【单元格样式】下拉按钮，在弹出的下拉列表中选择【20% - 着色 1】选项，如下图所示。

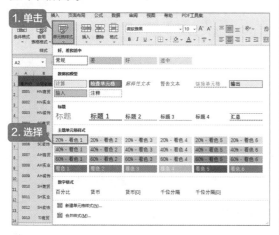

第2步 即可改变所选区域的单元格样式，效果如下图所示。

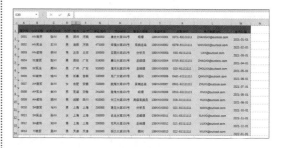

第3步 按【Ctrl+Z】组合键，即可撤销设置单元格样式的操作，效果如下图所示。

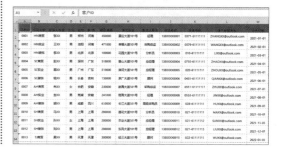

4.7.2 套用表格格式

Excel 2021 中有 60 种内置表格格式，可以满足用户多样化的需求，使用 Excel 内置的表格格式，一键套用，不仅方便快捷，同时也使得客户联系信息表更加美观、易读。套用表格格式的具体操作步骤如下。

第1步 选中客户联系信息表数据区域中的任意单元格，单击【开始】选项卡【样式】组中的【套用表格格式】按钮，在弹出的下拉列表中选择一种格式，这里选择【中等色】选项区域中的【蓝色，表样式中等深浅 13】选项，如下图所示。

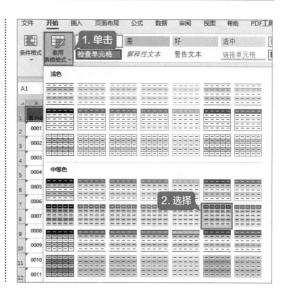

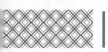
第2步 弹出【套用表格式】对话框，单击【确定】按钮，如下图所示。

第3步 即可为表格套用此格式。此时，可以看到标题行的每一个标题右侧多了一个"筛选"按钮，如下图所示。

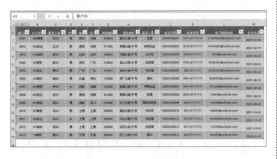

第4步 在【表设计】选项卡【表格样式选项】组中取消选中【筛选按钮】复选框，如下图所示。

第5步 即可取消表格中的筛选按钮，如下图所示。

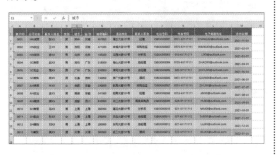

第6步 选中 A1:M1 单元格区域，按【Ctrl+1】组合键调用【设置单元格格式】对话框。选择【边框】选项卡，在【直线】选项区域【样式】列表框中选择一种边框样式，将【颜色】设置为"蓝色，个性色 1，淡色 40%"，在【边框】选项区域中选择应用此边框样式的位置，这里选择中间边框线，然后单击【确定】按钮，如下图所示。

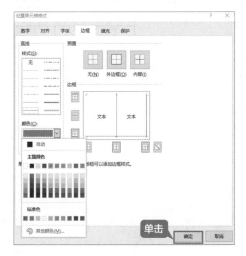

第7步 即可看到美化后的表格，如下图所示。

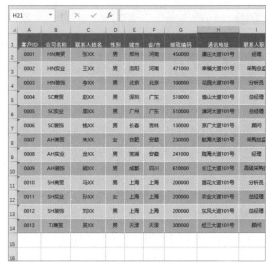

4.7.3 设置条件格式

在 Excel 2021 中，可以使用条件格式将客户联系信息表中符合条件的数据进行突出显示。为单元格区域应用条件格式的具体操作步骤如下。

第1步 选中要设置条件格式的区域，这里选中 I2:I14 单元格区域，单击【开始】选项卡【样式】组中的【条件格式】按钮，在弹出的下拉列表中选择【突出显示单元格规则】→【文本包含】条件规则，如下图所示。

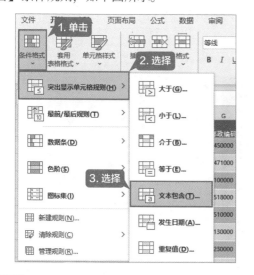

第2步 弹出【文本中包含】对话框，在左侧的文本框中输入"总经理"，在【设置为】下拉列表中选择【浅红填充色深红色文本】选项，单击【确定】按钮，如下图所示。

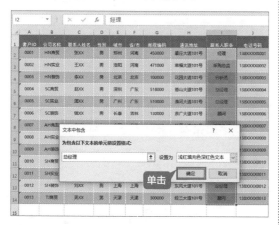

第3步 设置条件格式后的效果如下图所示。

G	H	I	J	K
邮政编码	通讯地址	联系人职务	电话号码	传真号码
450000	康庄大道101号	经理	138XXXX0001	0371-61111111
471000	幸福大道101号	采购总监	138XXXX0002	0379-61111111
100000	花园大道101号	分析员	138XXXX0003	010-61111111
518000	嵩山大道101号	总经理	138XXXX0004	0755-61111111
510000	淮河大道101号	总经理	138XXXX0005	020-61111111
130000	京广大道101号	顾问	138XXXX0006	0431-61111111
230000	航海大道101号	采购总监	138XXXX0007	0551-61111111
241000	陇海大道101号	经理	138XXXX0008	0553-61111111
610000	长江大道101号	高级采购员	138XXXX0009	028-61111111
200000	莲花大道101号	分析员	138XXXX0010	021-61111111
200000	农业大道101号	总经理	138XXXX0011	021-61111112
200000	东风大道101号	总经理	138XXXX0012	021-61111113

| 提示 |

在【条件格式】下拉列表中选择【新建规则】选项，即可弹出【新建格式规则】对话框，在此对话框中，可以根据自己的需要来设定条件规则。

设置条件格式后，可以管理和清除所设置的条件格式。

选中设置条件格式的区域，单击【开始】选项卡【样式】组中的【条件格式】按钮，在弹出的下拉列表中选择【清除规则】→【清除所选单元格的规则】选项，即可清除所选区域中的条件规则，如下图所示。

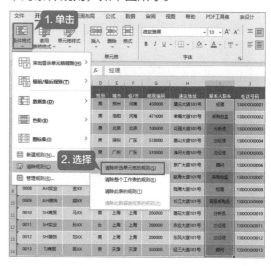

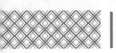
4.8 页面设置

通过设置纸张方向、添加页眉和页脚，可以调整客户联系信息表的格式，并完善文档信息。

4.8.1 设置纸张方向

通过设置纸张的方向，可以调整客户联系信息表的布局格式，具体操作步骤如下。

第1步 单击【页面布局】选项卡【页面设置】组中的【纸张方向】按钮，在弹出的下拉列表中选择【横向】选项，如下图所示。

第2步 可以看到分页符（下图中虚线）显示在K列和L列中间，表格被分成了两部分，如下图所示。

J	K	L	M
电话号码	传真号码	电子邮箱地址	合作日期
138XXXX0001	0371-61111111	ZHANGXX@outlook.com	2021-01-01
138XXXX0002	0379-61111111	WANGXX@outlook.com	2021-02-01
138XXXX0003	010-61111111	LIXX@outlook.com	2021-03-01
138XXXX0004	0755-61111111	ZHAOXX@outlook.com	2021-04-01
138XXXX0005	020-61111111	ZHOUXX@outlook.com	2021-05-01
138XXXX0006	0431-61111111	QIANXX@outlook.com	2021-06-01
138XXXX0007	0551-61111111	ZHUXX@outlook.com	2021-07-01
138XXXX0008	0553-61111111	JINXX@outlook.com	2021-08-01
138XXXX0009	028-61111111	HUXX@outlook.com	2021-09-01
138XXXX0010	021-61111111	MAXX@outlook.com	2021-10-01
138XXXX0011	021-61111112	SUNXX@outlook.com	2021-11-01
138XXXX0012	021-61111113	LIUXX@outlook.com	2021-12-01
138XXXX0013	022-61111111	WUXX@outlook.com	2022-01-01

第3步 选择【文件】选项卡，在左侧列表中选择【打印】选项，进入【打印】页面。在预览区域中可以看到，表格被分成了两页，如下图所示。

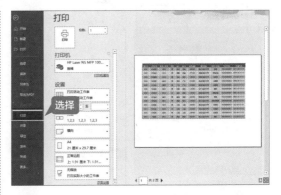

第4步 在【设置】选项区域中单击【无缩放】下拉按钮，在弹出的下拉列表中选择【将所有列调整为一页】选项，如下图所示。

第5步 此时，在预览区域中可以看到，客户联系信息表显示在一页上，如下图所示。

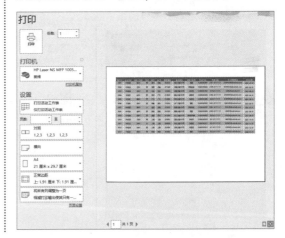

4.8.2 添加页眉和页脚

在页眉和页脚中，可以输入所创建文档的基本信息，例如，在页眉中输入文档名称、章节标题或作者姓名等信息，在页脚中输入文档的创建时间、页码等，这些设置不仅能使表格更美观，还能快速向阅读者传递文档要表达的信息，具体操作步骤如下。

第1步 在插入页眉和页脚之前，首先为表格插入分页符。选中要插入分页符的区域的左上角单元格，这里选中N15单元格，单击【页面布局】选项卡【页面设置】组中的【分隔符】下拉按钮，在弹出的下拉列表中选择【插入分页符】选项，如下图所示。

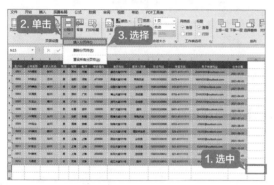

第2步 即可在表格中插入分页符，如下图所示。

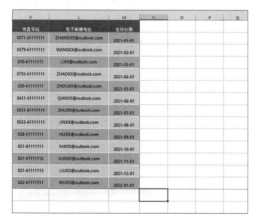

第3步 选中客户联系信息表中的任意单元格，单击【插入】选项卡【文本】组中的【页眉和页脚】按钮，如下图所示。

第4步 进入【页面布局】视图，单击【页面布局】选项卡【页面设置】组中的【页面设置】按钮，如下图所示。

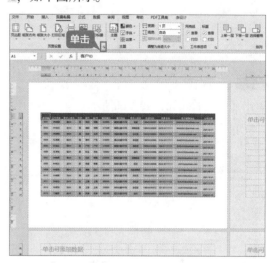

第5步 弹出【页面设置】对话框，选择【页眉/页脚】选项卡，单击【自定义页眉】按钮，如下图所示。

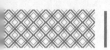
第6步 弹出【页眉】对话框，将光标定位至【中部】文本框中，单击【插入文件名】按钮，如下图所示。

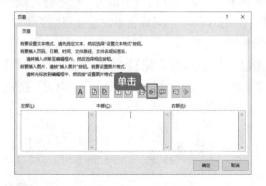

第7步 即可在【中部】文本框中插入"&[文件]"，单击【确定】按钮，如下图所示。

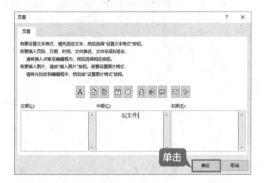

第8步 在【页面设置】对话框中，可预览所添加的页眉效果。单击【自定义页脚】按钮，如下图所示。

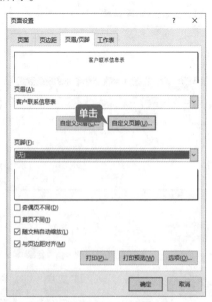

第9步 弹出【页脚】对话框，使用同样的方法，先将光标定位至【中部】文本框中，单击上方的【插入日期】按钮，在【中部】文本框中插入"&[日期]"；然后将光标定位至【右部】文本框中，单击【插入页码】按钮，在【右部】文本框中插入"&[页码]"，最后单击【确定】按钮，如下图所示。

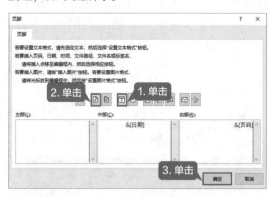

第10步 在【页面设置】对话框中，可预览所设置的页眉与页脚效果，如下图所示。

第11步 选择【页边距】选项卡，在【页眉】和【页脚】文本框中都输入"3"，在【居中方式】选项区域中同时选中【水平】和【垂直】复选框，单击【确定】按钮，如下图所示。

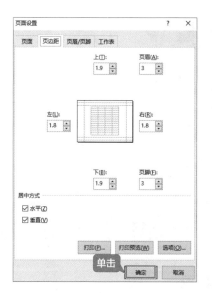

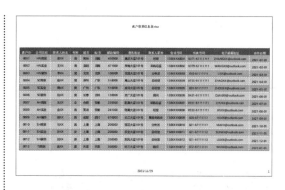

第12步 即可看到所设置的页眉和页脚效果，如下图所示。

| 提示 |

单击【视图】选项卡【工作簿视图】组中的【普通】按钮，即可返回普通视图界面，如下图所示。

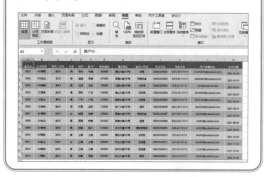

4.9 保存与共享工作簿

保存与共享客户联系信息表，可以使公司员工之间同步工作进程，提高工作效率。

4.9.1 保存客户联系信息表

将客户联系信息表保存到计算机中，可以防止资料丢失，保存方法有以下几种。

1. 使用【快捷访问工具栏】

单击快速访问工具栏中的【保存】按钮，即可快速保存工作簿，如下图所示。

2. 使用组合键

按【Ctrl+S】组合键，即可快速保存工作簿。

3. 使用【文件】选项卡

选择【文件】选项卡，在左侧列表中选择【保存】选项，即可快速保存工作簿，如下图所示。

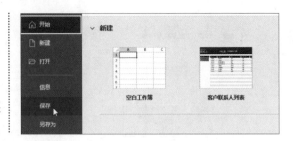

4.9.2 另存为其他兼容格式

将 Excel 工作簿另存为其他兼容格式，可以方便用户使用其他阅读软件查看文件内容，具体操作步骤如下。

第1步 选择【文件】选项卡，在左侧列表中选择【另存为】选项，在【另存为】页面中选择【这台电脑】→【浏览】选项，如下图所示。

第2步 在弹出的【另存为】对话框中选择文件要保存的位置，并在【文件名】文本框中输入"客户联系信息表"，如下图所示。

第3步 单击【保存类型】下拉按钮，在弹出的下拉列表中选择【PDF（*.pdf）】选项，如下图所示。

第4步 单击【保存】按钮，如下图所示。

第5步 即可把客户联系信息表另存为 PDF 格式，如下图所示。

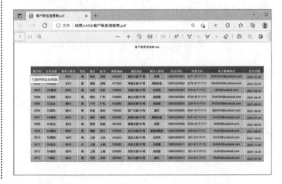

4.9.3　共享工作簿

把客户联系信息表共享之后，可以让公司员工保持信息同步，具体操作步骤如下。

第1步 选中客户联系信息表中的任意单元格，单击 Excel 2021 界面右上角的【共享】按钮，如下图所示。

第2步 弹出【共享】任务窗格，单击【保存到云】按钮，如下图所示。

第3步 进入【另存为】界面，单击【OneDrive】选项区域中的【登录】按钮，如下图所示。

第4步 弹出 Microsoft 登录界面，输入 Microsoft 账户名称，单击【下一步】按钮，如下图所示。

第5步 输入密码，单击【登录】按钮，如下图所示。

第6步 即可登录 OneDrive，在【另存为】界面中选择【OneDrive - 个人】→【Documents】文件夹，如下图所示。

第7步 弹出【另存为】对话框，在【文件名】文本框中输入"客户联系信息表"，单击【保存】按钮，如下图所示。

第8步 即可自动返回 Excel 工作界面，在状态栏中可看到该文件正在上载到 OneDrive，如下图所示。

第9步 上载成功后，返回【共享】任务窗格，可以看到窗格中的选项发生了变化。在【邀请

人员】文本框中输入要分享的目标用户邮箱地址，然后单击【共享】按钮，如下图所示。

第10步 此时会显示"正在发送电子邮件并与您邀请的人员共享"提示信息，如下图所示。待这个提示信息消失后，即可完成对工作簿的共享，此时，被邀请人员会收到一封电子邮件。

制作员工信息表

与客户联系信息表类似的文档还有员工信息表、包装材料采购明细表、成绩表、汇总表等。制作这类表格时，要做到分类简洁、数据准确、重点突出，使阅读者快速了解表格信息。下面就以制作员工信息表为例进行介绍。

第1步 创建工作簿。新建空白工作簿，重命名工作表并设置工作表标签的颜色等，完成设置后的效果如下图所示。

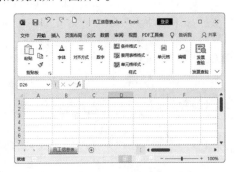

第2步 输入数据。在员工信息表中输入各种数据，对数据列进行填充，并调整行高与列宽，完成设置后的效果如下图所示。

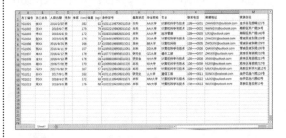

第3步 优化内容格式。设置工作簿中的文本格

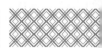

式和文本对齐方式，并设置边框和背景，完成设置后的效果如下图所示。

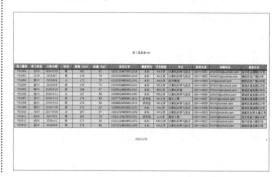

第4步 设置页面。在员工信息表中，根据表格的布局来设置纸张的方向，并添加页眉与页脚，然后将文档保存为 PDF 格式，完成设置后的效果如下图所示。

1. 使用鼠标快速填充规律数据

使用 Excel 中的快速填充功能，可以快速输入大量有规律的数据信息。

方法 1：使用鼠标右键填充

第1步 在 A1 单元格中输入"2022/1/1"，将鼠标指针移至单元格的右下角，当其变为填充柄形状╋时，按住鼠标右键向下拖曳至 A10 单元格，然后松开鼠标右键，此时会弹出快捷菜单，可以根据需要选择相应的选项，如这里选择【以年填充】选项，如下图所示。

第2步 即可按年填充数据，如下图所示。

	A	B	C	D	E	F
1	2022/1/1					
2	2023/1/1					
3	2024/1/1					
4	2025/1/1					
5	2026/1/1					
6	2027/1/1					
7	2028/1/1					
8	2029/1/1					
9	2030/1/1					
10	2031/1/1					
11						
12						
13						
14						
15						

方法 2：双击鼠标左键填充

在 B1 单元格中输入 1，将鼠标指针移至 B1 单元格的右下角，当指针变为填充柄形状╋时，双击填充柄，即可实现快速填充，如下图所示。

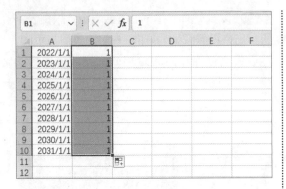

2.　将表格的行和列对调

　　在 Excel 表格中，使用"转置"功能，可
轻松实现表格的行列对调，具体操作步骤如下。
第1步 打开"素材 \ch04\ 表格行列互换 .xlsx"
文件，选中 A1:F3 单元格区域，按【Ctrl+C】
组合键进行复制，然后选中 A6 单元格，单击【开

始】选项卡【剪贴板】组中的【粘贴】下拉按
钮，在弹出的下拉列表中单击【转置】按钮
，如下图所示。

第2步 即可完成表格的行列对调，完成设置后
的效果如下图所示。

第5章
初级数据处理与分析

本章导读

在工作中，经常需要对各种类型的数据进行处理与分析。Excel 具有处理各种数据的功能，使用排序功能可以将数据表中的内容按照特定的规则排序；使用筛选功能可以将满足用户条件的数据单独显示；设置数据的有效性可以防止输入错误数据；使用条件格式功能可以直观地突出显示重要值；使用合并计算和分类汇总功能可以对数据进行分类或汇总。本章以公司员工销售报表为例，介绍如何使用 Excel 对数据进行处理与分析。

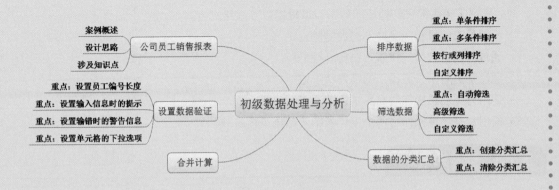

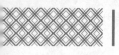
 5.1 公司员工销售报表

公司员工销售报表是记录员工销售情况的详细统计清单。公司员工销售报表中商品种类多，手动统计不仅费时费力，而且容易出错，使用 Excel 则可以快速对这类数据进行统计，得出详细且准确的分析材料。

5.1.1 案例概述

完整的公司员工销售报表主要包括员工编号、员工姓名、销售商品、销售数量等信息，以便根据需要对销售商品及销售数量进行统计和分析。在对数据进行统计分析的过程中，需要用到排序、筛选、分类汇总等操作。熟悉各种操作，对以后处理相似的数据有很大的帮助。

打开"素材 \ch05\ 员工销售报表 .xlsx"工作簿，如下图所示。

公司员工销售报表工作簿包括三个工作表，分别是上半年销售表、下半年销售表及全年汇总表。这三个工作表主要是对员工的销售情况进行汇总，包括员工编号等员工基本信息及对应的商品信息和销售情况。

5.1.2 设计思路

对公司员工销售报表的处理和分析可以根据以下思路进行。
① 设置员工编号和商品类别的数据验证。
② 通过对销售数量的排序，进行处理分析。
③ 通过筛选对所关注员工的销售状况进行分析。
④ 使用分类汇总操作对商品销售情况进行分析。
⑤ 使用合并计算操作将两个工作表中的数据进行合并。

5.1.3 涉及知识点

本案例主要涉及以下知识点。
① 设置数据验证。
② 排序操作。
③ 筛选数据。

④ 分类汇总。

⑤ 合并计算。

5.2 设置数据验证

在制作公司员工销售报表的过程中，对数据的类型和格式有严格要求。因此，需要在输入数据时对数据有效性进行验证。

5.2.1 重点：设置员工编号长度

在公司员工销售报表中输入员工编号，以便更好地进行统计。编号的长度是固定的，因此需要对所输入数据的长度进行限制，以避免输入错误数据，具体操作步骤如下。

第1步 选中"上半年销售表"工作表中的 A2:A21 单元格区域，如下图所示。

员工编号	员工姓名	销售商品
	张晓明	电视机
	李晓晓	洗衣机
	孙晓骁	电饭煲
	马萧萧	夹克
	胡晓霞	牛仔裤
	刘晓鹏	冰箱
	周晓梅	电磁炉
	钱小小	抽油烟机
	崔晓矓	饮料
	赵小霞	锅具
	张春鸽	方便面
	马小明	饼干
	王秋菊	火腿肠
	李冬梅	海苔
	马一章	空调
	萧赫赫	洗面奶
	金笑笑	牙刷
	刘晓丽	皮鞋
	李步军	运动鞋
	詹小平	保温杯

第2步 单击【数据】选项卡【数据工具】组中的【数据验证】下拉按钮🖳，在弹出的下拉列表中选择【数据验证】选项，如下图所示。

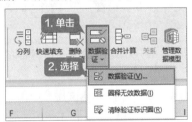

第3步 弹出【数据验证】对话框，选择【设置】选项卡，单击【验证条件】选项区域内的【允许】文本框右侧的下拉按钮，在弹出的下拉列表中选择【文本长度】选项，如下图所示。

第4步 【验证条件】选项区域内的【数据】文本框变为可编辑状态。在【数据】文本框的下拉列表中选择【等于】选项，在【长度】文本

框内输入"6"，选中【忽略空值】复选框，单击【确定】按钮，如下图所示。

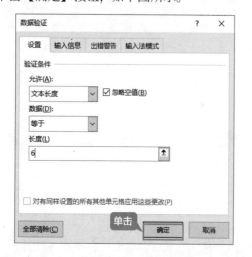

第5步 即可完成设置输入数据长度的操作，当所输入的文本长度不是6位时，即会弹出提示对话框，如下图所示。

5.2.2 重点：设置输入信息时的提示

完成对单元格输入数据长度限制的设置后，可以设置输入信息时的提示信息，具体操作步骤如下。

第1步 选中A2:A21单元格区域，单击【数据】选项卡【数据工具】组中的【数据验证】下拉按钮，在弹出的下拉列表中选择【数据验证】选项，如下图所示。

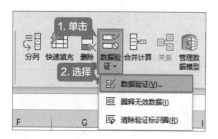

第2步 弹出【数据验证】对话框，选择【输入信息】选项卡，选中【选定单元格时显示输入信息】复选框，在【标题】文本框内输入"输入员工编号"，在【输入信息】文本框内输入"请输入6位员工编号"，单击【确定】按钮，如下图所示。

第3步 返回Excel工作表，选中设置了提示信息的单元格时，即可显示提示信息，效果如下图所示。

5.2.3 重点：设置输错时的警告信息

完成输错时的警告信息设置后，当用户输入数据有误时，可以弹出出错警告信息，提示用户，具体操作步骤如下。

第1步 选中 A2:A21 单元格区域，单击【数据】选项卡【数据工具】组中的【数据验证】下拉按钮，在弹出的下拉列表中选择【数据验证】选项，如下图所示。

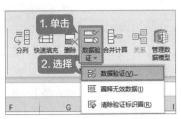

第2步 弹出【数据验证】对话框，选择【出错警告】选项卡，选中【输入无效数据时显示出错警告】复选框，在【样式】下拉列表中选择【停止】选项，在【标题】文本框内输入文字"输入错误"，在【错误信息】文本框内输入文字"员工编号长度为 6 位"，单击【确定】按钮，如下图所示。

第3步 完成设置后，在 A2 单元格内输入"2"，按【Enter】键，则会弹出所设置的警示信息，单击【重试】按钮，即可重新输入，如下图所示。

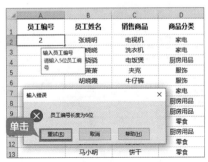

第4步 在 A2 单元格内输入"YG1001"，按【Enter】键确定，即可完成输入，如下图所示。

第5步 使用快速填充功能填充 A3:A21 单元格区域，完成填充后的效果如下图所示。

员工编号	员工姓名	销售商品
YG1001	张晓明	电视机
YG1	晓晓	洗衣机
YG1	骁骁	电饭煲
YG1	萧萧	夹克
YG1005	胡晓霞	牛仔裤
YG1006	刘晓鹏	冰箱
YG1007	周晓梅	电磁炉
YG1008	钱小小	抽油烟机
YG1009	崔晓曦	饮料
YG1010	赵小霞	锅具
YG1011	张春鸽	方便面
YG1012	马小明	饼干
YG1013	王秋菊	火腿肠
YG1014	李冬梅	海苔
YG1015	马一章	空调
YG1016	萧赫赫	洗面奶
YG1017	金笑笑	牙刷
YG1018	刘晓丽	皮鞋
YG1019	李步军	运动鞋
YG1020	鲁小平	保温杯

5.2.4 重点：设置单元格的下拉选项

需要在单元格内输入特定的字符时，如需要输入商品分类，可以将其设置为下拉选项以方便输入，具体操作步骤如下。

第1步 选中 D2:D21 单元格区域，单击【数据】选项卡【数据工具】组中的【数据验证】下拉按钮，在弹出的下拉列表中选择【数据验证】选项，如下图所示。

第2步 弹出【数据验证】对话框，选择【设置】选项卡，单击【验证条件】选项区域中的【允许】下拉按钮，在弹出的下拉列表中选择【序列】选项，如下图所示。

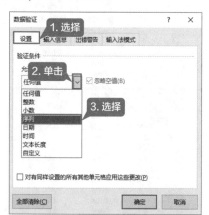

第3步 【验证条件】选项区域中，即可显示【来源】文本框，在文本框内输入"家电,厨房用品,服饰,零食,洗化用品"（注意：需用英文输入法状态下的","隔开词组），同时选中【忽略空值】和【提供下拉箭头】复选框，如下图所示。

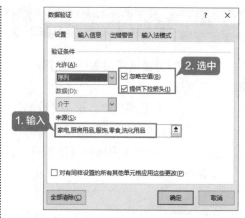

第4步 选择【输入信息】选项卡，在【标题】文本框中输入"请在下拉列表中选择"，在【输入信息】文本框中输入"请在下拉列表中选择商品分类"，如下图所示。

第5步 选择【出错警告】选项卡，在【标题】文本框中输入"错误"，在【错误信息】文本框中输入"请在下拉列表中选择！"，单击【确定】按钮，如下图所示。

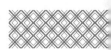

第6步 返回 Excel 工作表，会发现"商品分类"列的单元格后已显示下拉按钮，单击下拉按钮，即可在下拉列表中选择商品类别，效果如下图所示。

	C	D	E
	销售商品	商品分类	销
			2. 选择 家电 **1. 单击**
	电饭煲	厨房用品	中选择
	夹克	服饰	中选择商品
	牛仔裤	零食	
	冰箱	洗化用品	
	电磁炉		

第7步 使用同样的方法，在 D3:D21 单元格区域中输入商品分类，完成输入后的效果如下图所示。

	A	B	C	D	E
1	员工编号	员工姓名	销售商品	商品分类	销售数量
2	YG1001	张晓明	电视机	家电	
3	YG1002	李晓晓	洗衣机	家电	
4	YG1003	孙骁骁	电饭煲	厨房用品	
5	YG1004	马萧萧	夹克	服饰	
6	YG1005	胡晓霞	牛仔裤	服饰	
7	YG1006	刘晓鹏	冰箱	家电	
8	YG1007	周晓梅	电磁炉	厨房用品	
9	YG1008	钱小小	抽油烟机	厨房用品	
10	YG1009	崔晓曦	饮料	零食	
11	YG1010	赵小霞	锅具	厨房用品	
12	YG1011	张春鸽	方便面	零食	
13	YG1012	马小明	饼干	零食	
14	YG1013	王秋菊	火腿肠	零食	
15	YG1014	李冬梅	海苔	零食	
16	YG1015	马一章	空调	家电	
17	YG1016	萧赫赫	洗面奶	洗化用品	
18	YG1017	金笑笑	牙刷	洗化用品	
19	YG1018	刘晓丽	皮鞋	服饰	
20	YG1019	李步军	运动鞋	服饰	
21	YG1020	詹小平	保温杯	厨房用品	
22					

5.3 合并计算

合并计算可以将多个工作表中的数据合并在一个工作表中，以便对数据进行更新和汇总。在公司员工销售报表中，"上半年销售表"工作表和"下半年销售表"工作表的内容可以汇总在一个工作表中，具体操作步骤如下。

第1步 选中"上半年销售表"工作表中的 E1:E21 单元格区域，单击【公式】选项卡【定义的名称】组中的【定义名称】按钮，如下图所示。

	A	B	C	D	E	F
1	员工编号	员工姓名	销售商品	商品分类	销售数量	单价
2	YG1001	张晓明	电视机	家电	120	¥2,500.0
3	YG1002	李晓晓	洗衣机	家电	114	¥3,700.0
4	YG1003	孙骁骁	电饭煲	厨房用品	470	¥400.0
5	YG1004	马萧萧	夹克	服饰	280	¥350.0
6	YG1005	胡晓霞	牛仔裤	服饰	480	¥240.0
7	YG1006	刘晓鹏	冰箱	家电	270	¥4,800.0
8	YG1007	周晓梅	电磁炉	厨房用品	680	¥380.0
9	YG1008	钱小小	抽油烟机	厨房用品	140	¥2,400.0
10	YG1009	崔晓曦	饮料	零食	4180	¥10.0
11	YG1010	赵小霞	锅具	厨房用品	810	¥140.0
12	YG1011	张春鸽	方便面	零食	3820	¥26.0
13	YG1012	马小明	饼干	零食	4800	¥39.0
14	YG1013	王秋菊	火腿肠	零食	7500	¥20.0
15	YG1014	李冬梅	海苔	零食	3750	¥54.0
16	YG1015	马一章	空调	家电	240	¥3,800.0
17	YG1016	萧赫赫	洗面奶	洗化用品	4000	¥76.0
18	YG1017	金笑笑	牙刷	洗化用品	10240	¥18.0
19	YG1018	刘晓丽	皮鞋	服饰	500	¥380.0
20	YG1019	李步军	运动鞋	服饰	480	¥420.0
21	YG1020	詹小平	保温杯	厨房用品	820	¥140.0

第2步 弹出【新建名称】对话框，在【名称】文本框中输入"上半年销售数量"，在【引用位置】文本框中选择"上半年销售表"工作表中的 E1:E21 单元格区域，单击【确定】按钮，如下图所示。

	A	B	C	D	E	F
1	员工编号	员工姓名	销售商品	商品分类	销售数量	单价
2	YG1001	张晓明	电视机	家电	120	¥2,500.0
3	YG1002	李晓晓	洗衣机	家电	114	¥3,700.0
4	YG1003	孙骁骁	电饭煲	厨房用品	470	¥400.0
5	YG1004	马萧萧	夹克	服饰	280	¥350.0
6	YG1005	胡晓霞	牛仔裤	服饰	480	¥240.0
7	YG1006	刘晓鹏	冰箱	家电	270	¥4,800.0
8	YG1007	周晓梅	电磁炉	厨房用品	680	¥380.0
9	YG1008	钱小小	抽油烟机	厨房用品	140	¥2,400.0
10	YG1009				4180	¥10.0
11	YG1010	新建名称	? ×		810	¥140.0
12	YG1011	名称(N): 上半年销售数量			3820	¥26.0
13	YG1012	范围(S): 工作簿			4800	¥39.0
14	YG1013	批注(O):			7500	¥20.0
15	YG1014				3750	¥54.0
16	YG1015				240	¥3,800.0
17	YG1016	引用位置(R): =上半年销售表!$E$1:$E$21			4000	¥76.0
18	YG1017	**单击** 确定 取消			10240	¥18.0
19	YG1018				500	¥380.0
20	YG1019	李步军	运动鞋	服饰	480	¥420.0
21	YG1020	詹小平	保温杯	厨房用品	820	¥140.0

第3步 选中"下半年销售表"工作表中的

E1:E21 单元格区域，单击【公式】选项卡【定义的名称】组中的【定义名称】按钮 ⊘ 定义名称 ～ 。在弹出的【新建名称】对话框中将【名称】设置为"下半年销售数量"，在【引用位置】文本框中选择"下半年销售表"工作表中的E1:E21 单元格区域，单击【确定】按钮，如下图所示。

第4步 在"全年汇总表"工作表中选中 E1 单元格，单击【数据】选项卡【数据工具】组中的【合并计算】按钮 ，如下图所示。

第5步 弹出【合并计算】对话框，在【函数】下拉列表中选择【求和】选项，在【引用位置】文本框中输入"上半年销售数量"，单击【添加】按钮，如下图所示。

第6步 即可将"上半年销售数量"添加至【所有引用位置】列表框中。使用同样的方法，添加"下半年销售数量"，并选中【首行】复选框，单击【确定】按钮，如下图所示。

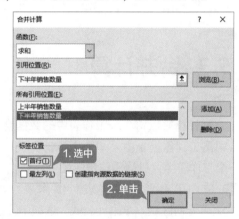

第7步 即可将"上半年销售数量"和"下半年销售数量"合并在"全年汇总表"工作表内，合并后的效果如下图所示。

	A	B	C	D	E	F
1	员工编号	员工姓名	销售商品	商品分类	销售数量	单价
2	YG1001	张晓明	电视机	家电	300	¥2,500.0
3	YG1002	李晓晓	洗衣机	家电	264	¥3,700.0
4	YG1003	孙骁骁	电饭煲	厨房用品	930	¥400.0
5	YG1004	马萧萧	夹克	服饰	580	¥350.0
6	YG1005	胡晓霞	牛仔裤	服饰	880	¥240.0
7	YG1006	刘晓鹏	冰箱	家电	456	¥4,800.0
8	YG1007	周晓梅	电磁炉	厨房用品	1330	¥380.0
9	YG1008	钱小小	抽油烟机	厨房用品	340	¥2,400.0
10	YG1009	崔晓瞳	饮料	零食	10930	¥10.0
11	YG1010	赵小霞	锅具	厨房用品	1510	¥140.0
12	YG1011	张春鸽	方便面	零食	7820	¥26.0
13	YG1012	马小明	饼干	零食	9400	¥39.0
14	YG1013	王秋菊	火腿肠	零食	12900	¥20.0
15	YG1014	李冬梅	海苔	零食	7550	¥54.0
16	YG1015	马一章	空调	家电	420	¥3,800.0
17	YG1016	萧林林	洗面奶	洗化用品	8500	¥76.0
18	YG1017	金笑笑	牙刷	洗化用品	20299	¥18.0
19	YG1018	刘晓丽	皮鞋	服饰	900	¥380.0
20	YG1019	李步军	运动鞋	服饰	1080	¥420.0
21	YG1020	詹小平	保温杯	厨房用品	1800	¥140.0

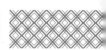

第8步 使用同样的方法合并"上半年销售表"和"下半年销售表"工作表中的"销售金额"，最终效果如下图所示。完成后保存即可。

5.4 排序数据

在完成公司员工销售报表中的数据统计后，需要对数据进行排序，以便更好地对数据进行处理与分析。

5.4.1 重点：单条件排序

Excel 支持根据某个条件对数据进行单条件排序，如在公司员工销售报表中根据销售数量多少对数据进行排序，具体操作步骤如下。

第1步 选中数据区域中的任意单元格，单击【数据】选项卡【排序和筛选】组中的【排序】按钮，如下图所示。

第2步 弹出【排序】对话框，将【主要关键字】设置为"销售数量"，【排序依据】设置为"单元格值"，【次序】设置为"降序"，单击【确定】按钮，如下图所示。

第3步 即可将数据以"销售数量"为依据进行从大到小的排序，效果如下图所示。

> **┃提示┃**
>
> Excel 默认的排序规则与单元格中的数据类型有关。在按升序排序时，Excel 使用如下规则。
> 1. 数值从最小的负数到最大的正数排序。
> 2. 文本按 A~Z 顺序排序。
> 3. 逻辑值 False 在前，True 在后。
> 4. 空格排在最后。

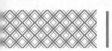
5.4.2 重点：多条件排序

如果需要先按照商品分类进行排序，再在同一商品分类内按照销售数量进行排序，可以使用多条件排序，具体操作步骤如下。

第1步 选中数据区域中的任意单元格，单击【数据】选项卡【排序和筛选】组中的【排序】按钮，如下图所示。

序依据】为"单元格值"，【次序】为"降序"，单击【确定】按钮，如下图所示。

第2步 弹出【排序】对话框，设置【主要关键字】为"商品分类"，【排序依据】为"单元格值"，【次序】为"升序"，单击【添加条件】按钮，如下图所示。

第4步 即可依据多条件对工作表进行排序，效果如下图所示。

第3步 设置【次要关键字】为"销售金额"，【排

> **提示**
>
> 对工作表进行排序分析后，可以按【Ctrl+Z】组合键撤销排序的效果，或选中"员工编号"列中的任意单元格，单击【数据】选项卡【排序和筛选】组中的【升序】按钮，即可恢复排序前的效果。
>
> 在多条件排序中，数据区域先按主要关键字排列，主要关键字相同的按次要关键字排列，如果次要关键字也相同，则按第三关键字排列，以此类推。

5.4.3 按行或列排序

如果需要对公司员工销售报表进行按行或按列的排序，也可以通过排序功能实现，具体操作步骤如下。

第1步 选中数据区域中的任意单元格，单击【数据】选项卡【排序和筛选】组中的【排序】按钮，如下图所示。

第2步 弹出【排序】对话框，单击【选项】按钮，如下图所示。

第3步 在弹出的【排序选项】对话框的【方向】选项区域中选中【按行排序】单选按钮，单击【确定】按钮，如下图所示。

第4步 返回【排序】对话框，将【主要关键字】设置为"行 1"，【排序依据】设置为"单元格值"，【次序】设置为"升序"，单击【确定】按钮，如下图所示。

第5步 即可将工作表中的数据根据设置进行排序，效果如下图所示。

单价	核查人员	商品分类	销售金额	销售商品	销售数量	员工编号	员工姓名
¥2,400.0	王XX	厨房用品	#VALUE!	抽油烟机	200	YG1008	钱小小
¥380.0	张XX	厨房用品	#VALUE!	电磁炉	650	YG1007	周顺鹏
¥400.0	马XX	厨房用品	#VALUE!	电炖壶	460	YG1003	孙骁骁
¥140.0	马XX	厨房用品	#VALUE!	保温杯	980	YG1020	詹小平
¥140.0	张XX	厨房用品	#VALUE!	锅具	700	YG1010	赵小勇
¥420.0	王XX	服饰	#VALUE!	运动鞋	600	YG1019	李步军
¥380.0	马XX	服饰	#VALUE!	皮鞋	400	YG1018	刘娜丽
¥350.0	王XX	服饰	#VALUE!	夹克	300	YG1004	马潇洋
¥240.0	王XX	服饰	#VALUE!	牛仔裤	400	YG1005	胡晓霞
¥4,800.0	张XX	家电	#VALUE!	冰箱	186	YG1006	刘明鹏
¥3,800.0	张XX	家电	#VALUE!	空调	180	YG1015	马一章
¥3,700.0	张XX	家电	#VALUE!	洗衣机	150	YG1002	李顺鹏
¥2,500.0	张XX	家电	#VALUE!	电视机	180	YG1001	张娜娜
¥54.0	王XX	零食	#VALUE!	薯条	3800	YG1014	李冬梅
¥39.0	马XX	零食	#VALUE!	饼干	4600	YG1012	李小明
¥20.0	马XX	零食	#VALUE!	火腿肠	5400	YG1013	王秋梅
¥26.0	张XX	零食	#VALUE!	方便面	4000	YG1011	张春艳
¥10.0	张XX	零食	#VALUE!	饮料	6750	YG1009	崔明美
¥76.0	张XX	洗化用品	#VALUE!	洗面奶	4500	YG1016	蒋赫赫
¥18.0	王XX	洗化用品	#VALUE!	牙膏	10059	YG1017	金英笑

提示

　　因为"销售金额"列中的数据是通过引用之前的 E 列（销售数量）和 F 列（单价）计算出来的，当设置按行排序后，单元格的名称发生了变化，所以"销售金额"列的数据会出现错误提示"#VALUE！"，按【Ctrl+Z】组合键可撤销按行排序。

5.4.4 自定义排序

　　如果需要按某一序列完成对公司员工销售报表的排序，例如，将商品分类自定义为排序序列，具体操作步骤如下。

第1步 选中数据区域中的任意单元格，单击【数据】选项卡【排序和筛选】组中的【排序】按钮 ，如下图所示。

第2步 弹出【排序】对话框，单击【选项】按钮，如下图所示。

第3步 弹出【排序选项】对话框，选中【方向】选项区域中的【按列排序】单选按钮，单击【确定】按钮，如下图所示。

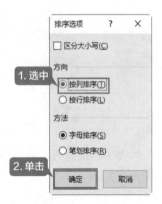

第4步 返回【排序】对话框，设置【主要关键字】为"商品分类"，在【次序】下拉列表中选择【自定义序列】选项，如下图所示。

第5步 弹出【自定义序列】对话框，在【输入序列】文本框内依次输入"家电""服饰""零食""洗化用品""厨房用品"，单击【确定】按钮，如下图所示。

第6步 返回【排序】对话框，即可看到自定义的次序，单击【确定】按钮，如下图所示。

第7步 即可将数据按照自定义的序列进行排序，效果如下图所示。

	A	B	C	D	E	F	G	H
1	员工编号	员工姓名	销售商品	商品分类	销售数量	单价	销售金额	核查人员
2	YG1006	刘晓霞	冰箱	家电	186	¥4,800.0	¥892,800.0	张XX
3	YG1015	马一豪	空调	家电	180	¥3,800.0	¥684,000.0	张XX
4	YG1002	李晓明	洗衣机	家电	150	¥3,700.0	¥555,000.0	张XX
5	YG1001	张晓明	电视机	家电	180	¥2,500.0	¥450,000.0	张XX
6	YG1019	李步军	运动鞋	服饰	600	¥420.0	¥252,000.0	王XX
7	YG1018	刘晓丽	皮鞋	服饰	400	¥380.0	¥152,000.0	马XX
8	YG1004	马丽丽	夹克	服饰	300	¥350.0	¥105,000.0	马XX
9	YG1005	胡晓霞	牛仔裤	服饰	400	¥240.0	¥96,000.0	马XX
10	YG1014	李冬梅	海苔	零食	3800	¥54.0	¥205,200.0	王XX
11	YG1012	马小明	饼干	零食	4600	¥39.0	¥179,400.0	张XX
12	YG1013	王秋菊	火腿肠	零食	5400	¥20.0	¥108,000.0	马XX
13	YG1011	张春涛	方便面	零食	4000	¥26.0	¥104,000.0	王XX
14	YG1009	崔晓晓	饮料	零食	6750	¥10.0	¥67,500.0	张XX
15	YG1016	蒋赫赫	洗面奶	洗化用品	4500	¥76.0	¥342,000.0	王XX
16	YG1017	金笑笑	牙膏	洗化用品	10059	¥18.0	¥181,062.0	王XX
17	YG1008	钱小小	抽油烟机	厨房用品	200	¥2,400.0	¥480,000.0	王XX
18	YG1007	周晓晓	电磁炉	厨房用品	650	¥380.0	¥247,000.0	张XX
19	YG1003	孙晓晓	电饭煲	厨房用品	460	¥400.0	¥184,000.0	马XX
20	YG1020	鲁小平	高压锅	厨房用品	980	¥140.0	¥137,200.0	马XX

5.5 筛选数据

在对公司员工销售报表中的数据进行处理时，如果需要查看一些特定的数据，可以使用数据筛选功能筛选出所需要的数据。

5.5.1 重点: 自动筛选

通过自动筛选功能,可以迅速筛选出符合条件的数据。自动筛选包括单条件筛选和多条件筛选。

1. 单条件筛选

单条件筛选就是将符合一种条件的数据筛选出来,例如,筛选出公司员工销售报表中商品分类为"家电"的商品,具体操作步骤如下。

第1步 选中数据区域中的任意单元格,单击【数据】选项卡【排序和筛选】组中的【筛选】按钮 ▽,如下图所示。

第2步 工作表即自动进入筛选状态, 每列的标题右下角都会出现一个下拉按钮, 如下图所示。

第3步 单击 D1 单元格的下拉按钮, 在弹出的下拉列表中取消选中【全选】复选框, 随后选中【家电】复选框, 单击【确定】按钮, 如下图所示。

第4步 即可将商品分类为"家电"的商品筛选出来, 效果如下图所示。

2. 多条件筛选

多条件筛选就是将符合多个条件的数据筛选出来。例如,将公司员工销售报表中"崔晓曦""金笑笑""李晓晓"的销售情况筛选出来,具体操作步骤如下。

第1步 选中数据区域中的任意单元格,单击【数据】选项卡【排序和筛选】组中的【筛选】按钮 ▽,如下图所示。

第2步 工作表即自动进入筛选状态, 每列的标题右下角都会出现一个下拉按钮。单击 B1 单元格的下拉按钮, 在弹出的下拉列表中选中【崔晓曦】【金笑笑】【李晓晓】复选框, 单击【确定】按钮, 如下图所示。

第3步 即可将"崔晓曦""金笑笑""李晓晓"的销售情况筛选出来, 效果如下图所示。

5.5.2 高级筛选

如果要将公司员工销售报表中"王××"审核的商品单独筛选出来，可以使用高级筛选功能，通过设置多个复杂筛选条件实现，具体操作步骤如下。

第1步 在 F24 和 F25 单元格内分别输入"核查人员"和"王××"，在 G24 单元格内输入"销售商品"，如下图所示。

第2步 选中数据区域中的任意单元格，单击【数据】选项卡【排序和筛选】组中的【高级】按钮 高级，如下图所示。

第3步 弹出【高级筛选】对话框，在【方式】选项区域内选中【将筛选结果复制到其他位置】单选按钮，在【列表区域】文本框内输入"$A$1:$H$21"，随后单击【条件区域】右侧的【折叠】按钮，如下图所示。

第4步 选中 F24:F25 单元格区域后，单击【展开】按钮，如下图所示。

第5步 即可返回【高级筛选】对话框。使用同样的方法，设置【复制到】单元格，这里选中"全年汇总表"中的 G24 单元格，单击【确定】按钮，如下图所示。

第6步 即可将公司员工销售报表中王 ×× 审核的商品单独筛选出来并复制在指定区域，效果如下图所示。

核查人员	销售商品
王XX	牛仔裤
	抽油烟机
	方便面
	海苔
	牙刷
	运动鞋

> **提示**
>
> 输入筛选条件的文字需要和数据表中的文字保持一致。

5.5.3 自定义筛选

除了根据需要执行自动筛选和高级筛选外，Excel 2021 还提供了自定义筛选功能，帮助用户快速筛选出满足需求的数据。自定义筛选的具体操作步骤如下。

第 1 步 选中数据区域中的任意单元格，单击【数据】选项卡【排序和筛选】组中的【筛选】按钮，如下图所示。

第 2 步 即可进入筛选模式。单击【销售数量】下拉按钮，在弹出的下拉列表中选择【数字筛选】→【介于】选项，如下图所示。

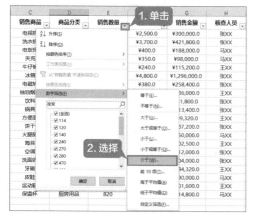

第 3 步 弹出【自定义自动筛选方式】对话框，在【显示行】选项区域下【销售数量】的第 1

个文本框的下拉列表中选择【大于或等于】选项，右侧数值设置为"100"，选中【与】单选按钮，在下方左侧下拉列表中选择【小于或等于】选项，数值设置为"500"，单击【确定】按钮，如下图所示。

第 4 步 即可将销售数量介于 100 至 500 之间的商品筛选出来，效果如下图所示。

员工编号	员工姓名	销售商品	商品分类	销售数量	单价	销售金额	核查人员
YG1001	张晓明	电视机	家电	120	¥2,500.0	¥300,000.0	张XX
YG1002	李晓艳	洗衣机	家电	114	¥3,700.0	¥421,800.0	张XX
YG1003	孙丽娟	电饭煲	厨房用品	470	¥400.0	¥188,000.0	马XX
YG1004	马丽萍	夹克	服饰	280	¥350.0	¥98,000.0	马XX
YG1005	胡晓霞	牛仔裤	服饰	480	¥240.0	¥115,200.0	王XX
YG1006	刘晓鹏	冰箱	家电	270	¥4,800.0	¥1,296,000.0	张XX
YG1008	钱小小	抽油烟机	厨房用品	140	¥2,400.0	¥336,000.0	王XX
YG1015	马一意	空调	家电	240	¥3,800.0	¥912,000.0	马XX

> **提示**
>
> 单击【数据】选项卡【排序和筛选】组中的【筛选】按钮，即可取消筛选条件，退出筛选状态。

5.6 数据的分类汇总

在公司员工销售报表中，需要对不同类别的商品进行分类汇总，使工作表更加有条理。

5.6.1 重点：创建分类汇总

在公司员工销售报表中，以"商品分类"为分类依据，对"销售金额"进行分类汇总，具体操作步骤如下。

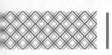
第1步 选中"上半年销售表"工作表"商品分类"列中的任意单元格。单击【数据】选项卡【排序和筛选】组中的【升序】按钮，如下图所示。

第2步 即可将数据以"商品分类"为依据进行升序排列，效果如下图所示。

员工编号	员工姓名	销售商品	商品分类	销售数量	单价	销售金额	核查人员
YG1003	孙晓骏	电饭煲	厨房用品	470	¥400.0	¥188,000.0	马XX
YG1007	周晓梅	电磁炉	厨房用品	680	¥380.0	¥258,400.0	张XX
YG1008	张小小	抽油烟机	厨房用品	140	¥2,400.0	¥336,000.0	王XX
YG1010	赵小霞	锅具	厨房用品	810	¥140.0	¥113,400.0	张XX
YG1020	詹小平	保温杯	厨房用品	820	¥140.0	¥114,800.0	马XX
YG1004	马蕙蕙	夹克	服饰	280	¥350.0	¥98,000.0	马XX
YG1005	胡晓霞	牛仔裤	服饰	480	¥240.0	¥115,200.0	王XX
YG1018	刘晓丽	皮鞋	服饰	500	¥380.0	¥190,000.0	马XX
YG1019	李步军	运动鞋	服饰	480	¥420.0	¥201,600.0	王XX
YG1001	张晓明	电视机	家电	120	¥2,500.0	¥300,000.0	张XX
YG1002	李晓晓	洗衣机	家电	114	¥3,700.0	¥421,800.0	张XX
YG1006	刘晓燕	冰箱	家电	270	¥4,800.0	¥1,296,000.0	张XX
YG1015	马一童	空调	家电	240	¥3,800.0	¥912,000.0	张XX
YG1009	崔晓晓	饮料	零食	4180	¥10.0	¥41,800.0	张XX
YG1011	张春蓉	方便面	零食	3820	¥26.0	¥99,320.0	王XX
YG1012	马小明	饼干	零食	4800	¥39.0	¥187,200.0	张XX
YG1013	王秋菊	火腿肠	零食	7500	¥20.0	¥150,000.0	马XX
YG1014	李冬梅	海苔	零食	3750	¥54.0	¥202,500.0	王XX
YG1016	萧赫赫	洗洁精	洗化用品	4000	¥76.0	¥304,000.0	张XX
YG1017	金笑笑	牙刷	洗化用品	10240	¥18.0	¥184,320.0	王XX

第3步 单击【数据】选项卡【分级显示】组中的【分类汇总】按钮，如下图所示。

第4步 弹出【分类汇总】对话框，设置【分类字段】为"商品分类"，【汇总方式】为"求和"，在【选定汇总项】列表框中选中【销售金额】复选框，单击【确定】按钮，如下图所示。

第5步 即可将工作表以"商品分类"为分类依据，对"销售金额"进行分类汇总，结果如下图所示。

员工编号	员工姓名	销售商品	商品分类	销售数量	单价	销售金额	核查人员
YG1003	孙晓骏	电饭煲	厨房用品	470	¥400.0	¥188,000.0	马XX
YG1007	周晓梅	电磁炉	厨房用品	680	¥380.0	¥258,400.0	张XX
YG1008	张小小	抽油烟机	厨房用品	140	¥2,400.0	¥336,000.0	王XX
YG1010	赵小霞	锅具	厨房用品	810	¥140.0	¥113,400.0	张XX
YG1020	詹小平	保温杯	厨房用品	820	¥140.0	¥114,800.0	马XX
			厨房用品 汇总			¥1,010,600.0	
YG1004	马蕙蕙	夹克	服饰	280	¥350.0	¥98,000.0	马XX
YG1005	胡晓霞	牛仔裤	服饰	480	¥240.0	¥115,200.0	王XX
YG1018	刘晓丽	皮鞋	服饰	500	¥380.0	¥190,000.0	马XX
YG1019	李步军	运动鞋	服饰	480	¥420.0	¥201,600.0	王XX
			服饰 汇总			¥604,800.0	
YG1001	张晓明	电视机	家电	120	¥2,500.0	¥300,000.0	张XX
YG1002	李晓晓	洗衣机	家电	114	¥3,700.0	¥421,800.0	张XX
YG1006	刘晓燕	冰箱	家电	270	¥4,800.0	¥1,296,000.0	张XX
YG1015	马一童	空调	家电	240	¥3,800.0	¥912,000.0	张XX
			家电 汇总			¥2,929,800.0	
YG1009	崔晓晓	饮料	零食	4180	¥10.0	¥41,800.0	张XX
YG1011	张春蓉	方便面	零食	3820	¥26.0	¥99,320.0	王XX
YG1012	马小明	饼干	零食	4800	¥39.0	¥187,200.0	张XX
YG1013	王秋菊	火腿肠	零食	7500	¥20.0	¥150,000.0	马XX
YG1014	李冬梅	海苔	零食	3750	¥54.0	¥202,500.0	王XX
			零食 汇总			¥680,820.0	
YG1016	萧赫赫	洗洁精	洗化用品	4000	¥76.0	¥304,000.0	张XX
YG1017	金笑笑	牙刷	洗化用品	10240	¥18.0	¥184,320.0	王XX
			洗化用品 汇总			¥488,320.0	
			总计			¥5,714,340.0	

> | 提示 |
>
> 在进行分类汇总之前，需要对分类字段进行排序，使其符合分类汇总的条件，才能达到最佳的效果。

5.6.2 重点：清除分类汇总

如果不再需要对数据进行分类汇总，可以选择将分类汇总规则清除，具体操作步骤如下。

第1步 接 5.6.1 节操作，选中数据区域中的任意单元格，单击【数据】选项卡【分级显示】组中的【分类汇总】按钮，在弹出的【分类汇总】对话框中单击【全部删除】按钮，如下图所示。

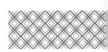

按"员工编号"对数据进行"升序"排列，完
成排列后的效果如下图所示。

超市库存明细表的分类汇总

超市库存明细表是超市进出物品的详细统计清单，记录着一段时间内物品的消耗和剩余状况，对下一阶段相应商品的采购和使用计划有很重要的参考作用。对超市库存明细表进行分类汇总的思路如下。

第1步 设置数据验证。设置物品编号和物品类别的数据验证，并完成编号和类别的输入，完成设置后的效果如下图所示。

第2步 对数据进行排序。对相同的"物品类别"，按"本月结余"进行降序排列，完成设置后的效果如下图所示。

第3步 筛选数据。筛选出审核人"李××"审核的物品信息，完成筛选后的效果如下图所示。

第4步 对数据进行分类汇总。按"销售区域"对"本月结余"进行分类汇总，完成分类汇总后的效果如下图所示。

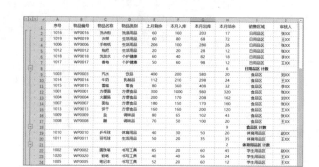

1. 让表中序号不参与排序

在对数据进行排序的过程中，某些情况下，并不需要序号随其他内容一起移动位置，这时，可以使用下面的方法，让表中序号不参与排序，具体操作步骤如下。

第1步 打开"素材 \ch05\ 英语成绩表 .xlsx"工作簿，如下图所示。

	A	B	C
1	序号	姓名	成绩
2	1	刘XX	60
3	2	张XX	59
4	3	李XX	88
5	4	赵XX	76
6	5	徐XX	63
7	6	夏XX	35
8	7	马XX	90
9	8	孙XX	92
10	9	翟XX	77
11	10	郑XX	65
12	11	林XX	68
13	12	钱XX	72

第2步 选中 B2:C13 单元格区域，单击【数据】选项卡【排序和筛选】组中的【排序】按钮，如下图所示。

第3步 弹出【排序】对话框，将【主要关键字】设置为"成绩"，【排序依据】设置为"单元格值"，【次序】设置为"降序"，单击【确定】按钮，如下图所示。

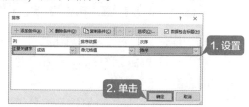

第4步 即可将名单进行以成绩为依据的从高往低的排序，而序号不参与排序，效果如下图所示。

	A	B	C
1	序号	姓名	成绩
2	1	孙XX	92
3	2	马XX	90
4	3	李XX	88
5	4	翟XX	77
6	5	赵XX	76
7	6	钱XX	72
8	7	林XX	68
9	8	郑XX	65
10	9	徐XX	63
11	10	刘XX	60
12	11	张XX	59
13	12	夏XX	35

提示

在排序之前选中数据区域，则只对数据区域内的数据进行排序。

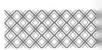

2. 筛选多个表格的重复值

使用下面的方法，可以快速在多个工作表中找到重复值，节省处理数据的时间。

第1步 打开"素材 \ch05\ 查找重复值 .xlsx"工作簿，如下图所示。

	A	B	C
1	分类	物品	
2	蔬菜	西红柿	
3	水果	苹果	
4	肉类	牛肉	
5	肉类	鱼	
6	蔬菜	白菜	
7	水果	橘子	
8	肉类	羊肉	
9	肉类	猪肉	
10	水果	香蕉	
11	水果	葡萄	
12	肉类	鸡	
13	水果	橙子	
14			

	A	B	C
1	分类	物品	
2	蔬菜	西红柿	
3	水果	苹果	
4	肉类	牛肉	
5	肉类	鱼	
6	蔬菜	白菜	
7	水果	橘子	
8	肉类	羊肉	
9	肉类	猪肉	
10	水果	芒果	
11	水果	柚子	
12	肉类	鸡	
13	水果	橙子	
14			

第2步 选中数据区域中的任意单元格，单击【数据】选项卡【排序和筛选】组中的【高级】按钮 ，如下图所示。

第3步 在弹出的【高级筛选】对话框中选中【将筛选结果复制到其他位置】单选按钮，【列表区域】设置为"Sheet1!$A$1:$B$13"，【条件区域】设置为"Sheet2!$A$1:$B$13"，【复制到】设置为"Sheet1!$E$1"，并选中【选择不重复的记录】复选框，单击【确定】按钮，如下图所示。

第4步 即可将两个工作表中的重复数据复制到指定区域，效果如下图所示。

D	E	F	G
	分类	物品	
	蔬菜	西红柿	
	水果	苹果	
	肉类	牛肉	
	肉类	鱼	
	蔬菜	白菜	
	水果	橘子	
	肉类	羊肉	
	肉类	猪肉	
	肉类	鸡	
	水果	橙子	

第6章

中级数据处理与分析——图表

📖 本章导读

在 Excel 中使用图表，不仅能使数据的统计结果更直观、形象，还能够清晰地反映数据的变化规律和发展趋势。使用图表可以制作产品统计分析表、预算分析表、工资分析表、成绩分析表等。本章以制作商品销售统计分析图表为例，介绍创建图表、图表的设置和调整、添加图表元素及创建迷你图等操作。

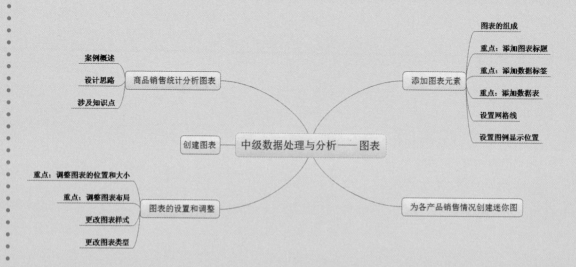

6.1 商品销售统计分析图表

制作商品销售统计分析图表时，表格内的数据类型及格式要一致，选取的图表类型要能恰当地反映数据的变化趋势。

6.1.1 案例概述

数据分析是指用适当的统计分析方法对收集来的大量数据进行分析，提取有用信息并形成结论的过程。Excel 作为常用的数据分析工具，可以协助实现基本的数据分析工作。在 Excel 中使用图表，不仅可以清楚地反映数据的变化，还可以分析数据的规律，进行走势预测。

制作商品销售统计分析图表时需要注意以下几点。

1. 表格的设计要合理

① 表格要有明确的名称，快速向阅读者传达所制作图表的信息。

② 表头的设计要合理，能够指明每项数据要反映的销售信息。

③ 表格中的数据格式、单位要统一，这样才能正确地反映销售统计表中的数据。

2. 选择合适的图表类型

① 制作图表时首先要选择正确的数据源，有时，表格的标题不可以作为数据源，但表头通常要作为数据源的一部分。

② Excel 2021 提供了柱形图、折线图、饼图、条形图、面积图、XY 散点图、地图、股价图、曲面图、雷达图、树状图、旭日图、直方图、箱形图、瀑布图、漏斗图等 16 种图表类型及组合图表类型。每一种图表所适合反映的数据主题不同，用户可以根据要表达的主题选择合适的图表。

③ 图表中可以添加合适的图表元素，如图表标题、数据标签、数据表、图例等，通过这些图表元素，可以更直观地反映图表信息。

6.1.2 设计思路

制作商品销售统计分析图表时，可以按以下思路进行。

① 设计要用于图表分析的数据表格。

② 为表格选择合适的图表类型并创建图表。

③ 设置并调整图表的位置、大小、布局、样式，美化图表。

④ 添加并设置图表标题、数据标签、数据表、网格线及图例等图表元素。

⑤ 为各种产品的销售情况创建迷你图。

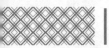
6.1.3 涉及知识点

本案例主要涉及以下知识点。

① 创建图表。

② 设置和整理图表。

③ 添加图表元素。

④ 创建迷你图。

6.2 创建图表

Excel 2021 提供了柱形图、折线图等 16 种图表类型及组合图表类型，用户可以根据需求选择合适的图表类型，然后创建嵌入式图表或工作表图表来表达数据信息。

创建图表时，不仅可以使用系统推荐的图表快速创建图表，还可以根据实际需要选择并创建合适的图表，下面介绍在商品销售统计分析表中创建图表的方法。

1. 使用系统推荐的图表

在 Excel 2021 中，系统为用户推荐了多种图表类型，并可显示对应图表的预览，用户只需要选择一种图表类型，就可以快速完成对图表的创建，具体操作步骤如下。

第1步 打开"素材\ch06\商品销售统计分析图表.xlsx"工作簿，选中数据区域内的任意单元格，单击【插入】选项卡【图表】组中的【推荐的图表】按钮，如下图所示。

这里选择"簇状柱形图"，单击【确定】按钮，如下图所示。

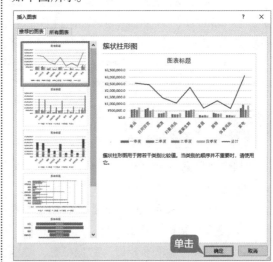

| 提示 |

如果要为部分数据创建图表，则仅选中需要创建图表部分的数据。

第2步 弹出【插入图表】对话框，选择【推荐的图表】选项卡，在左侧的列表中就可以看到系统推荐的图表类型。选择需要的图表类型，

第3步 此时就完成了使用系统推荐的图表快速创建图表的操作，如下图所示。

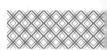

> **提示**
>
> 如果要删除所创建的图表，选中该图表，按【Delete】键即可。

2. 使用功能区创建图表

在 Excel 2021 的功能区中，图表类型集中显示在【插入】选项卡的【图表】组中，方便用户快速创建图表，具体操作步骤如下。

第1步 选中数据区域内的任意单元格，选择【插入】选项卡，在【图表】组中即可看到多个可选择的创建图表的按钮，如下图所示。

第2步 单击【插入】选项卡【图表】组中的【插入柱形图或条形图】按钮，在弹出的下拉列表中选择【二维柱形图】选项区域中的【簇状柱形图】选项，如下图所示。

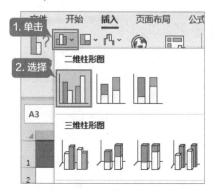

第3步 即可在该工作表中插入一个柱形图，效果如下图所示。

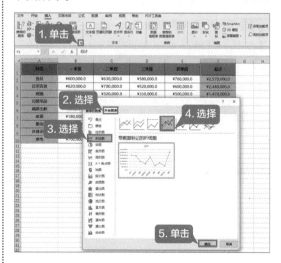

3. 使用图表向导创建图表

使用图表向导也可以创建图表，具体操作步骤如下。

第1步 在打开的素材文件中，选中数据区域的A1:A10、F1:F10 单元格区域，单击【插入】选项卡【图表】组右下角的【查看所有图表】按钮，弹出【插入图表】对话框。选择【所有图表】选项卡中的【折线图】选项，在右侧选择一种折线图类型，单击【确定】按钮，如下图所示。

第2步 即可在 Excel 工作表中创建折线图，效果如下图所示。

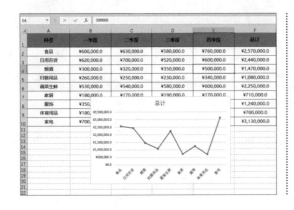

　　除了使用以上3种方法创建图表外，还可以按【Alt+F1】组合键创建嵌入式图表，按【F11】键创建工作表图表。嵌入式图表是与工作表数据在一起或与其他嵌入式图表在一起的图表，而工作表图表是特定的工作表，只包含单独的图表。

6.3　图表的设置和调整

　　在商品销售统计分析表中创建图表后，可以根据需要调整图表的位置和大小，还可以根据需要更改图表的样式及类型。

6.3.1　重点：调整图表的位置和大小

　　创建图表后，如果对图表的位置和大小不满意，可以根据需要进行调整。

1. 调整图表的位置

第1步 选中已创建的图表，将鼠标指针放置在图表上，当鼠标指针变为 形状时，按住鼠标左键进行拖曳，如下图所示。

第2步 拖曳至合适位置后释放鼠标左键，即可完成调整图表位置的操作，如下图所示。

2. 调整图表的大小

　　调整图表大小有两种方法，第1种方法是拖曳鼠标进行调整，第2种方法是精确调整图表的大小。

　　方法1：拖曳鼠标进行调整

第1步 选中已插入的图表，将鼠标指针放置在图表四个角的任意控制点上，例如，这里将鼠标指针放置在图表右上角的控制点上，当鼠标

指针变为 ◢ 形状时，按住鼠标左键进行拖曳，如下图所示。

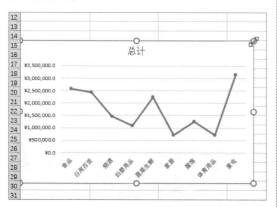

提示

将鼠标指针放置在 4 个角的任意控制点上，可以同时调整图表的宽度和高度；将鼠标指针放置在左右边的任意控制点上，可以调整图表的宽度；将鼠标指针放置在上下边的任意控制点上，可以调整图表的高度。

方法 2：精确调整图表大小

如果要精确地调整图表的大小，可以选中所插入的图表，在【格式】选项卡【大小】组中单击【形状高度】和【形状宽度】微调框后的微调按钮，或者直接在对应的文本框中输入图表的高度值和宽度值，按【Enter】键确认即可，如下图所示。

第 2 步 将图表调整至合适大小后释放鼠标左键，即可完成调整图表大小的操作，如下图所示。

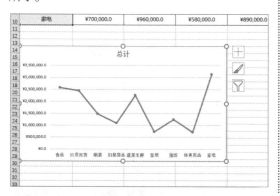

提示

单击【格式】选项卡【大小】组中的【大小和属性】按钮，在打开的【设置图表区格式】任务窗格中选中【大小与属性】选项卡下的【锁定纵横比】复选框，可等比放大或缩小图表。

6.3.2 重点：调整图表布局

创建图表后，可以根据需要调整图表布局，具体操作步骤如下。

第 1 步 选中所创建的图表，单击【图表设计】选项卡【图表布局】组中的【快速布局】下拉按钮，在弹出的下拉列表中选择【布局 7】选项，如下图所示。

第 2 步 即可看到调整图表布局后的效果，如下图所示。

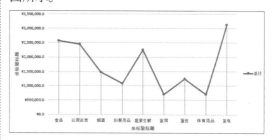

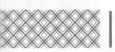

6.3.3 更改图表样式

更改图表样式主要包括更改图表颜色和更改图表样式两个方面的细分内容。更改图表样式的具体操作步骤如下。

第1步 选中图表,单击【图表设计】选项卡【图表样式】组中的【更改颜色】下拉按钮,在弹出的下拉列表中选择【彩色】选项区域中的【彩色调色板 4】选项,如下图所示。

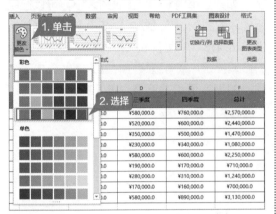

第2步 即可看到更改图表颜色后的效果,如下图所示。

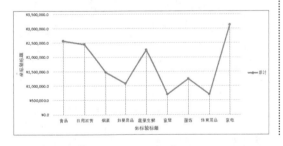

第3步 选中图表,单击【图表设计】选项卡【图表样式】组中的【其他】按钮,在弹出的下拉列表中选择【样式 7】选项,如下图所示。

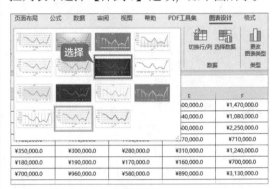

第4步 即可更改图表的样式,效果如下图所示。

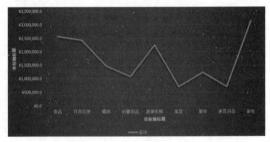

6.3.4 更改图表类型

创建图表后,如果所选择的图表类型不能满足展示数据的需求,还可以更改图表类型,具体操作步骤如下。

第1步 选中图表,单击【图表设计】选项卡【类型】组中的【更改图表类型】按钮,如下图所示。

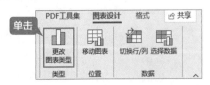

第2步 弹出【更改图表类型】对话框,选择所希望呈现的图表类型,这里在左侧列表中选择【柱形图】选项,在右侧预览区域中选择【簇状柱形图】类型,单击【确定】按钮,如下图所示。

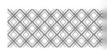

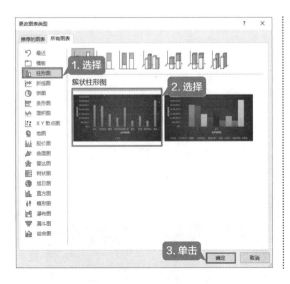

第3步 即可以看到将折线图更改为簇状柱形图后的效果，如下图所示。

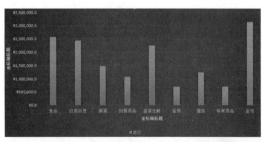

6.4 添加图表元素

创建图表后，可以在图表中添加坐标轴、轴标题、图表标题、数据标签、数据表、网格线和图例等元素。

6.4.1 图表的组成

图表主要由图表区和绘图区组成，其中又包括标题、数据系列、坐标轴、图例、运算表和背景等图表元素。

1. 图表区

整个图表及图表中的数据统称为图表区。在图表区中，当鼠标指针停留在图表元素上时，指针旁会显示对应元素的名称，从而方便用户查找图表元素。图表区如下图所示。

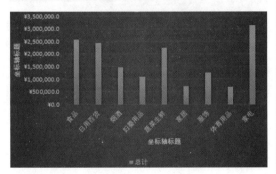

2. 绘图区

绘图区主要显示图表中的数据，图表中数据随着工作表中数据的更新而更新。绘图区如下图所示。

6.4.2　重点：添加图表标题

在图表中添加标题可以直观地反映图表的内容。添加图表标题的具体操作步骤如下。

第1步 选中美化后的图表，单击【图表设计】选项卡【图表布局】组中的【添加图表元素】下拉按钮，在弹出的下拉列表中选择【图表标题】→【图表上方】选项，如下图所示。

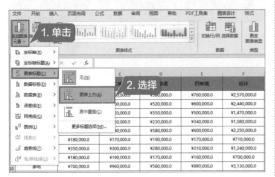

| 提示 |

本案例中已经添加了图表标题，可根据需要直接在图表标题文本框中进行修改。

第2步 在图表标题文本框中输入"商品销售统计分析表"文本，就完成了对图表标题的添加，如下图所示。

第3步 选中已添加的图表标题，单击【格式】选项卡【艺术字样式】组中的【其他】按钮，在弹出的下拉列表中选择一种艺术字样式，如下图所示。

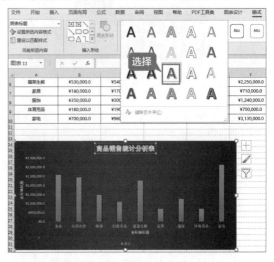

第4步 单击【格式】选项卡【艺术字样式】组中的【文本效果】按钮，在弹出的下拉列表中选择【阴影】→【无阴影】选项，如下图所示。

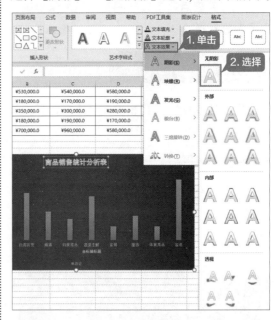

第5步 在【开始】选项卡【字体】组中设置图表标题的【字体】为"等线"，【字号】为"14"，并添加"加粗"效果，如下图所示。

即可完成对图表标题的设置，最终效果如下图所示。

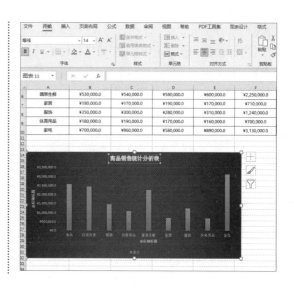

6.4.3 重点：添加数据标签

添加数据标签后可以直接读出柱形条对应的数值。添加数据标签的具体操作步骤如下。

第1步 选中图表，单击【图表设计】选项卡【图表布局】组中的【添加图表元素】按钮，在弹出的下拉列表中选择【数据标签】→【数据标签外】选项，如下图所示。

第2步 即可在图表中添加数据标签。由于数字位数过多，添加的数据标签显得有些拥挤，如下图所示。

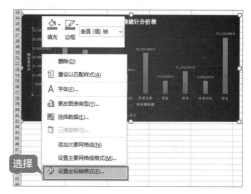

第3步 选中图表中的"垂直轴"并单击鼠标右键，在弹出的快捷菜单中选择【设置坐标轴格式】选项，如下图所示。

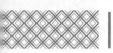

第4步 弹出【设置坐标轴格式】任务窗格，选择【坐标轴选项】选项卡，在【坐标轴选项】选项区域中单击【显示单位】右侧的下拉按钮，在弹出的下拉列表中选择【千】单位，如下图所示。

第5步 选中【在图表上显示单位标签】复选框，如下图所示。

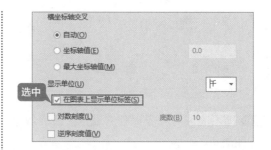

第6步 即可看到所设置的标签效果，如下图所示。

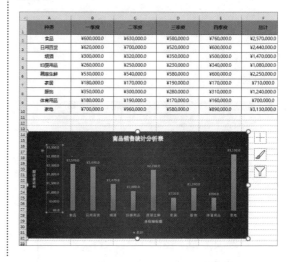

6.4.4 重点：添加数据表

数据表是反映图表中源数据的表格，默认情况下，图表中不显示数据表。添加数据表的具体操作步骤如下。

第1步 选中图表，单击【图表设计】选项卡【图表布局】组中的【添加图表元素】按钮，在弹出的下拉列表中选择【数据表】→【显示图例项标示】选项，如下图所示。

第2步 即可在图表中添加数据表。随后，适当调整图表的宽度，完成调整后的效果如下图所示。

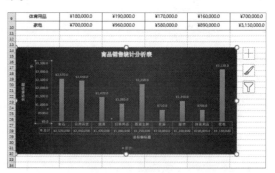

6.4.5　设置网格线

在图表中，可以根据需要设置图表的网格线。本案例的图表中已经添加了网格线，那么，如何将图表中的网格线取消呢？具体操作步骤如下。

第1步 选中图表，单击【图表设计】选项卡【图表布局】组中的【添加图表元素】按钮，在弹出的下拉列表中选择【网格线】选项，在弹出的列表中可以看到【主轴主要水平网格线】处于选中状态，单击被选中的【主轴主要水平网格线】选项，如下图所示。

第2步 即可将"主轴主要水平网格线"取消，效果如下图所示。

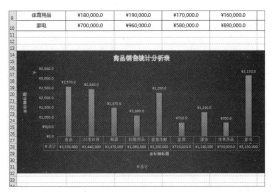

6.4.6　设置图例显示位置

图例可以显示在图表区的右侧、顶部、左侧或底部，为了使图表的布局更加合理，可以根据需要更改图例的显示位置。设置图例显示在图表区顶部的具体操作步骤如下。

第1步 选中图表，单击【图表设计】选项卡【图表布局】组中的【添加图表元素】按钮，在弹出的下拉列表中选择【图例】→【顶部】选项，如下图所示。

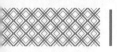

第2步 即可将图例显示在图表区顶部，效果如
下图所示。

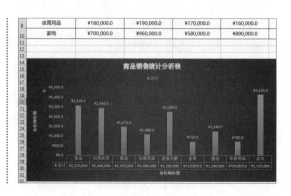

 6.5 为各产品销售情况创建迷你图

迷你图是一种小型图表，可以放在工作表内的单个单元格中。由于其尺寸已经经过压缩，因此，迷你图能够以简明且非常直观的方式显示大量数据集所反映的情况。使用迷你图可以显示一系列数值的趋势，如季节性增长或降低、经济周期性变化，也可以突出显示一系列数值中的最大值和最小值。将迷你图放在它所对应的数据附近时，会产生最大的效果。若要创建迷你图，必须先选择要分析的数据区域，然后选择要放置迷你图的位置。为各产品销售情况创建迷你图的具体操作步骤如下。

第1步 选中 G2 单元格，单击【插入】选项卡【迷你图】组中的【折线】按钮，如下图所示。

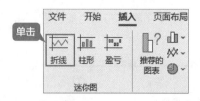

第2步 弹出【创建迷你图】对话框，单击【选择所需的数据】选项区域中【数据范围】右侧的按钮，如下图所示。

第3步 选中 B2:E2 单元格区域，随后单击按钮，如下图所示。

第4步 返回【创建迷你图】对话框，单击【确定】按钮，如下图所示。

第5步 即可完成对"食品"各季度销售情况迷你图的创建，如下图所示。

第 6 步 将鼠标指针放在 G2 单元格右下角的填充柄上，按住鼠标左键，向下填充至 G10 单元格，即可完成对所有产品各季度销售迷你图的创建，如下图所示。

第 7 步 选中 G2:G10 单元格区域，选择【迷你图】选项卡，还可以根据需要设置迷你图的样式，如这里选中【显示】组中的【高点】复选框，在【样式】组中选择【褐色，迷你图样式着色 2，深色 50%】选项，如下图所示。

第 8 步 完成设置后的效果如下图所示。

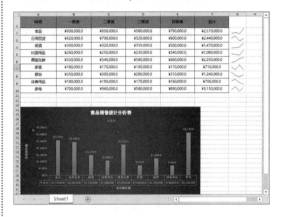

第 9 步 至此，就完成了对商品销售统计分析图表的制作。按【Ctrl+S】组合键，即可保存制作完成的工作簿文件，如下图所示。

制作项目预算分析图表

与商品销售统计分析图表类似的文档还有项目预算分析图表、年产量统计图表、货物库存分析图表、成绩统计分析图表等。制作这类文档时，都要求做到数据格式统一，并且选择合适的图表类型，以便准确表达要传递的信息。下面就以制作项目预算分析图表为例进行介绍。

第 1 步 创建图表。打开"素材 \ch06\ 项目预算表 .xlsx"文档，创建堆积柱形图图表，完成创建后的效果如下图所示。

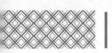

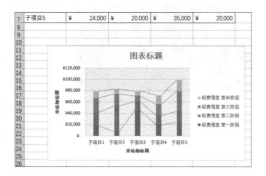

第2步 设置并调整图表。根据需要，调整图表的大小和位置，并更改图表的布局和样式，最后，根据需要美化图表，完成设置后的效果如下图所示。

第3步 添加及设置图表元素。更改图表标题、添加数据标签及数据表、调整图例的位置，完成

成设置后的效果如下图所示。

第4步 创建迷你图。为每个子项目的每个阶段经费预算创建迷你图，完成创建后的效果如下图所示。

---

1. 分离饼图的制作技巧

在 Excel 中，创建的饼状图可以转换为分离饼图，具体操作步骤如下。

第1步 打开"素材 \ch06\ 产品销售统计分析图表 .xlsx"文档，选中 A3:B9 单元格区域，创建一个三维饼图，完成创建后的三维饼图如下图所示。

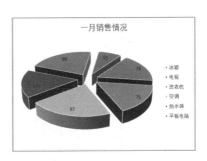

第2步 选中饼图中的数据系列并单击鼠标右键，在弹出的快捷菜单中选择【设置数据系列格式】选项，如下图所示。

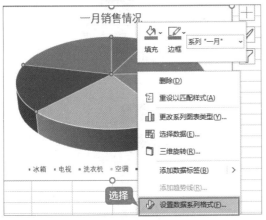

第3步 弹出【设置数据系列格式】任务窗格，选择【系列选项】选项卡，在【系列选项】选项区域中的【第一扇区起始角度】文本框中输入"9°"，【饼图分离】文本框中输入"19%"，单击【关闭】按钮，如下图所示。

第4步 即可完成对饼图的分离操作，然后根据需要设置饼图样式，完成设置后的效果如下图所示。

2. 新功能：制作精美的流程图

Visio 是 Office 系列软件中负责绘制流程图和示意图的软件，可以将复杂信息、系统、流程进行可视化处理、分析和交流。在 Excel 2021 中，可以制作精美的 Visio 图表，如基本流程图、跨职能流程图和组织结构图等。

第1步 单击【插入】选项卡【加载项】组中的【Visio Data Visualizer】按钮，如下图所示。

第2步 弹出【Microsoft Visio Data Visualizer】对话框，单击【信任此加载项】按钮，并在【Data Visualizer】界面单击【继续但不登录（预览）】选项，如下图所示。

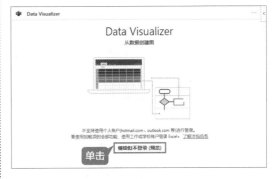

第3步 选择【基本流程图】选项，随后在右侧选择【垂直】选项，单击【创建】按钮，如下图所示。

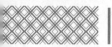
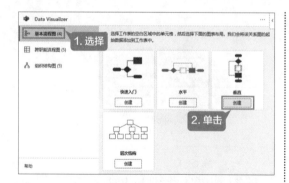

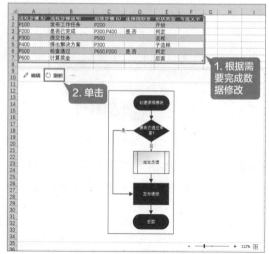

第4步 完成对 Visio 图的创建，如下图所示。

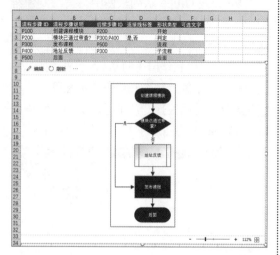

第6步 完成对 Visio 图的制作，如下图所示。

第5步 根据需要修改数据后单击【刷新】按钮，如下图所示。

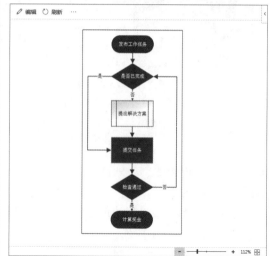

第 7 章

中级数据处理与分析——
数据透视表和数据透视图

⊜ 本章导读

数据透视可以将筛选、排序、分类汇总等操作依次完成，并生成汇总表格，对数据的处理与分析有很大的帮助。熟练掌握对数据透视表和数据透视图的运用，可以大大提高处理大量数据的效率。本章以制作公司财务分析透视报表为例，介绍数据透视表和数据透视图的使用。

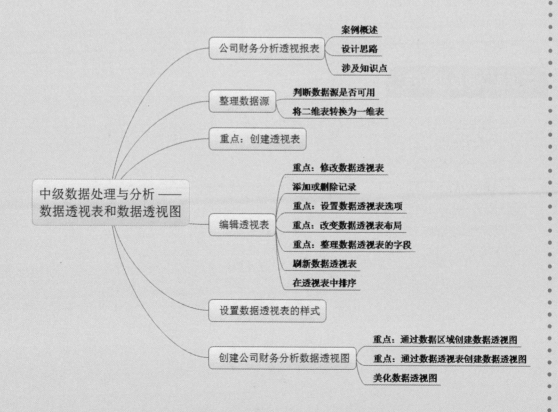

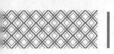

 7.1 公司财务分析透视报表

公司财务情况报表是公司一段时间内资金和利润情况的明细表。通过对公司财务情况报表的分析，管理者可以对公司的偿债能力、盈利能力、运营状况等加以判断，找到公司运营过程中的不足，并采取相应的措施进行改善，提高管理水平。

7.1.1 案例概述

由于公司财务情况报表中的数据类目比较多，且数据比较繁杂，因此直接观察很难发现其中的规律和变化趋势。使用数据透视表和数据透视图，可以将数据按一定规律进行整理汇总，更直观地展现数据的变化情况。

7.1.2 设计思路

制作公司财务分析透视报表时可以按以下思路进行。

① 对数据源进行整理，使其符合创建数据透视表及数据透视图的条件。

② 创建数据透视表，对数据进行初步整理汇总。

③ 编辑数据透视表，对数据进行完善和更新。

④ 设置数据透视表格式，对数据透视表进行美化。

⑤ 创建数据透视图，对数据进行直观展示。

⑥ 使用切片工具对数据进行筛选分析。

7.1.3 涉及知识点

本案例主要涉及以下知识点。

① 整理数据源。

② 创建数据透视表。

③ 编辑数据透视表。

④ 设置数据透视表格式。

⑤ 创建和编辑数据透视图。

⑥ 使用切片工具。

7.2 整理数据源

数据透视表对数据源有一定的要求，因此，创建数据透视表之前需要对数据源进行整理，使其符合创建数据透视表的条件。

7.2.1 判断数据源是否可用

创建数据透视表之前，首先要判断数据源是否可用。在 Excel 2021 中，用户可以在以下 4 种类型的数据源中创建数据透视表。

① Excel 数据列表。Excel 数据列表是最常用的数据源。如果以 Excel 数据列表作为数据源，则标题行不能有空白单元格或经过合并的单元格，否则不能生成数据透视表，生成过程中会出现如下图所示的错误提示。

② 外部数据源。文本文件、Microsoft SQL Server 数据库、Microsoft Access 数据库、dBASE 数据库等均可作为数据源。Excel 2000 及以上版本还可以利用 Microsoft OLAP 多维数据集创建数据透视表。

③ 多个独立的 Excel 数据列表。数据透视表可以将多个独立的 Excel 表格中的数据汇总到一起。

④ 其他数据透视表。创建完成的数据透视表也可以作为数据源来创建另一个数据透视表。

在实际工作中，用户的数据往往是以二维表格的形式存在的，如下图所示。

	A	B	C	D	E
1		东北	华中	西北	西南
2	第一季度	1200	1100	1300	1500
3	第二季度	1000	1500	1500	1400
4	第三季度	1500	1300	1200	1800
5	第四季度	2000	1400	1300	1600

这样的数据表无法作为数据源创建理想的数据透视表。

只有把二维的数据表格转换为如下图所示的一维表格，才能作为数据透视表的理想数据源。

	A	B	C
1	地区	季度	销量
2	东北	第一季度	1000
3	华中	第二季度	1500
4	西北	第三季度	1500
5	西南	第四季度	1400
6	东北	第一季度	1000
7	华中	第二季度	1500
8	西北	第三季度	1500
9	西南	第四季度	1400
10	东北	第一季度	1000
11	华中	第二季度	1500
12	西北	第三季度	1500
13	西南	第四季度	1400
14	东北	第一季度	1000
15	华中	第二季度	1500
16	西北	第三季度	1500
17	西南	第四季度	1400

前文所说的 Excel 数据列表就是指这种以一维表格形式存在的数据表格。

7.2.2 将二维表转换为一维表

将二维表转换为一维表的具体操作步骤如下。

第1步 打开"素材 \ch07\ 公司财务分析透视报表 .xlsx"工作簿，选中 A1:E8 单元格区域，单击【数据】选项卡【获取和转换数据】组中的【来自表格/区域】按钮，如下图所示。

第2步 弹出【创建表】对话框，单击【确定】按钮，如下图所示。

第3步 弹出【表 1-Power Query 编辑器】窗口，单击【转换】选项卡【任意列】组中的【逆透视列】下拉按钮，在弹出的下拉列表中选择【逆透视其他列】选项，如下图所示。

第4步 即可看到转换后的效果。单击【主页】选项卡【关闭】组中的【关闭并上载】按钮，如下图所示。

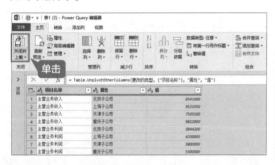

第5步 即可新建工作表并且将原二维表转换为一维表，完成转换后的效果如下图所示。

第6步 选中新建表中的 B2 单元格，单击【表设计】选项卡【工具】组中的【转换为区域】按钮，如下图所示。

第7步 在弹出的提示框中单击【确定】按钮，如下图所示。

第8步 即可将二维数据表转换为一维数据表。根据需要对表格进行美化和完善后，最终效果如下图所示。

7.3 重点：创建透视表

当数据源工作表符合创建数据透视表的要求时，即可创建透视表，以便更好地对公司财务情况报表进行处理与分析，具体操作步骤如下。

第1步 选中一维数据表数据区域中的任意单元格，单击【插入】选项卡【表格】组中的【数据透视表】按钮，如下图所示。

第2步 弹出【创建数据透视表】对话框，选中【请选择要分析的数据】选项区域中的【选择一个表或区域】单选按钮，单击【表/区域】文本框右侧的【折叠】按钮，如下图所示。

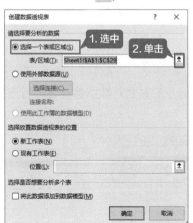

第3步 在工作表中选中 A1:C29 数据区域，随后单击【展开】按钮，如下图所示。

第4步 选中【选择放置数据透视表的位置】选项区域中的【现有工作表】单选按钮，单击【位置】文本框右侧的【折叠】按钮，如下图所示。

第5步 在工作表中选中E3单元格，随后单击【展开】按钮，返回【创建数据透视表】对话框，单击【确定】按钮，如下图所示。

第6步 即可创建数据透视表，如下图所示。

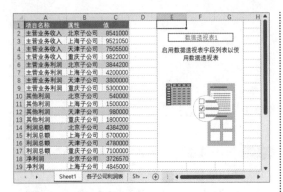

第7步 在B1单元格中输入"子公司"，在C1单元格中输入"金额"。随后，在界面右侧的【数据透视表字段】任务窗格中将【项目名称】字段拖至【列】区域中，将【子公司】字段拖至【行】区域中，将【金额】字段拖至【值】区域中，如下图所示。

第8步 即可生成数据透视表，效果如下图所示。

7.4 编辑透视表

数据透视表创建完成之后，当需要添加或删除数据，以及需要对数据进行更新时，可以对透视表进行编辑。

7.4.1 重点：修改数据透视表

如果需要给数据透视表添加字段，可以使用更改数据源的方式对数据透视表进行修改，具体操作步骤如下。

第1步 选中D1单元格，输入"核对人员"文本，并在下方输入各项目对应的核对人姓名，完成输入后的效果如下图所示。

第 2 步 选中数据透视表，单击【数据透视表分析】选项卡【数据】组中的【更改数据源】按钮，如下图所示。

第 3 步 弹出【更改数据透视表数据源】对话框，选中【请选择要分析的数据】选项区域中的【选择一个表或区域】，随后单击【表/区域】文本框右侧的【折叠】按钮，如下图所示。

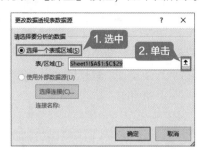

第 4 步 选中 A1:D29 单元格区域，单击【展开】按钮，如下图所示。

第 5 步 返回【移动数据透视表】对话框，单击【确定】按钮，如下图所示。

第 6 步 即可将【核对人员】字段添加在字段列表中，随后，将【核对人员】字段拖至【筛选】区域，如下图所示。

第 7 步 即可在数据透视表中看到相应的变化，如下图所示。

7.4.2 添加或删除记录

如果工作表中的数据发生了变化，就需要对数据透视表进行相应的修改，具体操作步骤如下。

第 1 步 选中一维表中第 18 行和第 19 行的单元格区域，如下图所示。

第2步 单击鼠标右键，在弹出的快捷菜单中选择【插入】选项，即可在之前选中的单元格区域上方插入空白行，完成插入后的效果如下图所示。

第3步 在新插入的单元格中输入相关内容，完成输入后的效果如下图所示。

第4步 选中数据透视表，单击【数据透视表分析】选项卡【数据】组中的【刷新】按钮，如下图所示。

第5步 即可在数据透视表中加入新添加的数据，效果如下图所示。

第6步 将新插入的数据从一维表中删除，再次单击【刷新】按钮，数据即会从数据透视表中消失，如下图所示。

7.4.3 重点：设置数据透视表选项

在 Excel 中，可以对所创建的数据透视表的外观进行设置，具体操作步骤如下。

第1步 选中数据透视表，选中【设计】选项卡【数据透视表样式选项】组中的【镶边行】和【镶边列】复选框，如下图所示。

第2步 即可在数据透视表中加入镶边行和镶边列，效果如下图所示。

第3步 选中数据透视表，单击【数据透视表分析】选项卡【数据透视表】组中的【选项】按钮，如下图所示。

第4步 弹出【数据透视表选项】对话框，选择【数据】选项卡，选中【数据透视表数据】选项区

域中的【打开文件时刷新数据】复选框，单击【确定】按钮，如下图所示。再次打开文件时，透视表中的数据会自动刷新。

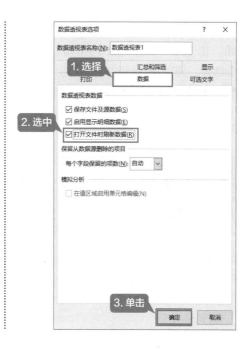

7.4.4 重点：改变数据透视表布局

在完成数据透视表的创建后，用户还可以根据需要对透视表的布局进行调整，以符合操作习惯。

第1步 选中数据透视表中的任意单元格，单击【设计】选项卡【布局】组中的【报表布局】按钮，在弹出的下拉列表中选择【以表格形式显示】选项，如下图所示。

第2步 即可将透视表以表格形式显示，如行标签和列标签分别变成了"子公司"和"项目名称"，如下图所示。

第3步 单击【设计】选项卡【布局】组中的【总计】按钮，在弹出的下拉列表中选择【对行和列禁用】选项，如下图所示。

第4步 即可将透视表中的"总计"项隐藏，如下图所示。

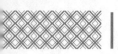

第5步 单击【设计】选项卡【布局】组中的【总计】按钮，在弹出的下拉列表中选择【对行和列启用】选项，即可恢复行和列的"总计"项，完成设置后的效果如下图所示。

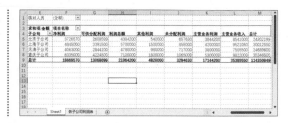

7.4.5 重点：整理数据透视表的字段

在统计和分析的过程中，可以通过整理数据透视表中的字段，分别对各字段进行统计分析，具体操作步骤如下。

第1步 在数据透视表中单击鼠标右键，在弹出的选项中选择【显示字段列表】选项，打开【数据透视表字段】任务窗格，取消选中【子公司】复选框，如下图所示。

第2步 数据透视表即会相应地发生改变，效果如下图所示。

第3步 在【数据透视表字段】任务窗格中取消选中【项目名称】复选框，该字段也将从数据透视表中消失，效果如下图所示。

第4步 在【数据透视表字段】任务窗格中将【子公司】字段拖至【列】区域中，将【项目名称】字段拖至【行】区域中，如下图所示。

第5步 即可将原数据透视表中的行和列进行互换，效果如下图所示。

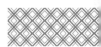

7.4.6 刷新数据透视表

如果数据源工作表中的数据发生变化，可以使用刷新功能刷新数据透视表，具体操作步骤如下。

第1步 选中 C8 单元格，将单元格中的数值更改为"5662000"，如下图所示。

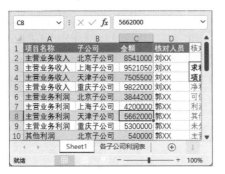

第2步 选中数据透视表，单击【数据透视表分析】选项卡【数据】组中的【刷新】按钮，如下图所示。

第3步 数据透视表即可相应地发生改变，效果如下图所示。

第4步 将 C8 单元格中的数值改为"3800000"，单击【数据透视表分析】选项卡【数据】组中的【刷新】按钮，数据透视表中的相应数据即会恢复至"3800000"，效果如下图所示。

7.4.7 在透视表中排序

如果需要对数据透视表中的数据进行排序，具体操作步骤如下。

第1步 单击 E4 单元格内【项目名称】右侧的下拉按钮，在弹出的下拉列表中选择【降序】选项，如下图所示。

第2步 即可看到根据"项目名称"降序显示后的数据，如下图所示。

第3步 按【Ctrl+Z】组合键撤销上一步操作，随后选中数据透视表数据区域中"北京子公司"

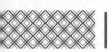
下的任意单元格，单击【数据】选项卡【排序和筛选】组中的【升序】按钮 ，如下图所示。

对数据进行排序分析后，可以按【Ctrl+Z】组合键撤销上一步操作，效果如下图所示。

第 4 步 即可将数据以"北京子公司"数据为标准进行升序排列，效果如下图所示。

7.5 设置数据透视表的样式

对数据透视表进行样式设置，可以使数据透视表更加清晰美观，增加数据透视表的易读性。

第 1 步 选中数据透视表内的任意单元格，单击【设计】选项卡【数据透视表样式】组中的【其他】按钮 ，在弹出的下拉列表中选择一种样式，如这里选择【浅色】选项区域中的【浅橙色，数据透视表样式浅色 10】样式，如下图所示。

| 提示 |

用户还可以单击【新建数据透视表样式】选项，为数据透视表自定义样式。

第 2 步 即可对数据透视表应用该样式，效果如下图所示。

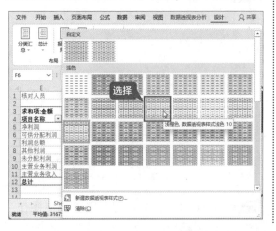

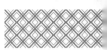

7.6 创建公司财务分析数据透视图

与数据透视表不同，数据透视图可以更直观地展示数据的对比和变化，用户也更容易从数据透视图中找到数据的变化规律和趋势。

7.6.1 重点：通过数据区域创建数据透视图

数据透视图可以通过数据源工作表进行创建，具体操作步骤如下。

第1步 选中工作表中的 A1:D29 单元格区域，单击【插入】选项卡【图表】组中的【数据透视图】按钮，如下图所示。

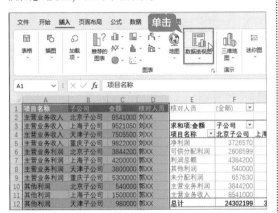

第2步 弹出【创建数据透视图】对话框，选中【选择放置数据透视图的位置】选项区域中的【现有工作表】单选按钮，随后单击【位置】文本框右侧的【折叠】按钮↑，如下图所示。

第3步 在工作表中选中需要放置数据透视图的位置后，单击【展开】按钮圐，如下图所示。

第4步 返回【创建数据透视图】对话框，单击【确定】按钮，如下图所示。

第5步 即可在工作表中插入数据透视图，效果如下图所示。

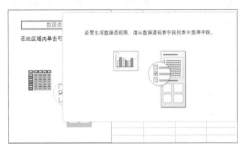

第6步 在界面右侧的【数据透视图字段】任务窗格中，将【项目名称】字段拖至【图例（系

列）】区域，将【子公司】字段拖至【轴（类别）】区域，将【金额】字段拖至【值】区域，将【核对人员】字段拖至【筛选】区域，如下图所示。

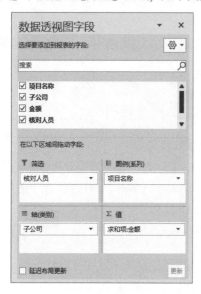

第7步 即可生成数据透视图，效果如下图所示。

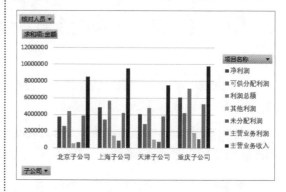

| 提示 |

创建数据透视图时，不能使用XY散点图、气泡图和股价图等图表类型。

7.6.2 重点：通过数据透视表创建数据透视图

除了可以使用数据源工作表创建数据透视图外，还可以使用数据透视表创建数据透视图，具体操作步骤如下。

第1步 选中数据透视表数据区域中的任意单元格，单击【数据透视表分析】选项卡【工具】组中的【数据透视图】按钮，如下图所示。

第2步 弹出【插入图表】对话框，在左侧列表中选择【柱形图】选项，再在右侧选择一种图表样式，单击【确定】按钮，如下图所示。

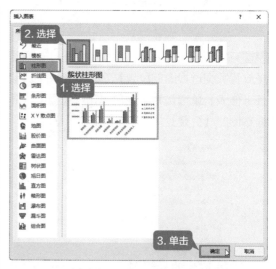

第3步 即可在工作表中插入数据透视图，效果如下图所示。

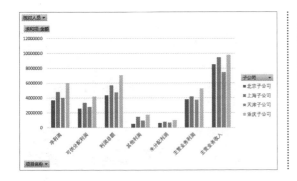

> **|提示|**
>
> 若要删除数据透视图，先选中数据透视图，再按【Delete】键，即可将其删除。

7.6.3 美化数据透视图

插入数据透视图之后，可以对数据透视图进行美化，具体操作步骤如下。

第1步 选中所创建的数据透视图，单击【设计】选项卡【图表样式】组中的【更改颜色】按钮，在弹出的下拉列表中选择一种颜色组合，这里选择【彩色】选项区域中的【彩色调色板3】选项，如下图所示。

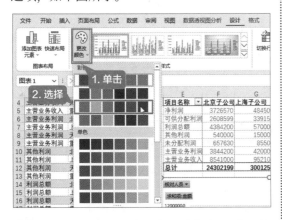

第2步 即可为数据透视图应用该颜色组合，效果如下图所示。

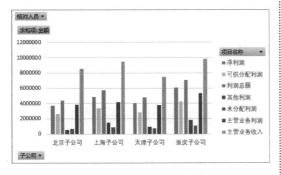

第3步 单击【设计】选项卡【图表样式】组中

的【其他】按钮，在弹出的下拉列表中选择一种图表样式，这里选择【样式8】选项，如下图所示。

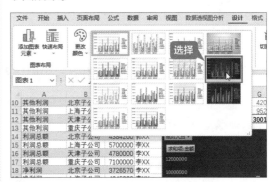

第4步 即可为数据透视图应用所选样式，效果如下图所示。

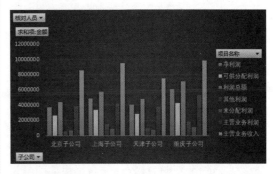

第5步 单击【设计】选项卡【图表布局】组中的【添加图表元素】按钮，在弹出的下拉列表中选择【图表标题】→【图表上方】选项，如下图所示。

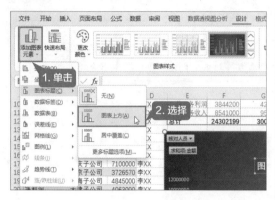

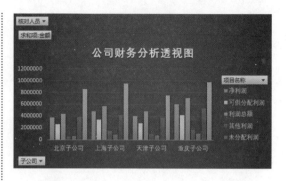

第6步 即可在数据透视图中添加图表标题。将图表标题更改为"公司财务分析透视图"，效果如下图所示。

> **提示**
>
> 对数据透视图外观的设置应以易读为前提，然后在不影响数据读取与分析的前提下对图表进行美化。

制作销售业绩透视图表

制作销售业绩透视图表可以更好地对销售业绩数据进行分析，找到在普通数据表中难以发现的规律，为以后销售策略的确定提供参考性意见。制作销售业绩透视图表可以按照以下思路进行。

第1步 创建销售业绩透视表。根据销售业绩表创建销售业绩透视表，完成创建后的效果如下图所示。

第2步 设置数据透视表的格式。根据需要对数据透视表的格式进行设置，使表格更加清晰易读，完成设置后的效果如下图所示。

第3步 插入数据透视图。在工作表中插入销售业绩透视图，以便更好地对各部门及其各产品的销售业绩进行分析，数据透视图如下图所示。

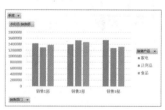

第4步 美化数据透视图。对数据透视图进行美化操作，使数据透视图更加美观清晰，完成美化后的效果如下图所示。

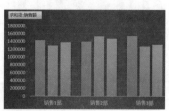

1. 将数据透视图转换为图片形式

使用下面的方法，可以将数据透视图转换为图片形式进行保存，具体操作步骤如下。

第1步 打开"素材 \ch07\ 采购数据透视图 .xlsx"工作簿，选中工作簿中的数据透视图，按【Ctrl+C】组合键进行复制，数据透视图如下图所示。

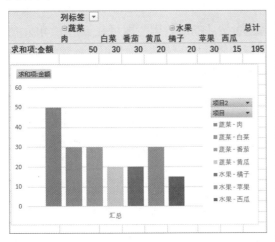

第2步 打开【画图】软件，按【Ctrl+V】组合键将图表粘贴在绘图区域，如下图所示。

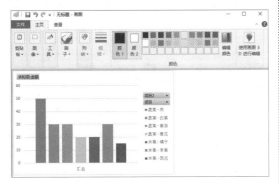

第3步 选择【文件】选项卡下的【另存为】→【JPEG 图片】选项，如下图所示。

第4步 弹出【保存为】对话框，在【文件名】文本框内输入文件名称，选择保存位置，随后单击【保存】按钮即可，如下图所示。

| 提示 |

除以上方法外，还可以使用选择性粘贴功能将图表以图片形式粘贴在 Excel、PPT 和 Word 中。

2. 新功能：在 Excel 中使用动态数组

说到数组，很多用户会觉得麻烦，因为凡是用到数组的地方，公式都相对比较复杂，并且还需要按【Ctrl+Shift+Enter】组合键等诸多操作。但 Excel 2021 提供了动态数组功能，

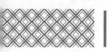

仅按【Enter】键即可完成公式输入。

比如，我们准备做如下操作：在一列数中判断数的大小，如果大于等于60，返回这个数，否则返回0。

使用 Excel 早期版本中的数组功能实现该操作的具体步骤如下。

第1步 选中 C2:C12 单元格区域，在编辑栏中输入公式"=IF(A2:A12>=60,A2:A12,0)"，如下图所示。

第2步 按【Ctrl+Shift+Enter】组合键，即可在 C2:C12 单元格区域显示计算结果。可以看到，编辑栏中的公式前后会自动增加大括号"{}"，如下图所示。

在使用数组公式的过程中，需要注意三个问题，一是在输入公式前，必须先确定范围，即圈定与返回数组区域一样大小的区域；二是必须按【Ctrl+Shift+Enter】组合键输入公式；三是如果要删除或修改公式，必须选中整个结果区域一起操作。

在 Excel 2021 中，使用动态数组则可以自动计算所需的单元格区域，并将结果自动扩展至合适的区域，具体操作步骤如下。

第1步 选中 E2 单元格区域，在编辑栏中输入公式"=IF(A2:A12>=60,A2:A12,0)"，如下图所示。

第2步 按【Enter】键，即可在 E2:E12 单元格区域内显示计算结果，而且可以看到，编辑栏中的公式前后不会增加大括号"{}"，如下图所示。

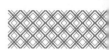

通过"第 2 步"内的两张截图可以看到，整个动态数组返回的区域被加上了一个蓝色边框，说明它们是一个整体。并且，E2 单元格中的公式在编辑栏中显示为黑色，可被编辑，而 E3:E12 单元格区域中的公式在编辑栏中显示为灰色，不可被编辑。

第 3 步 在 A1 单元格中输入"成绩"，选中 A1:A12 单元格区域，单击【插入】选项卡【表格】组中的【表格】按钮，如下图所示。

第 4 步 弹出【创建表】对话框，单击【确定】按钮，如下图所示。

第 5 步 此时，可以将 A1:A12 单元格区域转变为超级表。在 A13 单元格中输入"85"，可以看到 E 列的数组会动态扩充，如下图所示。

	A	B	C	D	E	F
	成绩 ▼		数组		动态数组	
1						
2	98		98		98	
3	86		86		86	
4	54		0		0	
5	48		0		0	
6	68		68		68	
7	72		72		72	
8	36		0		0	
9	24		0		0	
10	48		0		0	
11	59		0		0	
12	60		60		60	
13	85				85	
14						
15						

如果自动扩展区域内的单元格被占用，则会返回"#SPILL!"错误。在超级表中使用动态数组公式，同样会返回"#SPILL!"错误。

第8章

高级数据处理与分析——公式和函数的应用

本章导读

公式和函数功能是 Excel 的重要组成部分，有着强大的计算能力，为用户处理和分析工作表中的数据提供了很大的方便。使用公式和函数功能可以节省处理数据的时间，降低在处理大量数据时的出错率。本章通过制作企业员工工资明细表来学习公式和函数的输入和使用。

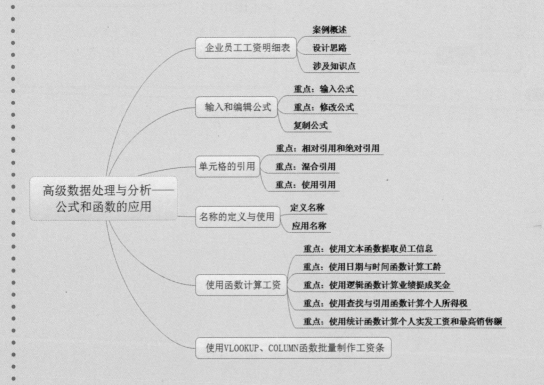

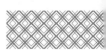

8.1 企业员工工资明细表

企业员工工资明细表是最常见的工作表类型之一。工资明细表作为企业员工工资发放的凭证，是由各类型工资数据汇总而成的，涉及众多函数的使用。了解各种函数的性质和用法，对处理数据有很大帮助。

8.1.1 案例概述

企业员工工资明细表由工资表、员工基本信息表、销售奖金表、业绩奖金标准和税率表等工作表组成，每个工作表中的数据都需要经过大量的运算，各个工作表之间也需要使用函数相互调用，最后由各个工作表共同组成一个企业员工工资明细工作簿。通过制作企业员工工资明细表，可以学习各种函数的使用方法。

8.1.2 设计思路

企业员工工资明细表由工资表、员工基本信息表等基本表格组成。其中，工资表记录着员工每项工资的金额和总的工资金额，员工基本信息表记录着员工的工龄等基本情况。由于工作表之间存在调用关系，因此需要制作者厘清工作表的制作顺序，设计思路如下。

① 完善员工基本信息，计算出五险一金的缴纳金额。

② 计算员工工龄，得出员工工龄工资。

③ 根据奖金发放标准计算员工奖金金额。

④ 汇总得出应发工资金额，并计算出个人所得税缴纳金额。

⑤ 汇总各项工资金额，得出实发工资金额，生成工资条。

8.1.3 涉及知识点

本案例主要涉及以下知识点。

① VLOOKUP、COLUMN 函数的使用。

② 输入、复制和修改公式。

③ 单元格的引用。

④ 名称的定义和使用。

⑤ 文本函数的使用。

⑥ 日期与时间函数的使用。

⑦ 逻辑函数的使用。

⑧ 统计函数的使用。

⑨ 查找和引用函数的使用。

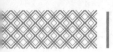

8.2 输入和编辑公式

输入公式是使用函数的第一步，在制作企业员工工资明细表的过程中，所使用函数的种类多种多样，公式输入方法也可以根据需要进行调整。

打开"素材\ch08\企业员工工资明细表 .xlsx"工作簿，可以看到该工作簿中包含五个工作表，通过单击工作簿底部的工作表标签可以进行切换，如下图所示。

"销售奖金表"工作表：员工业绩的统计表，记录着员工的基本信息和业绩情况，统计每位员工应得奖金的比例和金额。此外，还需统计出最高销售额和该销售额对应的员工，如下图所示。

"工资表"工作表：企业员工工资的最终汇总表，主要记录员工基本信息和各个部分的工资构成，如下图所示。

"业绩奖金标准"工作表：记录各个层级的销售额与应发放奖金比例的对应关系的表格，是统计奖金金额的依据，如下图所示。

"员工基本信息"工作表：主要记录员工的员工编号、员工姓名、入职日期、基本工资和五险一金的应缴金额等信息，如下图所示。

"个人所得税表"工作表：在"个人所得税表"中，已经算出了个人当月（11月）应缴的个人所得税额度，如下图所示。

8.2.1 重点: 输入公式

在 Excel 中输入公式的方法很多, 可以根据需要进行选择, 做到准确、快速输入即可。

1. 公式的输入方法

在 Excel 中, 输入公式的方法可以分为手动输入和单击输入。

方法 1: 手动输入

选择"员工基本信息"工作表, 在选中的单元格中输入"=11+4", 公式会同时出现在单元格和编辑栏中, 如下图所示。

按【Enter】键即可确认输入, 并计算出运算结果, 如下图所示。

提示

公式中的各种符号一般都要求在输入法的英文状态下输入。

方法 2: 单击输入

在需要输入的公式涉及大量单元格时, 单击输入可以节省很多时间, 且不容易出错。下面以输入公式"=D3+D4"为例来进行说明。具体操作步骤如下。

第1步 选择"员工基本信息"工作表, 选中 G4 单元格, 输入"=", 如下图所示。

第2步 单击 D3 单元格, 单元格周围会出现活动的虚线框, 同时编辑栏中的"="后会显示"D3", 表示该单元格已被引用, 如下图所示。

第3步 输入加号"+", 单击单元格 D4, 单元格 D4 也被引用, 如下图所示。

第4步 按【Enter】键确认, 即可完成公式的输入并得出计算结果, 效果如下图所示。

2. 在企业员工工资明细表中输入公式

第1步 选择"员工基本信息"工作表, 选中 E2 单元格, 在单元格中输入公式"=D2*10%",

如下图所示。

	A	B	C	D	E
	员工编号	员工姓名	入职日期	基本工资	五险一金
2	101001	张XX	2007/1/20	¥6,500.0	=D2*10%
3	101002	王XX	2008/5/10	¥5,800.0	
4	101003	李XX	2008/6/25	¥5,800.0	
5	101004	赵XX	2010/2/3	¥5,000.0	
6	101005	钱XX	2010/8/5	¥4,800.0	

SUM ▼ × ✓ fx =D2*10%

第2步 按【Enter】键确认，即可得出员工"张××"的五险一金缴纳金额，如下图所示。

E2 ▼ × ✓ fx =D2*10%

	A	B	C	D	E
	员工编号	员工姓名	入职日期	基本工资	五险一金
2	101001	张XX	2007/1/20	¥6,500.0	¥650.0
3	101002	王XX	2008/5/10	¥5,800.0	
4	101003	李XX	2008/6/25	¥5,800.0	
5	101004	赵XX	2010/2/3	¥5,000.0	
6	101005	钱XX	2010/8/5	¥4,800.0	

第3步 将鼠标指针放置在 E2 单元格的右下角，当指针变为 ✚ 形状时，按住鼠标左键向下拖动至 E11 单元格，即可快速填充所选单元格，完成填充后的效果如下图所示。

	A	B	C	D	E
1	员工编号	员工姓名	入职日期	基本工资	五险一金
2	101001	张XX	2007/1/20	¥6,500.0	¥650.0
3	101002	王XX	2008/5/10	¥5,800.0	¥580.0
4	101003	李XX	2008/6/25	¥5,800.0	¥580.0
5	101004	赵XX	2010/2/3	¥5,000.0	¥500.0
6	101005	钱XX	2010/8/5	¥4,800.0	¥480.0
7	101006	孙XX	2012/4/20	¥4,200.0	¥420.0
8	101007	李XX	2013/10/20	¥4,000.0	¥400.0
9	101008	胡XX	2014/6/5	¥3,800.0	¥380.0
10	101009	马XX	2014/7/20	¥3,600.0	¥360.0
11	101010	刘XX	2015/6/20	¥3,200.0	¥320.0
12					
13					

… 员工基本信息 销售奖金表 业绩奖金标准 …

8.2.2 重点：修改公式

根据各地情况的不同，五险一金的缴纳比例也不一样，因此公式也要做出相应修改，具体操作步骤如下。

第1步 选择"员工基本信息"工作表，选中 E2 单元格，将缴纳比例更改为 11%——在上方编辑栏中将公式更改为"=D2*11%"即可，如下图所示。

LET ▼ × ✓ fx =D2*11%

	A	B	C	D	E
1	员工编号	员工姓名	入职日期	基本工资	五险一金
2	101001	张XX	2007/1/20	¥6,500.0	=D2*11%
3	101002	王XX	2008/5/10	¥5,800.0	¥580.0
4	101003	李XX	2008/6/25	¥5,800.0	¥580.0
5	101004	赵XX	2010/2/3	¥5,000.0	¥500.0
6	101005	钱XX	2010/8/5	¥4,800.0	¥480.0
7	101006	孙XX	2012/4/20	¥4,200.0	¥420.0
8	101007	李XX	2013/10/20	¥4,000.0	¥400.0
9	101008	胡XX	2014/6/5	¥3,800.0	¥380.0
10	101009	马XX	2014/7/20	¥3,600.0	¥360.0
11	101010	刘XX	2015/6/20	¥3,200.0	¥320.0

… 员工基本信息 销售奖金表 业绩奖金标准 …
编辑 100%

第2步 按【Enter】键确认，E2 单元格中即可显示比例更改后的缴纳金额，如下图所示。

	A	B	C	D	E
1	员工编号	员工姓名	入职日期	基本工资	五险一金
2	101001	张XX	2007/1/20	¥6,500.0	¥715.0
3	101002	王XX	2008/5/10	¥5,800.0	¥580.0
4	101003	李XX	2008/6/25	¥5,800.0	¥580.0
5	101004	赵XX	2010/2/3	¥5,000.0	¥500.0
6	101005	钱XX	2010/8/5	¥4,800.0	¥480.0
7	101006	孙XX	2012/4/20	¥4,200.0	¥420.0
8	101007	李XX	2013/10/20	¥4,000.0	¥400.0
9	101008	胡XX	2014/6/5	¥3,800.0	¥380.0
10	101009	马XX	2014/7/20	¥3,600.0	¥360.0

第3步 使用快速填充功能填充其他单元格，即可得出其余员工的五险一金缴纳金额，如下图所示。

	A	B	C	D	E
1	员工编号	员工姓名	入职日期	基本工资	五险一金
2	101001	张XX	2007/1/20	¥6,500.0	¥715.0
3	101002	王XX	2008/5/10	¥5,800.0	¥638.0
4	101003	李XX	2008/6/25	¥5,800.0	¥638.0
5	101004	赵XX	2010/2/3	¥5,000.0	¥550.0
6	101005	钱XX	2010/8/5	¥4,800.0	¥528.0
7	101006	孙XX	2012/4/20	¥4,200.0	¥462.0
8	101007	李XX	2013/10/20	¥4,000.0	¥440.0
9	101008	胡XX	2014/6/5	¥3,800.0	¥418.0
10	101009	马XX	2014/7/20	¥3,600.0	¥396.0
11	101010	刘XX	2015/6/20	¥3,200.0	¥352.0

… 员工基本信息 销售奖金表 业绩奖金标准 …

8.2.3 复制公式

在"员工基本信息"工作表中，可以使用填充柄工具快速地在其余单元格中填充 E3 单元格所使用的公式，也可以使用复制公式的方法快速输入相同公式。具体操作步骤如下。

第 1 步 选中 E3:E11 单元格区域，将鼠标指针放置在被选中的单元格区域内并单击鼠标右键，在弹出的快捷菜单中选择【清除内容】选项，如下图所示。

键粘贴公式，即可将公式粘贴至 E11 单元格，效果如下图所示。

	员工姓名	入职日期	基本工资	五险一金	
1					
2	张XX	2007/1/20	¥6,500.0	¥715.0
3	王XX	2008/5/10	¥5,800.0	
4	李XX	2008/6/25	¥5,800.0	
5	赵XX	2010/2/3	¥5,000.0	
6	钱XX	2010/8/5	¥4,800.0	
7	孙XX	2012/4/20	¥4,200.0	
8	李XX	2013/10/20	¥4,000.0	
9	胡XX	2014/6/5	¥3,800.0	
10	马XX	2014/7/20	¥3,600.0	
11	刘XX	2015/6/20	¥3,200.0	¥352.0
12					

E11 单元格公式：=D11*11%

第 2 步 即可清除所选单元格内的内容，效果如下图所示。

	员工编号	员工姓名	入职日期	基本工资	五险一金	
1						
2	101001	张XX	2007/1/20	¥6,500.0	¥715.0
3	101002	王XX	2008/5/10	¥5,800.0	
4	101003	李XX	2008/6/25	¥5,800.0	
5	101004	赵XX	2010/2/3	¥5,000.0	
6	101005	钱XX	2010/8/5	¥4,800.0	
7	101006	孙XX	2012/4/20	¥4,200.0	
8	101007	李XX	2013/10/20	¥4,000.0	
9	101008	胡XX	2014/6/5	¥3,800.0	
10	101009	马XX	2014/7/20	¥3,600.0	
11	101010	刘XX	2015/6/20	¥3,200.0	
12						

第 3 步 选中 E2 单元格，按【Ctrl+C】组合键复制公式。选中 E11 单元格，按【Ctrl+V】组合

第 4 步 使用同样的方法，可以将公式复制并粘贴至其余单元格，完成粘贴后的效果如下图所示。

	员工姓名	入职日期	基本工资	五险一金
1				
2	张XX	2007/1/20	¥6,500.0	¥715.0
3	王XX	2008/5/10	¥5,800.0	¥638.0
4	李XX	2008/6/25	¥5,800.0	¥638.0
5	赵XX	2010/2/3	¥5,000.0	¥550.0
6	钱XX	2010/8/5	¥4,800.0	¥528.0
7	孙XX	2012/4/20	¥4,200.0	¥462.0
8	李XX	2013/10/20	¥4,000.0	¥440.0
9	胡XX	2014/6/5	¥3,800.0	¥418.0
10	马XX	2014/7/20	¥3,600.0	¥396.0
11	刘XX	2015/6/20	¥3,200.0	¥352.0

8.3 单元格的引用

单元格的引用分为绝对引用、相对引用和混合引用 3 种，掌握单元格的引用，能够为制作企业员工工资明细表提供很大的帮助。

8.3.1 重点：相对引用和绝对引用

相对引用：引用形式如"A1"，当单元格的公式被复制并粘贴后，新的单元格中，公式内的单元格引用位置将会发生改变。例如，在 A1:A5 单元格区域中分别输入数值"1""2""3""4""5"后，在 B1 单元格中输入公式"=A1+3"，当把 B1 单元格中的公式复制并粘贴到 B2:B5 单元格区域时，会发现 B2:B5 单元格区域中的计算结果为各单元格左侧单元格的值加上 3，而非"A1+3"，如下图所示。

绝对引用：引用形式如"$A$1"，这种对单元格进行引用的方式是绝对的，即一旦成为绝对引用，无论公式如何被复制并粘贴，公式中采用了绝对引用的单元格的引用位置是不会改变的。例如，在单元格 B1 中输入公式"=$A$1+3"，然后把 B1 单元格中的公式分别复制并粘贴到 B2:B5 单元格区域，会发现 B2:B5 单元格区域中的结果均等于 A1 单元格的数值加上 3，如下图所示。

8.3.2 重点：混合引用

混合引用的引用形式如"$A1"，指具有绝对列和相对行，或者具有绝对行和相对列的引用。绝对引用列采用 $A1、$B1 等形式，绝对引用行采用 A$1、B$1 等形式。如果公式所在单元格的位置改变，则相对引用部分改变，而绝对引用部分不变；如果多行或多列地复制并粘贴公式，则相对引用部分自动调整，而绝对引用部分不发生调整。

例如，在 A1:A5 单元格区域中分别输入数值"1""2""3""4""5"，在 B2:B5 单元格区域中分别输入数值"2""4""6""8""10"，在 D1:D5 单元格区域中分别输入数值"3""4""5""6""7"，在 C1 单元格中输入公式"=$A1+B$1"。

把 C1 单元格中的公式分别复制并粘贴到 C2:C5 单元格区域，会发现 C2:C5 单元格区域中的结果均等于同行对应 A 列单元格的数值加上 B1 单元格的数值，如下图所示。

将 C1 单元格中的公式复制并粘贴到 E1:E5 单元格区域内，则会发现 E1:E5 单元格区域中的结果均等于 A1 单元格的数值加上同行对应 D 列单元格的数值，如下图所示。

8.3.3 重点：使用引用

灵活地使用引用可以快速完成公式的输入，并提高数据处理的速度和准确度。使用引用的方法有很多种，选择适合的方法可以达到最佳的效果。

1. 输入引用地址

在使用引用单元格较少的公式时，可以使用直接输入引用地址的方法，例如，输入公式"=A14+2"，如下图所示。

MAX		A	B	C
13				
14		11	=A14+2	
15				

工资表　员工基本信息　销售奖金

2. 提取地址

在输入公式的过程中，需要输入单元格或单元格区域时，可以单击单元格或选中单元格区域，进行地址的提取，如下图所示。

	A 员工编号	B 员工姓名	C 入职日期	D 基本工资
2	101001	张XX	2007/1/20	¥6,500.0
3	101002	王XX	2008/5/10	¥5,800.0
4	101003	李XX	2008/6/25	¥5,800.0
5	101004	赵XX	2010/2/3	¥5,000.0
6	101005	钱XX	2010/8/5	¥4,800.0
7	101006	孙XX	2012/4/20	¥4,200.0
8	101007	李XX	2013/10/20	¥4,000.0
9	101008	胡XX	2014/6/5	¥3,800.0
10	101009	马XX	2014/7/20	¥3,600.0
11	101010	刘XX	2015/6/20	¥3,200.0
12				=SUM(D2:D11)

3. 使用【折叠】按钮输入

第1步 选择"员工基本信息"工作表，选中 F1 单元格。单击编辑栏中的【插入函数】按钮 fx，在弹出的【插入函数】对话框中选择【选

择函数】列表框中的【MAX】函数，单击【确定】按钮，如下图所示。

第2步 弹出【函数参数】对话框，单击【MAX】选项区域中【Number1】文本框右侧的【折叠】按钮，如下图所示。

第3步 在表格中选择需要处理的单元格区域，随后单击【展开】按钮，如下图所示。

第4步 返回【函数参数】对话框，可以看到选

定的单元格区域已出现在【Number1】文本框中，单击【确定】按钮，如下图所示。

第5步 即可得到 MAX 函数所提取的最高基本工资数额，并显示在插入函数的单元格内，如下图所示。

8.4 名称的定义与使用

为单元格或单元格区域定义名称，可以方便用户对该单元格或单元格区域进行查找和引用，在数据繁多的工资明细表中，能够发挥很大的作用。

8.4.1 定义名称

名称是代表单元格、单元格区域的单词或字符串，它在同一使用范围内必须保持唯一，但可以在不同的范围中使用同一个名称。如果要引用不同工作簿中相同的名称，则需要在名称之前加上工作簿名。

1. 为单元格命名

选中"销售奖金表"工作表中的 G3 单元格，在编辑栏的名称文本框中输入"最高销售额"，按【Enter】键确认，即可完成为单元格命名的操作，如下图所示。

│ 提示 │

为单元格命名时必须遵守以下几点规则。

① 名称中的第 1 个字符必须是字母、汉字、下划线或反斜杠，其余字符可以是字母、汉字、数字、点和下划线。

② 不能将"R"和"C"的大小写字母作为被定义的名称。在名称文本框中输入这些字母时，会默认将它们作为选择当前单元格所在行或列的表示法。例如，选中单元格 A2，在名称框中输入"R"，按【Enter】键，工作表的第 2 行将被全行选中。

③ 被定义的名称不能与单元格引用形式相同（例如，不能将单元格命名为"Z12"或"R1C1"）。如果将 A2 单元格命名为"Z12"，按【Enter】键，光标将定位到"Z12"单元格中。

④ 不允许使用空格。如果要将名称中的单词分开，可以使用下划线或句点作为分隔符。

⑤ 一个名称最多可以包含 255 个字符。

⑥ Excel 中单元格或单元格区域的名称不区分大小写字母。例如，在单元格 A2 中创建了名称 Smase，再在单元格 B2 的名称文本框中输入"SMASE"，确认后会回到单元格 A2 中，而不能成功创建为单元格 B2 的名称。

2. 为单元格区域命名

为单元格区域命名有以下几种方法。

方法 1：在名称文本框中直接输入名称。

选择"销售奖金表"工作表，选中 C2:C11 单元格区域。在名称文本框中输入"销售额"文本，按【Enter】键，即可完成对该单元格区域的命名，如下图所示。

员工编号	员工姓名	销售额	奖金比例	奖金
101001	张XX	¥48,000.0		
101002	王XX	¥38,000.0		
101003	李XX	¥52,000.0		
101004	赵XX	¥45,000.0		
101005	钱XX	¥45,000.0		
101006	孙XX	¥62,000.0		
101007	李XX	¥30,000.0		
101008	胡XX	¥34,000.0		
101009	马XX	¥24,000.0		
101010	刘XX	¥8,000.0		

方法 2：使用【新建名称】对话框。

第 1 步 选择"销售奖金表"工作表，选中 D2:D11 单元格区域。单击【公式】选项卡【定义的名称】组中的【定义名称】按钮，如下图所示。

员工编号	员工姓名	销售额		
101001	张XX	¥48,000.0		
101002	王XX	¥38,000.0		
101003	李XX	¥52,000.0		
101004	赵XX	¥45,000.0		
101005	钱XX	¥45,000.0		
101006	孙XX	¥62,000.0		
101007	李XX	¥30,000.0		
101008	胡XX	¥34,000.0		
101009	马XX	¥24,000.0		

第 2 步 在弹出的【新建名称】对话框的【名称】文本框中输入"奖金比例"，单击【确定】按钮，即可定义该区域名称，如下图所示。

第 3 步 完成命名后的效果如下图所示。

员工编号	员工姓名	销售额	奖金比例
101001	张XX	¥48,000.0	
101002	王XX	¥38,000.0	
101003	李XX	¥52,000.0	
101004	赵XX	¥45,000.0	
101005	钱XX	¥45,000.0	
101006	孙XX	¥62,000.0	

方法 3：用数据标签命名。

工作表（或选定区域）的首行或每行的最左列通常含有标签，用以描述数据。若一个表格本身没有行标题和列标题，则可以将这些选定的行标签或列标签转换为名称，具体操作步骤如下。

第 1 步 选择"员工基本信息"工作表，选中单元格区域 C1:C11。单击【公式】选项卡【定义的名称】组中的【根据所选内容创建】按钮，如下图所示。

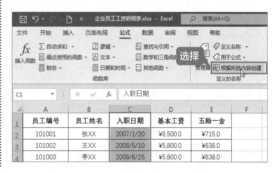

员工编号	员工姓名	入职日期	基本工资	五险一金	
101001	张XX	2007/1/20	¥6,500.0	¥715.0	
101002	王XX	2008/5/10	¥5,800.0	¥638.0	
101003	李XX	2008/6/25	¥5,800.0	¥638.0	

第2步 在弹出的【根据所选内容创建名称】对话框中选中【首行】复选框，然后单击【确定】按钮，如下图所示。

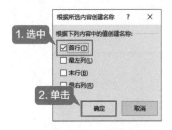

第3步 即可为单元格区域命名。完成命名操

作后，在名称文本框中输入"入职日期"，按【Enter】键，即可自动选中单元格区域C2:C11，如下图所示。

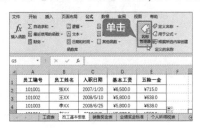

8.4.2 应用名称

为单元格、单元格区域定义名称后，就可以在工作表中使用了，具体操作步骤如下。

第1步 选择"员工基本信息"工作表，分别将E2和E11单元格命名为"最高缴纳额"和"最低缴纳额"，单击【公式】选项卡【定义的名称】组中的【名称管理器】按钮，如下图所示。

第2步 弹出【名称管理器】对话框，可以看到刚刚定义的名称已经出现，单击【关闭】按钮，如下图所示。

第3步 关闭【名称管理器】对话框，选中空白

单元格G3。单击【公式】选项卡【定义的名称】组中的【用于公式】按钮，在弹出的下拉菜单中选择【粘贴名称】选项，如下图所示。

第4步 弹出【粘贴名称】对话框，在【粘贴名称】列表中选择【最高缴纳额】选项，单击【确定】按钮，如下图所示。

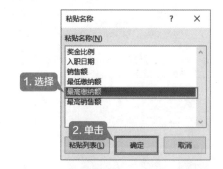

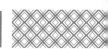

第5步 即可看到 G3 单元格中出现公式"= 最高缴纳额"，如下图所示。

第6步 按【Enter】键，即可将名称为"最高缴纳额"的单元格中的数据显示在 G3 单元格中，如下图所示。

8.5 使用函数计算工资

制作企业员工工资明细表时，需要运用多种类型的函数，这些函数为数据处理提供了很大的帮助。

8.5.1 重点：使用文本函数提取员工信息

员工信息是工资表中必不可少的一项，逐个输入不仅浪费时间，而且容易出现错误，文本函数则很擅长处理这种字符串类型的数据。使用文本函数，可以快速准确地将员工信息输入工资表中，具体操作步骤如下。

第1步 选择"工资表"工作表，选中 B2 单元格，在编辑栏中输入公式"=TEXT(员工基本信息 !A2,0)"，如下图所示。

> **提示**
>
> 公式"=TEXT(员工基本信息 !A2,0)"用于引用"员工基本信息"工作表中 A2 单元格的工号。

第2步 按【Enter】键确认，即可将"员工基本信息"工作表中相应单元格的工号引用在 B2 单元格中，如下图所示。

第3步 使用快速填充功能，可以将公式迅速填充在 B3:B11 单元格区域中，效果如下图所示。

第4步 选中 C2 单元格，在编辑栏中输入
"=TEXT(员工基本信息 !B2,0)"，如下图所示。

	A	B	C	D
LET				=TEXT(员工基本信息!B2,0)
1	编号	员工编号	员工姓名	工龄
2	1	101001	=TEXT(员工基本信息!B2,0)	
3	2	101002		
4	3	101003		
5	4	101004		
6	5	101005		
7	6	101006		

| 提示 | ::::::::

公式 "=TEXT(员工基本信息 !B2,0)" 用
于引用 "员工基本信息" 工作表中 B2 单元格
的员工姓名。

第5步 按【Enter】键确认，即可将员工姓名填
充在单元格内，如下图所示。

C2				=TEXT(员工基本信息!B2,0)
	A	B	C	D
1	编号	员工编号	员工姓名	工龄
2	1	101001	张XX	
3	2	101002		
4	3	101003		
5	4	101004		
6	5	101005		

第6步 使用快速填充功能，可以将公式迅速填
充在 C3:C11 单元格区域中，效果如下图所示。

C2				=TEXT(员工基本信息!B2,0)
	A	B	C	D	E	F
1	编号	员工编号	员工姓名	工龄	工龄工资	应发工资
2	1	101001	张XX			
3	2	101002	王XX			
4	3	101003	李XX			
5	4	101004	赵XX			
6	5	101005	钱XX			
7	6	101006	孙XX			
8	7	101007	李XX			
9	8	101008	胡XX			
10	9	101009	马XX			
11	10	101010	刘XX			

工资表 员工基本信息 销售奖金表 业绩奖金标准

就绪　　　　计数: 10　　　　100%

8.5.2　重点：使用日期与时间函数计算工龄

员工的工龄是计算员工工龄工资的依据。使用日期与时间函数可以很准确地计算出员工工
龄，根据工龄即可计算出工龄工资，具体操作步骤如下。

第1步 选择"工资表"工作表，选中 D2 单元格，
在单元格中输入公式 "=DATEDIF(员工基本
信息 !C2,TODAY(),"y")"，如下图所示。

LET				=DATEDIF(员工基本信息!C2,TODAY(),"y")
	A	B	C	D	E
1	编号	员工编号	员工姓名	工龄	工龄工资
2	1	101001	张XX	=DATEDIF(...C2,TODAY(), "y")	
3	2	101002	王XX		
4	3	101003	李XX		
5	4	101004	赵XX		
6	5	101005	钱XX		
7	6	101006	孙XX		
8	7	101007	李XX		
9	8	101008	胡XX		

| 提示 | ::::::::

公式 "=DATEDIF(员工基本信息 !C2,TODAY
(),"y")" 用于计算员工的工龄。

第2步 按【Enter】键确认，即可得出员工工龄，
如下图所示。

D2				=DATEDIF(员工基本信息!C2,TODAY(),"y")
	A	B	C	D	E	F
1	编号	员工编号	员工姓名	工龄	工龄工资	应发工资
2	1	101001	张XX	14		
3	2	101002	王XX			
4	3	101003	李XX			
5	4	101004	赵XX			
6	5	101005	钱XX			
7	6	101006	孙XX			
8	7	101007	李XX			
9	8	101008	胡XX			
10	9	101009	马XX			
11	10	101010	刘XX			

工资表 员工基本信息 销售奖金表 业绩奖金标准

第3步 使用快速填充功能，可快速计算出其余
员工的工龄，效果如下图所示。

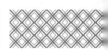
工龄工资，如下图所示。

第4步 选中 E2 单元格，输入公式"=D2*100"，如下图所示。

第5步 按【Enter】键，即可计算出对应员工的

第6步 使用填充柄，填充计算出其余员工的工龄工资，效果如下图所示。

8.5.3 重点：使用逻辑函数计算业绩提成奖金

业绩提成奖金是企业员工工资的重要构成部分，根据员工的业绩划分为几个等级，每个等级的奖金比例不同。逻辑函数可以用来进行复合检验，因此很适合计算这种类型的数据，具体操作步骤如下。

第1步 选择"销售奖金表"工作表，选中 D2 单元格，在单元格中输入公式"=HLOOKUP(C2,业绩奖金标准 !$B$2:$F$3,2)"，如下图所示。

> **| 提示 |** :::::::::
>
> HLOOKUP 函数是 Excel 中的横向查找函数，公式"=HLOOKUP(C2, 业绩奖金标准 !$B$2:$F$3,2)"中第 3 个参数设置为"2"，表示取满足条件的记录在"业绩奖金标准 !$B$2:$F$3"区域中第 2 行的值。

第2步 按【Enter】键确认，即可得出奖金比例，如下图所示。

第3步 使用填充柄工具，将公式填充到其余单元格中，效果如下图所示。

第5步 按【Enter】键确认，即可计算出该员工的奖金金额，如下图所示。

第4步 选中 E2 单元格，在单元格中输入公式 "=IF(C2<50000,C2*D2,C2*D2+500)"，如下图所示。

第6步 使用快速填充功能，迅速得出其余员工的奖金金额，效果如下图所示。

8.5.4 重点：使用查找与引用函数计算个人所得税

根据个人收入的不同，个人所得税实行阶梯式的征收方式，因此直接计算起来比较复杂。在 Excel 中，这类问题可以使用查找与引用函数来解决，具体操作步骤如下。

1. 计算应发工资

第1步 选择 "工资表" 工作表，选中 F2 单元格。在单元格中输入公式 "= 员工基本信息 !D2-员工基本信息!E2+ 工资表!E2+销售奖金表!E2"，

如下图所示。

	工龄	工龄工资	应发工资	个人所得税	实发工资
1					
2	=员工基本信息!D2-员工基本信息!E2+工资表!E2+销售奖金表!E2				
3	13	¥1,300.0			
4	13	¥1,300.0			
5	11	¥1,100.0			
6	11	¥1,100.0			
7	9	¥900.0			
8	8	¥800.0			
9	7	¥700.0			
10	7	¥700.0			
11	6	¥600.0			

编辑栏：=员工基本信息!D2-员工基本信息!E2+工资表!E2+销售奖金表!E2

第2步 按【Enter】键确认，即可计算出该员工的应发工资金额，如下图所示。

	工龄	工龄工资	应发工资	个人所得税	实发工资
1					
2	14	¥1,400.0	¥11,985.0		
3	13	¥1,300.0			
4	13	¥1,300.0			
5	11	¥1,100.0			
6	11	¥1,100.0			
7	9	¥900.0			
8	8	¥800.0			
9	7	¥700.0			
10	7	¥700.0			
11	6	¥600.0			

第3步 使用快速填充功能，迅速得出其余员工的应发工资金额，效果如下图所示。

	工龄	工龄工资	应发工资	个人所得税	实发工资
1					
2	14	¥1,400.0	¥11,985.0		
3	13	¥1,300.0	¥9,122.0		
4	13	¥1,300.0	¥14,762.0		
5	11	¥1,100.0	¥10,050.0		
6	11	¥1,100.0	¥9,872.0		
7	9	¥900.0	¥14,438.0		
8	8	¥800.0	¥6,460.0		
9	7	¥700.0	¥6,462.0		
10	7	¥700.0	¥4,624.0		
11	6	¥600.0	¥3,448.0		

2. 计算个人所得税

第1步 计算员工"张××"的个人所得税金额。选中 G2 单元格，在单元格中输入公式"=VLOOKUP(B2,个人所得税表 !$A$3:$C$12,3,0)"，如下图所示。

	工龄	工龄工资	应发工资	个人所得税	实发工资
1					
2	14	¥1,400.0	¥11,985.0	3:$C$12,3,0)	
3	13	¥1,300.0	¥9,122.0		
4	13	¥1,300.0	¥14,762.0		
5	11	¥1,100.0	¥10,050.0		
6	11	¥1,100.0	¥9,872.0		
7	9	¥900.0	¥14,438.0		
8	8	¥800.0	¥6,460.0		
9	7	¥700.0	¥6,462.0		
10	7	¥700.0	¥4,624.0		
11	6	¥600.0	¥3,448.0		

编辑栏：=VLOOKUP(B2,个人所得税表!$A$3:$C$12,3,0)

> **提示**
>
> 公式"=VLOOKUP(B2,个人所得税表 !$A$3:$C$12,3,0)"是指在"个人所得税表"工作表 A3:C12 单元格区域中查找 B2 单元格的值，其中 0 表示精确查找。

第2步 按【Enter】键确认，即可得出员工"张××"应缴纳的个人所得税金额，如下图所示。

G2 =VLOOKUP(B2,个人所得税表!$A$3:$C$12,3,0)

	工龄	工龄工资	应发工资	个人所得税	实发工资
1					
2	14	¥1,400.0	¥11,985.0	¥488.50	
3	13	¥1,300.0	¥9,122.0		
4	13	¥1,300.0	¥14,762.0		
5	11	¥1,100.0	¥10,050.0		
6	11	¥1,100.0	¥9,872.0		
7	9	¥900.0	¥14,438.0		
8	8	¥800.0	¥6,460.0		
9	7	¥700.0	¥6,462.0		
10	7	¥700.0	¥4,624.0		
11	6	¥600.0	¥3,448.0		

第3步 使用快速填充功能，迅速填充其余单元格，计算出其余员工应缴纳的个人所得税金额，效果如下图所示。

	工龄	工龄工资	应发工资	个人所得税	实发工资
1					
2	14	¥1,400.0	¥11,985.0	¥488.50	
3	13	¥1,300.0	¥9,122.0	¥202.20	
4	13	¥1,300.0	¥14,762.0	¥766.20	
5	11	¥1,100.0	¥10,050.0	¥295.20	
6	11	¥1,100.0	¥9,872.0	¥722.60	
7	9	¥900.0	¥14,438.0	¥542.50	
8	8	¥800.0	¥6,460.0	¥281.20	
9	7	¥700.0	¥6,462.0	¥95.60	
10	7	¥700.0	¥4,624.0	¥156.30	
11	6	¥600.0	¥3,448.0	¥241.60	

8.5.5 重点：使用统计函数计算个人实发工资和最高销售额

统计函数是专门进行统计分析的函数，借助统计函数可以迅速在工作表中找到相应的数据。

1. 计算个人实发工资

企业员工工资明细表中最重要的一项就是员工的实发工资金额。计算实发工资金额的方法很简单，具体操作步骤如下。

第1步 选中 H2 单元格，输入公式"=F2-G2"，如下图所示。

	E	F	G	H
1	工龄工资	应发工资	个人所得税	实发工资
2	¥1,400.0	¥11,985.0	¥488.50	=F2-G2
3	¥1,300.0	¥9,122.0	¥202.20	
4	¥1,300.0	¥14,762.0	¥766.20	
5	¥1,100.0	¥10,050.0	¥295.20	
6	¥1,100.0	¥9,872.0	¥722.60	
7	¥900.0	¥14,438.0	¥542.50	
8	¥800.0	¥6,460.0	¥281.20	
9	¥700.0	¥6,462.0	¥95.60	
10	¥700.0	¥4,624.0	¥156.30	

第2步 按【Enter】键确认，即可得出员工"张××"的实发工资金额，如下图所示。

	E	F	G	H
1	工龄工资	应发工资	个人所得税	实发工资
2	¥1,400.0	¥11,985.0	¥488.50	¥11,496.5
3	¥1,300.0	¥9,122.0	¥202.20	
4	¥1,300.0	¥14,762.0	¥766.20	
5	¥1,100.0	¥10,050.0	¥295.20	
6	¥1,100.0	¥9,872.0	¥722.60	
7	¥900.0	¥14,438.0	¥542.50	
8	¥800.0	¥6,460.0	¥281.20	
9	¥700.0	¥6,462.0	¥95.60	
10	¥700.0	¥4,624.0	¥156.30	

第3步 使用填充柄工具，迅速将公式填充到其余单元格中，得出其余员工的实发工资金额，效果如下图所示。

	E	F	G	H
1	工龄工资	应发工资	个人所得税	实发工资
2	¥1,400.0	¥11,985.0	¥488.50	¥11,496.5
3	¥1,300.0	¥9,122.0	¥202.20	¥8,919.8
4	¥1,300.0	¥14,762.0	¥766.20	¥13,995.8
5	¥1,100.0	¥10,050.0	¥295.20	¥9,754.8
6	¥1,100.0	¥9,872.0	¥722.60	¥9,149.4
7	¥900.0	¥14,438.0	¥542.50	¥13,895.5
8	¥800.0	¥6,460.0	¥281.20	¥6,178.8
9	¥700.0	¥6,462.0	¥95.60	¥6,366.4
10	¥700.0	¥4,624.0	¥156.30	¥4,467.7
11	¥600.0	¥3,448.0	¥241.60	¥3,206.4

2. 计算最高销售额

若公司计划对业绩突出的员工进行表彰，则需要在众多销售数据中找出最高销售额及其对应的员工，具体操作步骤如下。

第1步 选择"销售奖金表"工作表，选中 G3 单元格，单击编辑栏左侧的【插入函数】按钮 f_x ，如下图所示。

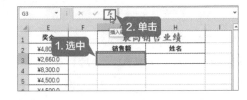

第2步 弹出【插入函数】对话框，在【选择函数】列表框中选择【MAX】函数，单击【确定】按钮，如下图所示。

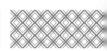

第3步 弹出【函数参数】对话框，在【Number1】文本框中输入"销售额"，单击【确定】按钮，如下图所示。

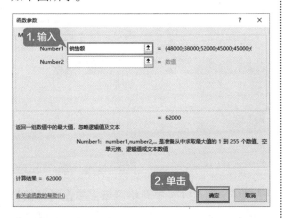

第4步 即可找出最高销售额并显示在 G3 单元格内，如下图所示。

第5步 选中 H3 单元格，输入公式"=INDEX

(B2:B11,MATCH(G3,C2:C11,))"，如下图所示。

> **┤ 提示 ├**
>
> 公式"=INDEX(B2:B11,MATCH(G3,C2:C11,))"的含义为当 G3 的值与 C2:C11 单元格区域中的值匹配时，返回 B2:B11 单元格区域中对应的值。

第6步 按【Enter】键确认，即可显示最高销售额对应的职工姓名，如下图所示。

8.6 使用 VLOOKUP、COLUMN 函数批量制作工资条

工资条是发放给员工的工资凭证，可以让员工知道自己工资的详细发放情况。制作工资条的步骤如下。

第1步 新建工作表，并将其命名为"员工工资条"。选中"员工工资条"工作表中 A1:H1 单元格区域，将其合并，输入"员工工资条"文本，并设置该文本【字体】为"等线"，【字号】为"20"，效果如下图所示。

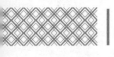

第2步 在 A2:H2 单元格区域中输入如下图所示的文字，并设置【加粗】效果。在 A3 单元格内输入序号"1"，适当调整列宽，并全选所有单元格，将【对齐方式】设置为【居中对齐】。然后在 B3 单元格内输入公式"=VLOOKUP($A3，工 资 表 !$A$2:$H$11，COLUMN(),0)"，如下图所示。

> **提示**
>
> 公式"=VLOOKUP($A3，工资表 !$A$2:$H$11,COLUMN(),0)"指在"工资表"工作表 A2:H11 单元格区域中查找 A3 单元格的值，其中 COLUMN() 用来计数，0 表示精确查找。

第3步 按【Enter】键确认，即可引用员工编号至 B3 单元格内，如下图所示。

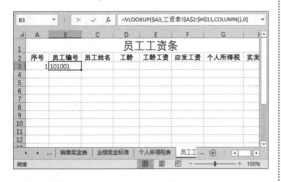

第4步 使用快速填充功能，迅速将公式填充至 C3:H3 单元格区域内，即可引用其余项目至对应单元格内，效果如下图所示。

第5步 选中 A2:H3 单元格区域，单击【开始】选项卡【字体】组中的【边框】下拉按钮，在弹出的下拉列表中选择【所有框线】选项，为所选单元格区域添加框线，并设置单元格区域中的文字居中显示，完成设置后的效果如下图所示。

第6步 选中 A2:H4 单元格区域，将鼠标指针放置在 H4 单元格框线右下角，待鼠标指针变为 ✚ 形状时，按住鼠标左键，拖动至 H31 单元格，即可自动填充其余企业员工的工资条，随后根据需要调整列宽，最终呈现效果如下图所示。

至此，企业员工工资明细表就制作完成了。

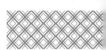

制作凭证明细查询表

公司年度开支凭证明细表是对公司一年内费用支出的归纳和汇总，工作簿内包含多个项目的开支情况。对年度开支情况进行详细的汇总和分析，有利于公司本阶段工作的总结，且对公司更好地做出下一阶段的规划有很重要的作用。年度开支凭证明细表中的数据较多，需要使用多个函数进行处理，可以分为以下几个步骤进行。

第1步 计算工资支出。使用求和函数对"工资支出"工作表中每个月份的工资金额进行汇总，以便分析公司每月的工资发放情况，完成汇总后的效果如下图所示。

	A	B	C	D	E	F	G	H
1	月份	张XX	王XX	李XX	马XX	胡XX	吕XX	工资支出
2	1月	¥5,000.00	¥5,500.00	¥6,000.00	¥5,800.00	¥6,200.00	¥7,200.00	¥35,700.00
3	2月	¥6,200.00	¥5,500.00	¥6,200.00	¥5,500.00	¥6,200.00	¥7,200.00	¥36,800.00
4	3月	¥6,200.00	¥5,800.00	¥5,800.00	¥5,500.00	¥6,200.00	¥7,200.00	¥36,700.00
5	4月	¥6,200.00	¥5,800.00	¥5,800.00	¥5,800.00	¥6,200.00	¥5,800.00	¥35,600.00
6	5月	¥5,800.00	¥5,800.00	¥6,000.00	¥5,800.00	¥6,200.00	¥5,800.00	¥34,600.00
7	6月	¥5,500.00	¥5,800.00	¥6,000.00	¥5,800.00	¥6,200.00	¥5,800.00	¥35,100.00
8	7月	¥5,000.00	¥7,200.00	¥5,500.00	¥6,200.00	¥5,800.00	¥6,000.00	¥35,800.00
9	8月	¥5,000.00	¥5,500.00	¥6,200.00	¥7,200.00	¥5,800.00	¥6,000.00	¥35,700.00
10	9月	¥5,800.00	¥5,500.00	¥6,200.00	¥7,200.00	¥5,800.00	¥6,000.00	¥36,500.00
11	10月	¥5,800.00	¥5,500.00	¥6,000.00	¥5,500.00	¥6,200.00	¥7,200.00	¥35,800.00
12	11月	¥5,800.00	¥5,500.00	¥6,000.00	¥5,500.00	¥6,200.00	¥7,200.00	¥36,500.00
13	12月	¥5,800.00	¥5,500.00	¥6,000.00	¥5,800.00	¥6,200.00	¥7,200.00	¥36,500.00

第2步 调用"工资支出"工作表数据。使用VLOOKUP函数调用"工资支出"工作表中的数据，完成对"开支凭证明细表"工作表中工资发放情况的统计，完成数据调用后的效果如下图所示。

=IF(A2=" "," ",VLOOKUP(A2,工资支出!A$2:H$13,8,0))

	A	B	C	D	E	F	G	H	I
1	月份	工资支出	招待费用	差旅费用	公车费用	办公用品费用	员工福利费用	房租费用	其他
2	1月	¥35,700.0							
3	2月	¥36,800.0							
4	3月	¥36,700.0							
5	4月	¥35,600.0							
6	5月	¥34,600.0							
7	6月	¥35,100.0							
8	7月	¥35,800.0							
9	8月	¥35,700.0							
10	9月	¥36,500.0							

第3步 调用其他支出。使用VLOOKUP函数调用"其他支出"工作表中的数据，完成对"开支凭证明细表"工作表中其他项目开支情况的统计，完成数据调用后的效果如下图所示。

=IF(A2=" "," ",VLOOKUP(A2,其他支出!A$2:H$13,2,0))

	A	B	C	D	E	F	G	H	I	J
1	月份	工资支出	招待费用	差旅费用	公车费用	办公用品费用	员工福利费用	房租费用	其他	合计
2	1月	¥35,700.0	¥15,000.0	¥4,000.0	¥1,200.0	¥800.0	¥0.0	¥9,000.0	¥0.0	
3	2月	¥36,800.0	¥15,000.0	¥6,000.0	¥2,500.0	¥800.0	¥6,000.0	¥9,000.0	¥0.0	
4	3月	¥36,700.0	¥15,000.0	¥3,500.0	¥1,200.0	¥800.0	¥0.0	¥9,000.0	¥800.0	
5	4月	¥35,600.0	¥15,000.0	¥4,000.0	¥1,200.0	¥800.0	¥0.0	¥9,000.0	¥0.0	
6	5月	¥34,600.0	¥15,000.0	¥4,800.0	¥1,200.0	¥800.0	¥0.0	¥9,000.0	¥0.0	
7	6月	¥35,100.0	¥15,000.0	¥6,200.0	¥800.0	¥800.0	¥4,000.0	¥9,000.0	¥0.0	
8	7月	¥35,800.0	¥15,000.0	¥4,000.0	¥1,200.0	¥800.0	¥0.0	¥9,000.0	¥1,500.0	
9	8月	¥35,700.0	¥15,000.0	¥1,500.0	¥1,200.0	¥800.0	¥0.0	¥9,000.0	¥1,600.0	
10	9月	¥36,500.0	¥15,000.0	¥3,200.0	¥1,200.0	¥800.0	¥4,000.0	¥9,000.0	¥0.0	
11	10月	¥35,800.0	¥15,000.0	¥3,000.0	¥1,200.0	¥800.0	¥0.0	¥9,000.0	¥0.0	
12	11月	¥36,500.0	¥15,000.0	¥3,000.0	¥1,500.0	¥800.0	¥0.0	¥9,000.0	¥0.0	
13	12月	¥36,500.0	¥15,000.0	¥1,000.0	¥1,200.0	¥800.0	¥25,000.0	¥9,000.0	¥5,000.0	

第4步 统计每月支出。使用求和函数对每个月的支出情况进行汇总，得出每月的总支出，完成统计后的效果如下图所示。

=SUM(B2:C2)

	A	B	C	D	E	F	G	H	I	J
1	月份	工资支出	招待费用	差旅费用	公车费用	办公用品费用	员工福利费用	房租费用	其他	合计
2	1月	¥35,700.0	¥15,000.0	¥4,000.0	¥1,200.0	¥800.0	¥0.0	¥9,000.0	¥0.0	¥65,700.0
3	2月	¥36,800.0	¥15,000.0	¥6,000.0	¥2,500.0	¥800.0	¥6,000.0	¥9,000.0	¥0.0	¥76,100.0
4	3月	¥36,700.0	¥15,000.0	¥3,500.0	¥1,200.0	¥800.0	¥0.0	¥9,000.0	¥800.0	¥87,000.0
5	4月	¥35,600.0	¥15,000.0	¥4,000.0	¥1,200.0	¥800.0	¥0.0	¥9,000.0	¥0.0	¥68,400.0
6	5月	¥34,800.0	¥15,000.0	¥4,800.0	¥1,200.0	¥800.0	¥0.0	¥9,000.0	¥0.0	¥65,400.0
7	6月	¥35,100.0	¥15,000.0	¥6,200.0	¥800.0	¥800.0	¥4,000.0	¥9,000.0	¥0.0	¥70,900.0
8	7月	¥35,800.0	¥15,000.0	¥4,000.0	¥1,200.0	¥800.0	¥0.0	¥9,000.0	¥1,500.0	¥67,300.0
9	8月	¥35,700.0	¥15,000.0	¥1,500.0	¥1,200.0	¥800.0	¥0.0	¥9,000.0	¥1,600.0	¥64,800.0
10	9月	¥36,500.0	¥15,000.0	¥4,000.0	¥3,200.0	¥800.0	¥4,000.0	¥9,000.0	¥0.0	¥72,500.0
11	10月	¥35,800.0	¥15,000.0	¥3,800.0	¥1,200.0	¥800.0	¥0.0	¥9,000.0	¥0.0	¥65,600.0
12	11月	¥36,500.0	¥15,000.0	¥1,500.0	¥800.0	¥800.0	¥0.0	¥9,000.0	¥0.0	¥64,800.0
13	12月	¥36,500.0	¥15,000.0	¥1,000.0	¥1,200.0	¥800.0	¥25,000.0	¥9,000.0	¥5,000.0	¥93,500.0

至此，公司年度开支凭证明细表统计制作完成。

1. 新功能：使用 XMATCH 函数返回项目在数组中的位置

使用 XMATCH 函数，可以在数组或单元格区域内搜索指定项，然后返回该项的相对位置。

语法如下:

=XMATCH (lookup_value、lookup_array、[match_mode]、[search_mode])

表 8-1　XMATCH 函数参数及对应说明

参数	说明
lookup_value 必需	查找值
lookup_array 必需	要搜索的数组或单元格区域
[match_mode] 可选	指定匹配类型: 0:默认值(完全) –1:完全匹配或下一个最小项 1:完全匹配或下一个最大项 2:通配符匹配,其中 *,? 和 ~ 有特殊含义
[search_mode] 可选	指定搜索类型: 1:默认搜索(搜索) –1:倒序搜索(搜索) 2:执行依赖于 lookup_array 按升序排序的二进制搜索。如果未排序,将返回无效结果 –2:执行依赖于 lookup_array 按降序排序的二进制搜索。如果未排序,将返回无效结果

在员工销售表中,记录了每位员工的月销售额,只有月销售额大于 100 000 的员工才能获得奖励,现在要统计能够获得奖励的员工数量,具体操作步骤如下。

第 1 步 打开"素材 \ch08\XMATCH 函数"工作簿,选中 G4 单元格,如下图所示。

第 2 步 输入公式"=XMATCH(G1,D2:D10,1)",如下图所示。

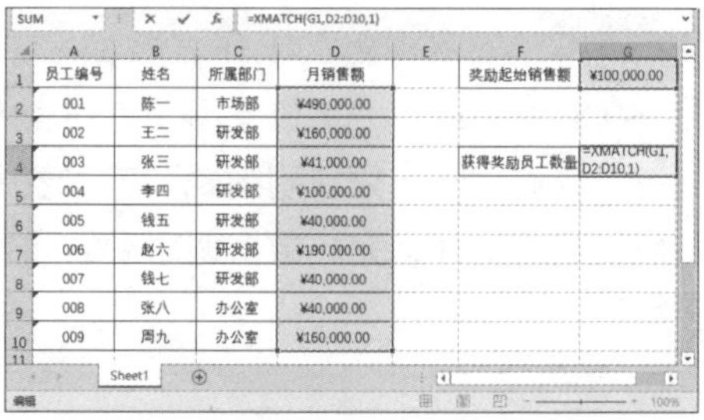

第 3 步 按【Enter】键确认,即可计算出月销售额大于 100 000 的员工数量,如下图所示。

2. 新功能:使用 LET 函数将计算结果分配给名称

使用 LET 函数能够将计算结果分配给名称,用于存储中间计算、值或定义公式中的名称。若要在 Excel 中使用 LET 函数,需定义名称 / 关联值对,再定义一个使用所有这些项的计算。需要注意的是,必须至少定义一个名称 / 值对(变量),LET 最多支持定义 126 个名称 / 值对(变置)。

=LET(name1,name_value1,calculation_or_name2,name_value2, calculation_or_name3...])

表 8-2　LET 函数参数及对应说明

参数	说明
name1 必需	要分配的第一个名称，必须以字母开头
name_value1 必需	分配给 name1 的值
calculation_or_name2 必需	下列任一项： ① 使用 LET 函数中的所有名称的计算，必须是 LET 函数中的最后一个参数 ② 分配给第二个 name_value 的第二个名称。如果指定了名称，则 name_value2 和 calculation_or_name3 是必需的
name_value2 可选	分配给 calculation_or_name2 的值
calculation_or_name3 可选	下列任一项： ① 使用 LET 函数中的所有名称的计算，LET 函数中的最后一个参数必须是一个计算 ② 分配给第三个 name_value 的第三个名称。如果指定了名称，则 name_value3 和 calculation_or_name4 是必需的

第1步 选中 A1 单元格，输入公式"=LET(x,2,y,3,x*y)"，如下图所示。

第2步 按【Enter】键确认，即可显示计算结果为"6"，如下图所示。

第 **3** 篇

PPT 办公应用篇

　　本篇主要介绍 PPT 中的各种操作,通过对本篇的学习,读者可以掌握 PPT 的基本操作、动画和多媒体的应用及放映幻灯片等操作。

第 9 章

PowerPoint 2021 的基本操作

本章导读

在大部分人的职业生涯中，都会遇到包含文字、图片和表格的幻灯片，如个人述职报告幻灯片、公司管理培训幻灯片、论文答辩幻灯片、产品营销推广方案幻灯片等。使用 PowerPoint 2021 为幻灯片应用主题、设置格式化文本、图文混排、添加数据表格、插入艺术字等，可以方便地对包含文字、图片和表格的幻灯片进行设计制作。本章以制作个人述职报告幻灯片为例，介绍 PowerPoint 2021 的基本操作。

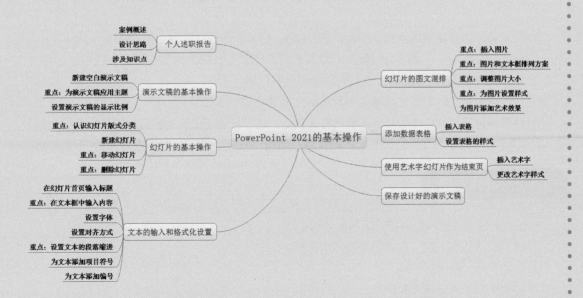

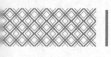

 9.1 个人述职报告

使用 PPT 制作个人述职报告，要做到表述清楚、内容客观、重点突出、个性鲜明，便于上级和下属了解自己的工作情况。

9.1.1 案例概述

述职报告是指各级工作人员向上级、主管部门和下属员工陈述任职情况，进行自我回顾、评估、鉴定的书面报告，包括履行岗位职责的情况、完成工作任务的情况、存在的问题和对今后的设想等。

述职报告是任职者陈述个人的任职情况、评议个人的任职能力、接受上级领导考核和群众监督的一种应用文，具有汇报性、总结性和理论性的特点。

述职报告从时间上分为任期述职报告、年度述职报告、临时述职报告等，从范围上分为个人述职报告、集体述职报告等。本章以制作个人述职报告为例，介绍 PowerPoint 2021 的基本操作。

制作个人述职报告时，需要注意以下几点。

1. 清楚述职报告的作用

① 要围绕岗位职责和工作目标来讲述自己的工作。

② 要体现出个人的作用，不能写成工作总结。

2. 内容客观、重点突出

① 个人述职报告要特别强调个人部分，讲究摆事实、讲道理，以叙述说明为主，不能旁征博引。

② 个人述职报告要写清事实，对收集来的数据、材料等进行认真地归类、整理、分析、研究。进行述职报告的目的在于总结经验教训，使未来的工作能在前期工作的基础上有所进步、有所提高，因此，述职报告对今后的工作具有很强的指导作用。

③ 个人述职报告的内容应当是通俗易懂的，语言可以适当口语化。

④ 述职报告是工作业绩考核、评价的重要依据。述职者一定要真实客观地陈述，力求全面、真实、准确地反映述职者在所在岗位上的职责履行情况。对成绩和不足，既不要夸大，也不要隐瞒。

9.1.2 设计思路

制作个人述职报告时可以按以下思路进行。

① 新建空白演示文稿，为演示文稿应用主题。

② 设置文本与段落的格式。

③ 为文本添加项目符号和编号。

④ 插入图片并设置图文混排。

⑤ 添加数据表格，并设置表格的样式。

⑥ 插入艺术字作为结束页，并更改艺术字样式。

⑦ 保存演示文稿。

9.1.3　涉及知识点

本案例主要涉及以下知识点。

① 为演示文稿应用主题并设置显示比例。

② 输入文本并设置段落格式。

③ 添加项目符号和编号。

④ 设置幻灯片的图文混排。

⑤ 添加数据表格。

⑥ 插入艺术字。

9.2　演示文稿的基本操作

制作个人述职报告幻灯片时，首先要新建空白演示文稿，并为演示文稿应用主题、设置演示文稿的显示比例。

9.2.1　新建空白演示文稿

启动 PowerPoint 2021 后，软件界面会出现关于创建什么样的演示文稿的提示，并提供模板供用户选择，单击【空白演示文稿】图标，即可创建一个空白演示文稿，具体操作步骤如下。

第1步 启动 PowerPoint 2021，弹出 PowerPoint 初始界面，单击【空白演示文稿】图标，如下图所示。

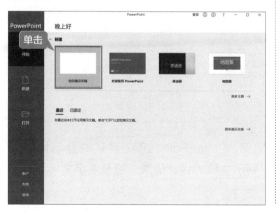

第2步 即可新建空白演示文稿，如下图所示。

9.2.2　重点：为演示文稿应用主题

新建空白演示文稿后，用户可以为演示文稿应用适合的主题，来满足对个人述职报告模板的格式要求。

1.　使用内置主题

PowerPoint 2021 中内置了多种主题，用户可以根据需要使用这些主题，具体操作步骤如下。

第1步 单击【设计】选项卡【主题】组右下角的【其他】按钮，在弹出的主题样式列表中任选一种样式，如选择"丝状"主题，如下图所示。

第2步 此时，所选主题即可应用到演示文稿中，完成设置后的效果如下图所示。

2.　自定义主题

如果对系统自带的主题不满意，用户也可以自定义主题，具体操作步骤如下。

第1步 单击【设计】选项卡【主题】组右下角的【其他】按钮，在弹出的主题样式列表中选择【浏览主题】选项，如下图所示。

第2步 在弹出的【选择主题或主题文档】对话框中，选择要应用的主题模板，然后单击【应用】按钮，即可应用自定义的主题，如下图所示。

9.2.3　设置演示文稿的显示比例

演示文稿中，一般有 4:3 与 16:9 两种显示比例，PowerPoint 2021 默认的显示比例为 16:9，用户可以自定义演示文稿页面的大小来满足演示文稿的设计需求。设置演示文稿显示比例的具体操作步骤如下。

第1步 单击【设计】选项卡【自定义】组中的【幻灯片大小】按钮，在弹出的下拉列表中选择【自

定义幻灯片大小】选项，如下图所示。

第2步 在弹出的【幻灯片大小】对话框中单击【幻灯片大小】文本框右侧的下拉按钮，在弹出的下拉列表中选择【全屏显示（16:10）】选项，然后单击【确定】按钮，如下图所示。

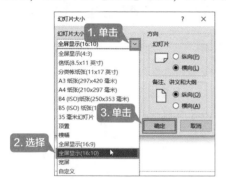

第3步 在弹出的【Microsoft PowerPoint】对话框中单击【最大化】按钮，如下图所示。

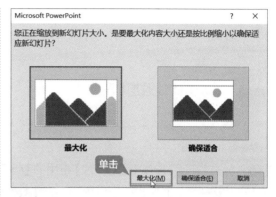

第4步 在幻灯片界面，即可看到设置后的效果，如下图所示。

9.3 幻灯片的基本操作

使用 PowerPoint 2021 制作述职报告时，首先要掌握幻灯片的基本操作。

9.3.1 重点：认识幻灯片版式分类

在使用 PowerPoint 2021 制作幻灯片时，经常需要更改幻灯片的版式，来满足不同内容的输入需要，具体操作步骤如下。

第1步 新建演示文稿后，演示文稿内会自带一张幻灯片页面，该幻灯片版式为"标题幻灯片"版式，如下图所示。

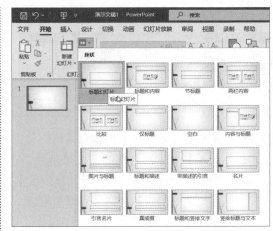

第2步 单击【开始】选项卡【幻灯片】组中的【版式】下拉按钮，在弹出的面板中即可看到"标题幻灯片""标题和内容""节标题""两栏内容"等诸多版式，如下图所示。

> **| 提示 |** ::::::::::
>
> 每种主题所包含的版式数量不等，主题样式及占位符也各不相同，用户可以根据需要选择要创建或更改的幻灯片版式，从而制作出符合要求的幻灯片。

9.3.2 新建幻灯片

新建演示文稿后，默认情况下仅包含一张幻灯片页面，用户可以根据需要新建更多的幻灯片页面，具体操作步骤如下。

第1步 单击【开始】选项卡【幻灯片】组中的【新建幻灯片】下拉按钮，在弹出的列表中选择【标题和内容】选项，如下图所示。

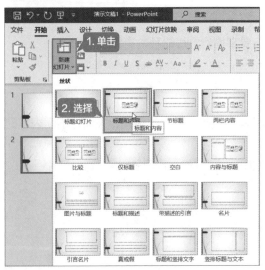

第2步 新建的幻灯片即显示在左侧的幻灯片窗格中，如下图所示。

第3步 重复上述操作步骤，再新建6张【仅标题】幻灯片及1张【空白】幻灯片，完成新建后的效果如下图所示。

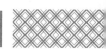

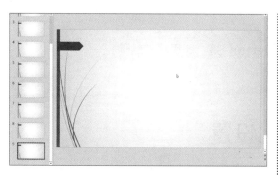

如下图所示。

第4步 在幻灯片窗格中单击鼠标右键，在弹出的快捷菜单中选择【新建幻灯片】命令，也可以在所选中的幻灯片页面后新建幻灯片页面，

9.3.3 重点：移动幻灯片

用户可以通过移动幻灯片的方法改变幻灯片的位置。单击需要移动的幻灯片并按住鼠标左键，拖曳幻灯片至目标位置，松开鼠标左键即可，如下图所示。此外，通过剪切后粘贴的方式也可以移动幻灯片。

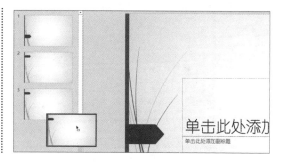

9.3.4 重点：删除幻灯片

删除幻灯片的常见方法有两种，用户可以根据使用习惯自主选择。

1. 使用鼠标右键

选中要删除的幻灯片页面并单击鼠标右键，在弹出的快捷菜单中选择【删除幻灯片】命令，即可删除所选中的幻灯片页面，如下图所示。

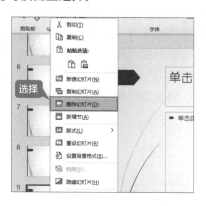

2. 使用【Delete】键

在幻灯片窗格中选中要删除的幻灯片，按【Delete】键，即可将其删除。

9.4 文本的输入和格式化设置

在幻灯片中，可以输入文本，并对文本进行字体、颜色、对齐方式、段落缩进等格式化设置。

9.4.1 在幻灯片首页输入标题

在幻灯片中，【文本占位符】的位置是固定的（后文中简称为"文本框"），用户可以在其中输入文本，具体操作步骤如下。

第1步 选中第1张幻灯片，单击标题文本框内的任意位置，使光标置于文本框内，输入标题文本"述职报告"，完成输入后的效果如下图所示。

第2步 单击副标题文本框内的任意位置，输入文本"述职人：张××"，按【Enter】键换行，再输入"2021年2月25日"，如下图所示。

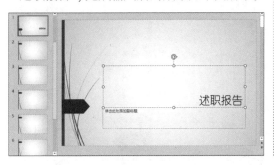

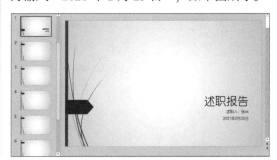

9.4.2 重点：在文本框中输入内容

在幻灯片的文本框中输入内容，完善述职报告，具体操作步骤如下。

第1步 打开"素材\ch09\述职报告\前言.txt"文档，选中记事本中的文字，按【Ctrl+C】组合键，复制所选内容。返回幻灯片中，单击第2张幻灯片中的文本框内任意位置，按【Ctrl+V】组合键，将复制的内容粘贴至文本框内，如下图所示。

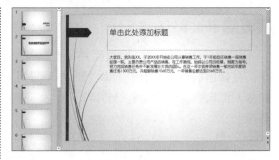

第2步 在标题文本框中输入"前言"文本，如下图所示。

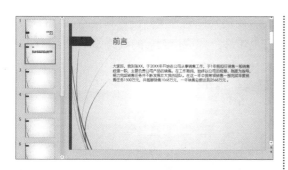

第3步 打开"素材\ch09\述职报告\工作业绩.txt"文档，将内容复制并粘贴至第3张幻灯片中，然后在"标题"文本框中输入标题"一、主要工作业绩"，如下图所示。

第4步 重复上述操作步骤，打开"素材\ch09\述职报告\主要职责.txt"文档，把内容复制并粘贴至第4张幻灯片中，然后输入标题"二、主要职责"，如下图所示。

第5步 重复上述操作步骤，打开"素材\ch09\述职报告\存在问题及解决方案.txt"文档，把内容复制并粘贴至第5张幻灯片中，然后输入标题"三、存在问题及解决方案"，如下图所示。

第6步 在第6张幻灯片页面中输入标题"四、团队建设"；在第7张幻灯片中输入标题"五、后期计划"，并复制后粘贴"素材\ch09\述职报告\后期计划.txt"文档中的内容，如下图所示。

9.4.3 设置字体

在 PowerPoint 2021 中，默认的【字体】为"宋体"，【字体颜色】为"黑色"，在【开始】选项卡【字体】组或【字体】对话框的【字体】选项卡中，可以设置字体、字号及字体颜色等，具体操作步骤如下。

第1步 选中第1张幻灯片页面中需要修改字体的文本内容，单击【开始】选项卡【字体】组中的【字体】下拉按钮，在弹出的下拉列表中设置【字体】为"方正兰亭特黑简体"，如下图所示。

第2步 单击【开始】选项卡【字体】组中的【字号】下拉按钮 ✓ ，在弹出的下拉列表中设置【字号】为"66"，如下图所示。

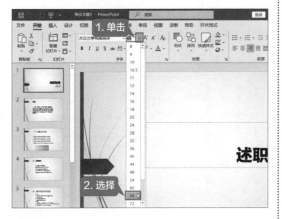

第3步 单击【开始】选项卡【字体】组中的【字体颜色】下拉按钮 ✓ ，在弹出的下拉列表中选择合适的颜色，即可更改文字的颜色，这里设置颜色为"黑色，文字1"，如下图所示。

第4步 单击"前言"幻灯片，重复上述操作步骤，设置标题内容的字体及字体颜色。随后设置正文内容的【字体】为"华文细黑"，【字号】为"18"，并把文本框调整到合适的大小与位

置。使用同样的方法，设置其余幻灯片的部分正文字体，完成设置后的效果如下图所示。

第5步 单击第5张幻灯片，选中"存在问题："和"解决方案："文本，单击【开始】选项卡【字体】组中的【字体颜色】下拉按钮 ✓ ，在弹出的下拉列表中选择【浅蓝】选项，更改所选中文本的字体颜色，如下图所示。

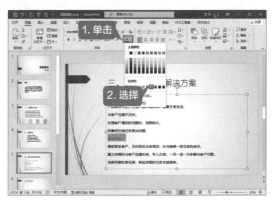

| 提示 |

单击【开始】选项卡【字体】组中的【字体】按钮 ⌐ ，在弹出的【字体】对话框中也可以设置字体、字号及字体颜色等内容，如下图所示。

9.4.4 设置对齐方式

段落对齐方式包括左对齐、右对齐、居中对齐、两端对齐和分散对齐等，选择不同的对齐方式可以达到不同的效果，具体操作步骤如下。

第1步 选择第 1 张幻灯片，选中需要设置对齐方式的标题段落，单击【开始】选项卡【段落】组中的【居中】按钮，如下图所示。

第2步 即可以看到将标题文本设置为"居中对齐"后的效果，如下图所示。

第3步 此外，还可以使用【段落】对话框设置对齐方式。单击【开始】选项卡【段落】组中的【段落】按钮，弹出【段落】对话框，在【缩进和间距】选项卡【常规】选项区域中的【对齐方式】下拉列表中选择【右对齐】选项，

单击【确定】按钮，如下图所示。

第4步 即可将标题文本的对齐方式更改为"右对齐"。使用同样的方法，将副标题文本框内的文本设置为"右对齐"，效果如下图所示。

9.4.5 重点：设置文本的段落缩进

段落缩进值是指段落中行的首字符或尾字符相对于页面左边界或右边界的距离。段落缩进的方式有首行缩进、文本之前缩进和悬挂缩进 3 种。设置段落缩进的具体操作步骤如下。

第1步 选中第 2 张幻灯片，将光标定位在要设置段落缩进的段落中（或全选该段落），单击【开始】选项卡【段落】组右下角的【段落】按钮，如下图所示。

第2步 弹出【段落】对话框，在【缩进和间距】选项卡的【缩进】选项区域中单击【特殊】文本框右侧的下拉按钮，在弹出的下拉列表中选择【首行】选项，单击【确定】按钮，如下图所示。

第3步 在【间距】选项区域中单击【行距】文本框右侧的下拉按钮，在弹出的下拉列表中选择【1.5倍行距】选项，单击【确定】按钮，如下图所示。

第4步 完成设置后的效果如下图所示。

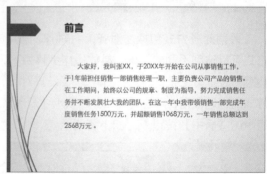

第5步 重复上述操作步骤，把幻灯片中的其他正文【行距】设置为"1.5倍行距"，完成设置后的效果如下图所示。

9.4.6 为文本添加项目符号

为文本添加项目符号和编号可以使内容呈现更加层次分明，易于阅读。项目符号就是在一些段落的前面加上完全相同的符号，具体操作步骤如下。

1. 使用【开始】选项卡

第1步 选中第3张幻灯片中的正文内容，单击【开始】选项卡【段落】组中的【项目符号】下拉按钮，在弹出的下拉列表中，将鼠标指针放置在某个项目符号上，即可预览其效果，如下图所示。

在【项目符号】下拉列表中选择【项目符号和编号】选项，即可打开【项目符号和编号】对话框，单击【自定义】按钮，在弹出的【符号】对话框中，即可选择其他符号作为项目符号，如下图所示。

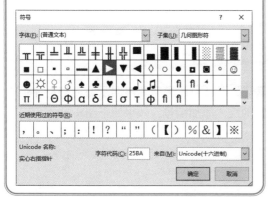

第2步 选择一种项目符号类型，即可将其应用至所选中的段落内，完成应用后的效果如下图所示。

2. 使用鼠标右键

选中要添加项目符号的文本内容并单击鼠标右键，在弹出的快捷菜单中选择【项目符号】命令，在其子菜单中选择项目符号样式，也可以完成添加项目符号的操作，如下图所示。

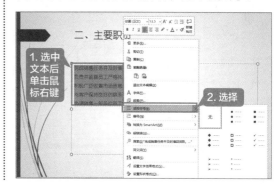

9.4.7 为文本添加编号

编号是按照大小顺序为文档中的行或段落添加的序号，添加编号的具体操作步骤如下。

1. 使用【开始】选项卡

第1步 在第 5 张幻灯片页面中选中要添加编号的文本，单击【开始】选项卡【段落】组中的【编号】下拉按钮，即可在弹出的下拉列表中选择编号的样式，如下图所示。

第2步 选择编号样式，即可添加编号，完成添加后的效果如下图所示。

2. 使用鼠标右键

第1步 选中第5张幻灯片"解决方案"下的正文内容并单击鼠标右键，在弹出的快捷菜单中选择【编号】选项，在其子菜单中选择一种样式，如下图所示。

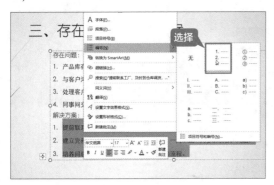

第2步 即可完成对编号的添加，效果如下图所示。

第3步 重复上述操作，根据需要为幻灯片中的其他文本添加编号，效果如下图所示。

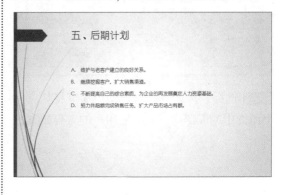

9.5 幻灯片的图文混排

在制作个人述职报告幻灯片时插入合适的图片，并根据需要调整图片的大小，为图片设置样式与艺术效果，可以达到图文并茂的效果。

9.5.1 重点: 插入图片

在制作个人述职报告幻灯片时，插入合适的图片，可以为文本进行说明或强调，具体操作步骤如下。

第1步 选中第3张幻灯片页面，单击【插入】选项卡【图像】组中的【图片】按钮，选择【此设备】选项，如下图所示。

第 3 步 即可将图片插入幻灯片中，如下图所示。

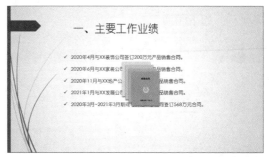

第 2 步 弹出【插入图片】对话框，选中需要插入幻灯片的图片，单击【插入】按钮，如下图所示。

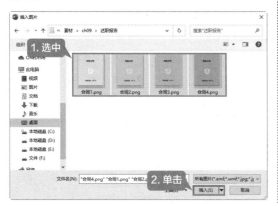

9.5.2 重点：图片和文本框排列方案

在个人述职报告幻灯片中插入图片后，选择合适的图片和文本框排列方案，可以使报告看起来更加美观、整洁，具体操作步骤如下。

第 1 步 分别选中所插入的图片，按住鼠标左键逐一拖曳，将插入的图片分散横向排列，如下图所示。

第 2 步 同时选中所插入的 4 张图片，单击【图片格式】选项卡【排列】组中的【对齐】下拉按钮，在弹出的下拉列表中选择【横向分布】选项，如下图所示。

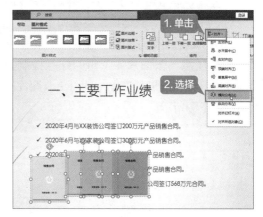

第3步 所选中的4张图片即可在横向上等分对齐排列，如下图所示。

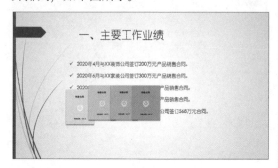

第4步 再次同时选中所插入的4张图片，单击【图片格式】选项卡【排列】组中的【对齐】下拉按钮，在弹出的下拉列表中选择【对齐幻灯片】选项，如下图所示。

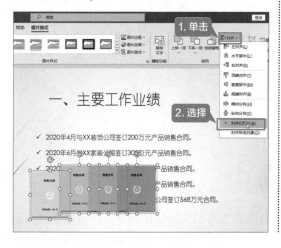

第5步 在4张图片被同时选中的状态下，单击【图片格式】选项卡【排列】组中的【对齐】下拉按钮，在弹出的下拉列表中选择【底端对齐】选项，如下图所示。

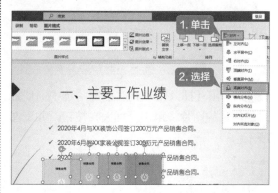

第6步 图片即可按照底端对齐的方式整齐排列，随后再同步调整4张图片至合适的位置，如下图所示。

9.5.3 重点：调整图片大小

在个人述职报告幻灯片中，确定图片和文本框的排列方案之后，需要调整图片的大小，以适应幻灯片的页面，具体操作步骤如下。

第1步 同时选中幻灯片中的4张图片，把鼠标指针放在任意一张图片4个角的任意控制点上，按住鼠标左键进行拖曳，即可更改图片的大小，如下图所示。

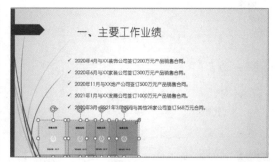

> **┃提示┃** ⋯⋯⋯⋯
>
> 　　在【图片格式】选项卡【大小】组中单击【形状高度】和【形状宽度】后的微调按钮，或直接在对应文本框内输入数值，可以精确调整图片的大小。

第2步 同时选中幻灯片中的 4 张图片，单击【开始】选项卡【绘图】组中的【排列】下拉按钮，在弹出的下拉列表中选择【对齐】→【横向分布】选项，即可将图片横向平均分布在幻灯片中，最终效果如下图所示。

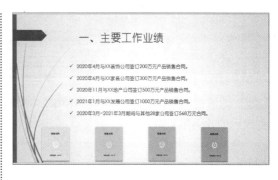

9.5.4　重点：为图片设置样式

　　用户可以为插入的图片设置边框、图片版式等样式，使述职报告更加美观，具体操作步骤如下。

第1步 同时选中所有需要设置相同样式的图片，单击【图片格式】选项卡【图片样式】组中的【其他】下拉按钮，在弹出的下拉列表中选择【双框架，黑色】选项，如下图所示。

第2步 确定第 1 张图片和第 4 张图片的位置后，同时选中这 4 张图片，单击【开始】选项卡【绘图】组中的【排列】下拉按钮。在弹出的下拉列表中选择【对齐】→【横向分布】选项，将图片横向平均分布在幻灯片中，完成设置后的效果如下图所示。

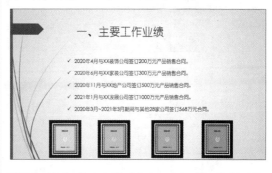

第3步 单击【图片格式】选项卡【图片样式】组中的【图片边框】下拉按钮，在弹出的下拉列表中选择【粗细】→【1磅】选项，如下图所示。

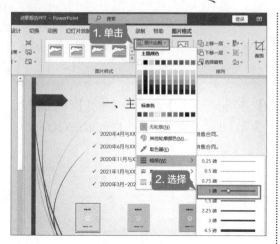

第4步 即可更改所选图片边框线的粗细，完成更改后的效果如下图所示。

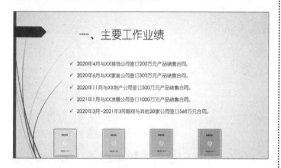

第5步 单击【图片格式】选项卡【图片样式】组中的【图片边框】下拉按钮，在弹出的下拉列表中选择【主题颜色】选项区域中的【黑色，文字1】选项，如下图所示。

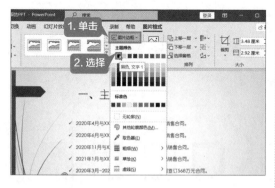

第6步 即可更改所选图片边框线的颜色，完成更改后的效果如下图所示。

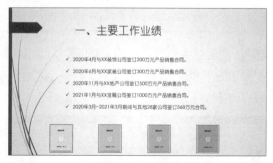

第7步 单击【图片格式】选项卡【图片样式】组中的【图片效果】下拉按钮，在弹出的下拉列表中选择【阴影】→【外部】选项区域中的【侧移：右下】选项，如下图所示。

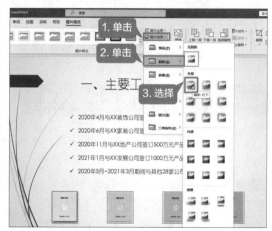

第8步 完成设置图片样式的操作，最终效果如下图所示。

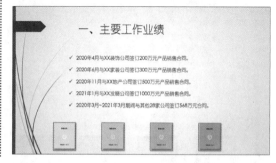

9.5.5　为图片添加艺术效果

对所插入的图片进行更正、调整等有关艺术效果的编辑，可以使图片更好地和述职报告融为一体，具体操作步骤如下。

第1步 选中一张插入的图片，单击【图片格式】选项卡【调整】组中的【校正】下拉按钮，在弹出的下拉列表中选择【亮度 / 对比度】选项区域中的【亮度：0%（正常）对比度：-20%】选项，如下图所示。

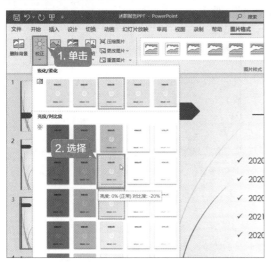

第2步 即可改变图片的亮度 / 对比度，如下图所示。对图片锐化 / 柔化程度的调整也可通过上述步骤进行。

第3步 单击【图片格式】选项卡【调整】组中

的【颜色】下拉按钮✓，在弹出的下拉列表中选择【颜色饱和度】选项区域中的【饱和度：200%】选项，如下图所示。

第4步 即可改变图片的颜色饱和度，如下图所示。

第5步 单击【图片格式】选项卡【调整】组中的【艺术效果】下拉按钮✓，在弹出的下拉列表中选择【纹理化】选项，如下图所示。

第6步 即可改变图片的艺术效果，如下图所示。

第7步 重复上述操作步骤，为其余图片添加艺术效果，并将所插入的图片移动至合适位置，如下图所示。

9.6 添加数据表格

在 PowerPoint 2021 中，可以插入表格，并为插入的表格设置表格样式，使所传达的信息更加清晰明了。

9.6.1 插入表格

在 PowerPoint 2021 中插入表格的方法有三种，分别是利用菜单命令、利用【插入表格】对话框和绘制表格。

1. 利用菜单命令

利用菜单命令插入表格是最常用的插入表格方式，具体操作步骤如下。

第1步 在演示文稿中选择要添加表格的幻灯片，单击【插入】选项卡【表格】组中的【表格】按钮 ，在【插入表格】区域中按住鼠标左键并拖曳，选择要插入表格的行数和列数，如下图所示。

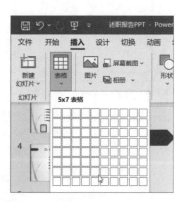

第2步 释放鼠标左键，即可在幻灯片中创建所选行列数的表格，如下图所示。

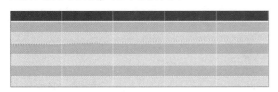

第3步 打开"素材\ch09\述职报告\团队建设.txt"文档，根据"团队建设.txt"文档内容，在表格中输入数据，完成输入后的效果如下图所示。

第4步 选中第1行第2列至第5列的单元格，如下图所示。

第5步 单击【布局】选项卡【合并】组中的【合并单元格】按钮，如下图所示。

第6步 即可合并选中的单元格，如下图所示。

第7步 单击【布局】选项卡【对齐方式】组中的【居中】按钮，即可使文字居中显示，如下

图所示。

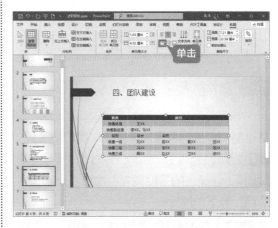

第8步 重复上述操作步骤，根据表格内容合并需要合并的单元格，完成合并后的效果如下图所示。

2. 利用【插入表格】对话框

除了利用菜单命令插入表格外，还可以利用【插入表格】对话框来插入表格，具体操作步骤如下。

第1步 将鼠标指针定位至需要插入表格的位置，单击【插入】选项卡【表格】组中的【表格】按钮，在弹出的下拉列表中选择【插入表格】选项，如下图所示。

第2步 弹出【插入表格】对话框，分别在【列数】和【行数】微调框中输入列数和行数，单击【确定】按钮，如下图所示，即可插入一个表格。

3. 绘制表格

当需要创建不规则的表格时，可以使用表格绘制工具绘制表格，具体操作步骤如下。

第1步 单击【插入】选项卡【表格】组中的【表格】按钮，在弹出的下拉列表中选择【绘制表格】选项，如下图所示。

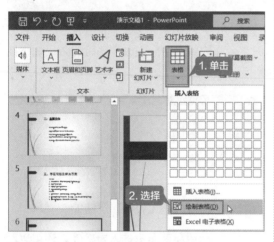

第2步 此时，鼠标指针变为铅笔形状。在需要绘制表格的地方单击鼠标左键并进行拖曳，绘制出表格的外边界，形状为矩形，如下图所示。

第3步 在该矩形中绘制行线、列线或斜线，绘制完成后按【Esc】键退出表格绘制模式，所绘表格如下图所示。

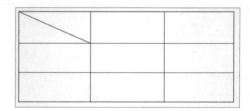

9.6.2 设置表格的样式

在 PowerPoint 2021 中可以设置表格的样式，使表格看起来更加美观，具体操作步骤如下。

第1步 选中表格，单击【表设计】选项卡【表格样式】组中的【其他】按钮，在弹出的下拉列表中选择【中度样式 2- 强调 6】选项，如下图所示。

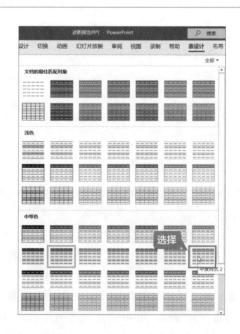

第2步 更改表格样式后的效果如下图所示。

职务	成员		
销售经理	王XX		
销售副经理	李XX、马XX		
组别	组长	组员	
销售一组	刘XX	段XX	郭XX	吕XX
销售二组	冯XX	张XX	朱XX	毛XX
销售三组	周XX	赵XX	卫XX	徐XX

第3步 单击【表设计】选项卡【表格样式】组中的【效果】下拉按钮，在弹出的下拉列表中选择【阴影】→【内部：中】选项，如下图所示。

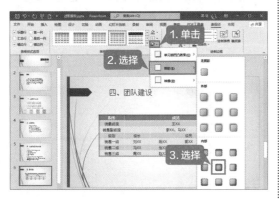

第4步 设置阴影后的效果如下图所示。

职务	成员		
销售经理	王XX		
销售副经理	李XX、马XX		
组别	组长	组员	
销售一组	刘XX	段XX	郭XX	吕XX
销售二组	冯XX	张XX	朱XX	毛XX
销售三组	周XX	赵XX	卫XX	徐XX

第5步 选中表格的第4行，单击【表设计】选项卡【表格样式】组中的【底纹】下拉按钮，在弹出的下拉列表中选择【取色器】选项，如下图所示。

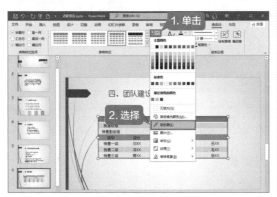

第6步 当鼠标指针变为吸管形状时，在表格第1行的任意底纹位置单击，即可将颜色填充至第4行，如下图所示。

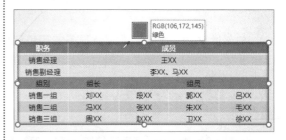

第7步 选中表格的第4行，单击【开始】选项卡【字体】组中的【字体颜色】下拉按钮，在弹出的下拉列表中选择【白色，背景1】选项，如下图所示。

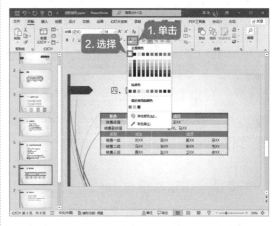

第8步 即可将第4行中文字的字体颜色更改为白色，完成表格样式的设计，最终效果如下图所示。

职务	成员		
销售经理	王XX		
销售副经理	李XX、马XX		
组别	组长	组员	
销售一组	刘XX	段XX	郭XX	吕XX
销售二组	冯XX	张XX	朱XX	毛XX
销售三组	周XX	赵XX	卫XX	徐XX

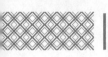

9.7 使用艺术字幻灯片作为结束页

与普通文字相比，艺术字有更多的颜色和形状可以选择，表现形式更加多样化，在幻灯片中插入艺术字可以达到锦上添花的效果。

9.7.1 插入艺术字

在幻灯片中插入"谢谢"等艺术字，可以作为结束页的结束语，具体操作步骤如下。

第1步 选中最后一张幻灯片，单击【插入】选项卡【文本】组中的【艺术字】下拉按钮，在弹出的下拉列表中选择一种艺术字样式，如下图所示。

第2步 即可弹出【请在此放置您的文字】文本框，如下图所示。

第3步 单击文本框内任意区域，输入文本内容"谢谢"，如下图所示。

第4步 将鼠标指针放至文本框右侧边缘中点处，按住鼠标左键并拖曳，可增加文本框的宽度。单击【开始】选项卡【段落】组中的【左对齐】按钮三，可对文字的对齐方式进行调整，如下图所示。

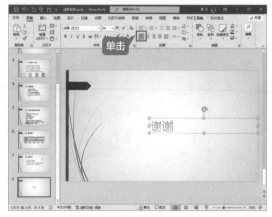

第5步 选中艺术字，设置【字号】为"60"，并调整艺术字文本框的位置，完成设置后的效果如下图所示。

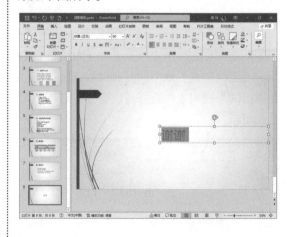

9.7.2 更改艺术字样式

插入艺术字之后，可以更改艺术字的样式，使幻灯片更加美观，具体操作步骤如下。

第1步 选中艺术字,单击【形状格式】选项卡【艺术字样式】组中的【文本效果】下拉按钮⌄,在弹出的下拉列表中选择【阴影】→【偏移:左下】选项,如下图所示。

第2步 为艺术字添加阴影后的效果如下图所示。

第3步 选中艺术字,单击【形状格式】选项卡【艺术字样式】组中的【文本效果】下拉按钮⌄,在弹出的下拉列表中选择【映像】→【紧密映像:4 磅 偏移量】选项,如下图所示。

第4步 为艺术字添加映像后的效果如下图所示。

第5步 选中艺术字文本框,单击【形状格式】选项卡【形状样式】组中的【形状填充】下拉按钮⌄,在弹出的下拉列表中选择【浅绿,背景 2,深色 25】选项,如下图所示。

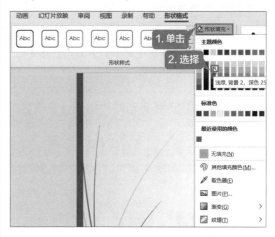

第6步 选中艺术字文本框,单击【形状格式】选项卡【形状样式】组中的【形状填充】下拉按钮⌄,在弹出的下拉列表中选择【渐变】→【变体】选项区域中的【从右下角】选项,如下图所示。

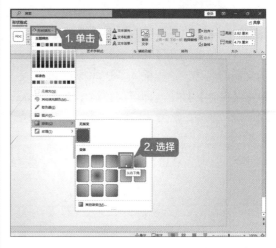

第7步 调整艺术字文本框的大小与位置,最终效果如下图所示。

9.8 保存设计好的演示文稿

演示文稿内的所有幻灯片均设计完成之后，需要进行保存。保存演示文稿的具体操作步骤如下。

第1步 单击【快速访问工具栏】中的【另存为】按钮，在弹出的界面中选择【浏览】选项，如下图所示。

第2步 在弹出的【另存为】对话框中选择文件要保存的位置，在【文件名】文本框中输入演示文稿的名称，这里输入"述职报告PPT"，单击【保存】按钮，即可保存演示文稿，如下图所示。

─┤ 提示 ├┈┈┈┈┈┈

　保存已经在同一设备上保存过的文档时，可以直接单击【快速访问工具栏】中的【保存】按钮。此外，选择【文件】选项卡中的【保存】命令或按【Ctrl+S】组合键，也可以快速保存文档。

　如果需要将已保存的演示文稿另存至其他位置或以其他的名称另存，可以使用【另存为】命令。将演示文稿另存的具体操作步骤如下。

第1步 单击【快速访问工具栏】中的【另存为】按钮，进入【另存为】界面，在弹出的界面中选择【这台电脑】→【浏览】选项，如下图所示。

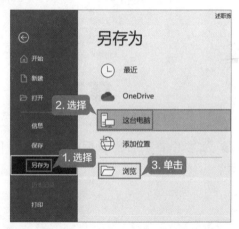

第2步 在弹出的【另存为】对话框中选择文档所要保存的位置，在【文件名】文本框中输入要另存的名称，例如，这里输入"述职报告"，单击【保存】按钮，即可完成对文档的另存操作，如下图所示。

设计论文答辩幻灯片

与个人述职报告幻灯片类似的幻灯片还有论文答辩幻灯片、演讲幻灯片等。设计制作这类幻灯片时，都要求做到内容客观、重点突出、个性鲜明，使观看者能迅速了解幻灯片的重点内容。下面就以设计论文答辩幻灯片为例进行介绍。

第1步 新建演示文稿。新建空白演示文稿，为演示文稿应用主题，并设置演示文稿的显示比例，完成设置后的效果如下图所示。

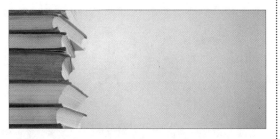

第2步 新建幻灯片。新建幻灯片，并在幻灯片内输入文本，设置字体格式、段落对齐方式、段落缩进等，完成设置后的效果如下图所示。

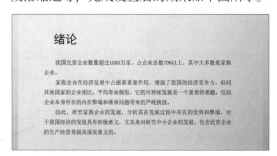

第3步 添加项目符号，进行图文混排。为文本添加项目符号，并插入图片，为图片设置样式，添加艺术效果，完成设置后的效果如下图所示。

第4步 添加表格、插入艺术字。插入表格，并设置表格的样式。插入艺术字，对艺术字的样式进行更改，并保存设计好的演示文稿。插入艺术字并对其样式进行更改后的幻灯片结束页如下图所示。

1. 使用网格和参考线辅助调整版式

在 PowerPoint 2021 中，使用网格和参考线可以辅助调整版式，提高特定类型幻灯片制作的效率，优化排版细节，具体操作步骤如下。

第1步 打开 PowerPoint 2021 软件，新建一张空白幻灯片。单击【视图】选项卡，在【显示】组中选中【网格线】与【参考线】复选框，如下图所示。

第2步 在幻灯片中，即可出现网格线与参考线，如下图所示。

第3步 单击【插入】选项卡中的【图片】按钮，选择【此设备】选项，在弹出的【插入图片】对话框中选中目标图片，单击【插入】按钮。插入图片后即可根据网格线与参考线调整图片位置及大小，如下图所示。

2. 将常用的主题设置为默认主题

将常用的主题设置为默认主题，可以提高操作效率。

打开 PowerPoint 2021 软件，单击【设计】选项卡【主题】组中的【其他】按钮，在弹出的下拉列表中找到要设置为默认主题的主题样式，在对应主题样式上单击鼠标右键，在弹出的快捷菜单中选择【设置为默认主题】选项，即可完成设置默认主题的操作，如下图所示。

3. 使用取色器为幻灯片配色

在 PowerPoint 2021 中，可以对图片中的任何颜色进行取色，以便更好地搭配文稿颜色，具体操作步骤如下。

第1步 打开 PowerPoint 2021 软件，应用任意主题。选中标题文本框，单击【形状格式】选项卡【形状样式】组中的【形状填充】下拉按钮，在弹出的【主题颜色】面板中选择【取色器】选项，如下图所示。

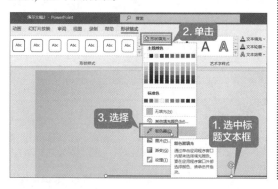

第2步 在幻灯片中任意一点单击鼠标左键，拾取该颜色，如下图所示。

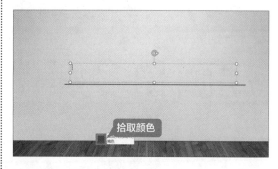

第3步 即可将拾取到的颜色填充到文本框中，效果如下图所示。

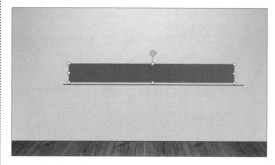

第 10 章

动画和多媒体的应用

📀 本章导读

　　动画和多媒体是幻灯片的重要组成元素，在制作幻灯片的过程中，适当地加入对动画和多媒体的应用可以使幻灯片变得更加精彩。幻灯片提供了多种动画样式，支持对动画效果和视频的自定义播放。本章以制作 ×× 公司宣传幻灯片为例，介绍动画和多媒体在幻灯片中的应用。

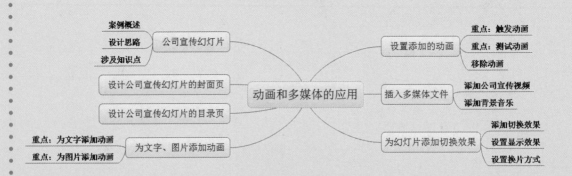

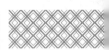

10.1 公司宣传幻灯片

公司宣传幻灯片是为了对公司进行更好的宣传而制作的宣传材料，幻灯片的质量关系到公司的形象和宣传效果，因此，应注重每张幻灯片中的细节处理。为特定的页面加入合适的过渡动画，会使幻灯片更加生动；为幻灯片加入视频等多媒体素材，可以达到更好的展示效果。

10.1.1 案例概述

公司宣传幻灯片包括公司简介、公司员工构成、设计理念、公司精神、公司文化几个主题，分别对公司各个方面进行介绍。公司宣传幻灯片是公司的宣传文件，代表了公司的形象，因此，公司宣传幻灯片的设计与制作应该美观大方、介绍明确。

10.1.2 设计思路

设计 ×× 公司宣传幻灯片时，可以根据以下思路进行。
① 设计幻灯片封面。
② 设计幻灯片目录页。
③ 为内容过渡页添加过渡动画。
④ 为内容添加动画。
⑤ 插入多媒体文件。
⑥ 添加切换效果。

10.1.3 涉及知识点

本案例主要涉及以下知识点。
① 幻灯片的插入。
② 动画的使用。
③ 在幻灯片中插入多媒体文件。
④ 为幻灯片添加切换效果。

10.2 设计公司宣传幻灯片的封面页

公司宣传幻灯片的一个重要组成部分就是封面，封面的内容包括幻灯片的名称和制作单位等，制作封面页的具体操作步骤如下。

第1步 打开"素材 \ch10\×× 公司宣传 PPT.pptx"幻灯片。单击【开始】选项卡【幻灯片】组中的【新建幻灯片】下拉按钮，在弹出的下拉列表中选择【标题幻灯片】样式，如下图所示。

第2步 即可新建一张幻灯片页面，在新建的幻灯片内的标题文本框中输入"×× 公司宣传PPT"文本，如下图所示。

第3步 选中输入的标题文字，在【开始】选项卡【字体】组中设置【字体】为"楷体"，【字号】为"66"，并单击【文字阴影】按钮 S 为文字添加阴影效果，如下图所示。

第4步 选中标题文字，单击【开始】选项卡【字体】组中的【字体颜色】下拉按钮，在弹出的下拉列表中选择【橙色，个性色 2】选项，如下图所示。

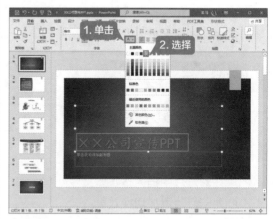

第5步 即可完成对标题文本的样式设置，完成设置后的效果如下图所示。

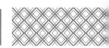

第6步 在副标题文本框中输入"公司宣传部"文本，并设置文字的【字体】为"楷体"，【字号】为"28"，【对齐方式】为"右对齐"，制作完成的封面页效果如下图所示。

| 提示 |

标题文本也可以选用艺术字，与普通文字相比，艺术字有更多的颜色和形状可以选择，表现形式多样化。

10.3 设计公司宣传幻灯片的目录页

制作完幻灯片封面页之后，需要为其添加目录页，具体操作步骤如下。

第1步 选中封面页后，单击【开始】选项卡【幻灯片】组中的【新建幻灯片】下拉按钮，在弹出的下拉列表中选择【仅标题】样式，如下图所示。

第2步 即可添加一张新的幻灯片，如下图所示。

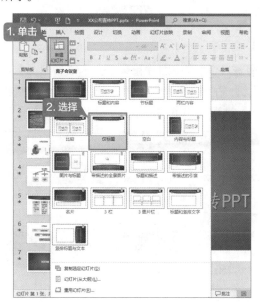

第3步 在幻灯片内的文本框中输入"目录"文本，并设置【字体】为"宋体（标题）"，【字号】为"40"，【对齐方式】为"居中对齐"，完成设置后的效果如下图所示。

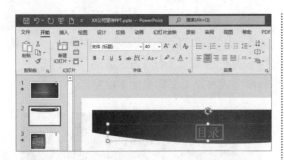

第4步 单击【插入】选项卡中的【图片】按钮，选择【此设备】选项，如下图所示。

第5步 在弹出的【插入图片】对话框中选择"素材 \ch10\ 图片 1.png"图片，单击【插入】按钮，如下图所示。

第6步 即可将图片插入幻灯片。适当调整图片的大小，效果如下图所示。

调整图片位置、设置图片样式及图中文字字体效果的具体操作步骤如下。

第1步 单击【插入】选项卡【文本】组中的【文本框】按钮，在图片上绘制文本框，如下图所示。

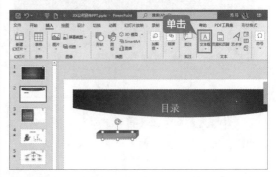

第2步 在文本框中输入"1"，设置【字体颜色】为"白色"，【字号】为"18"，添加"加粗"效果，随后将文本内容调整至图片中间位置，完成设置后的效果如下图所示。

第3步 同时选中图片和数字文本框后单击鼠标右键，在弹出的快捷菜单中选择【组合】→【组合】选项，如下图所示。

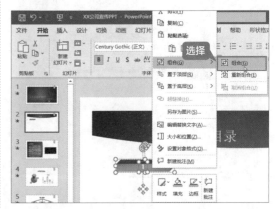

第4步 单击【插入】选项卡【插图】组中的【形状】下拉按钮，在弹出的下拉列表中选择【矩形】选项区域中的【矩形】形状，如下图所示。

第5步 按住鼠标左键并拖曳，在幻灯片中绘制矩形形状，效果如下图所示。

第6步 选中所绘制的矩形（后文中简称为"形状"），单击【形状格式】选项卡【形状样式】组中的【形状轮廓】按钮 ，在弹出的下拉列表中选择【无轮廓】选项，如下图所示。

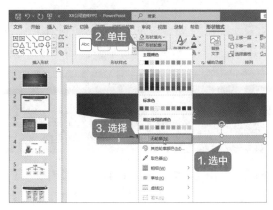

第7步 选中形状，在【形状格式】选项卡【大小】组中设置形状的【高度】为"0.9厘米"，【宽

度】为"11厘米"，效果如下图所示。

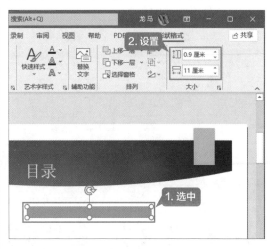

第8步 选中形状并单击鼠标右键，在弹出的快捷菜单中选择【编辑文字】选项，如下图所示。

第9步 在形状中输入"公司简介"，设置【字体】为"宋体"，【字号】为"18"，【字体颜色】为"黑色"，并应用"加粗"效果，将【对齐方式】设置为"居中对齐"。随后，同时选中图片和形状，执行组合操作，完成设置后的效果如下图所示。

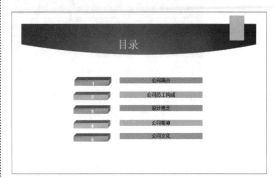

第10步 重复上面的操作，输入其他内容。目录页最终效果如下图所示。

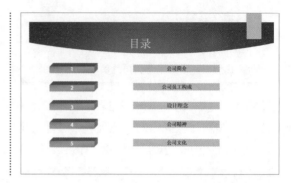

10.4 为文字、图片添加动画

在公司宣传幻灯片中，为文字、图片添加动画可以使幻灯片更加生动，起到更好的宣传效果。

10.4.1 重点：为文字添加动画

为公司宣传幻灯片的封面标题添加动画效果，可以使封面页更加生动，具体操作步骤如下。

第1步 选中封面页中的"××公司宣传PPT"文本框后，单击【动画】选项卡【动画】组中的【其他】按钮 ，如下图所示。

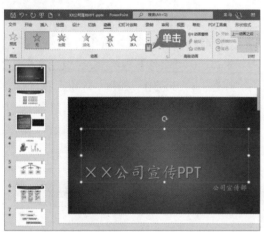

第2步 在弹出的下拉列表中选择【进入】选项区域中的【飞入】样式，如下图所示。

第3步 即可为文字添加"飞入"动画效果，文本框左上角会显示一个动画标记，如下图所示。

第4步 单击【动画】选项卡【动画】组中的【效果选项】按钮，在弹出的下拉列表中选择【自左下部】选项，如下图所示。

第5步 在【动画】选项卡【计时】组中选择【开始】下拉列表中的【上一动画之后】选项，【持续时间】设置为"02.75"，【延迟】设置为"00.00"，如下图所示。

第6步 使用同样的方法对副标题设置"飞入"动画效果，【效果选项】设置为"自右下部"，【开始】设置为"上一动画之后"，【持续时间】设置为"01.00"，【延迟】设置为"00.00"，完成设置后的效果如下图所示，副标题文本框左上角也会出现动画标记。

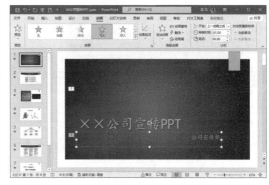

10.4.2 重点：为图片添加动画

除文字外，还可以对图片添加动画效果，具体操作步骤如下。

第1步 选择目录页，选中组合后的第一组图形，如下图所示。

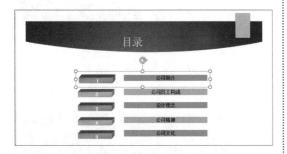

第2步 单击【形状格式】选项卡【排列】组中的【组合】按钮，在弹出的下拉列表中选择【取消组合】选项，如下图所示。

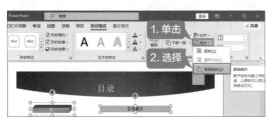

第3步 分别为图片和形状添加"随机线条"动画效果，如下图所示。

第4步 使用上述方法，为其余目录内容添加"随机线条"动画效果，完成添加后的效果如下图所示。

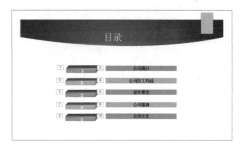

> **┃提示┃**
>
> 对于需要设置同样动画效果的部分，可以使用动画刷工具快速复制并应用动画效果。

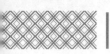

10.5 设置添加的动画

为公司宣传幻灯片中的内容添加动画效果之后，还可以根据需要对已添加的动画进行设置，以达到更好的播放效果。

10.5.1 重点：触发动画

在幻灯片中设置触发动画后，用户可以根据需要控制动画的播放。设置触发动画的具体操作步骤如下。

> **｜提示｜**:::::
>
> 触发动画是 PowerPoint 中的一项功能，它可以将一个图片、图形、按钮，甚至一个段落或文本框设置为触发器，单击该触发器时会触发一个操作，该操作可以是声音、电影或动画的播放。

第1步 选择封面页，选中标题文本框，如下图所示。

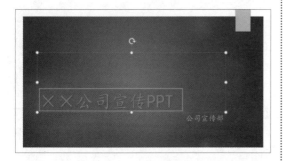

第2步 单击【形状格式】选项卡【插入形状】组内的【其他】按钮⚲，在弹出的下拉列表中选择【动作按钮】选项区域中的【动作按钮：前进或下一项】▷，如下图所示。

第3步 在幻灯片页面的适当位置绘制按钮，如下图所示。

第4步 绘制完成后，弹出【操作设置】对话框，选择【单击鼠标】选项卡，选中【无动作】单选按钮，单击【确定】按钮，如下图所示。

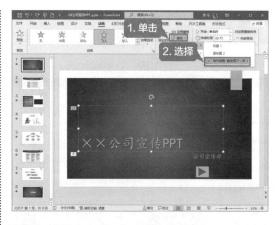

第5步 选中标题文本框,单击【动画】选项卡【高级动画】组中的【触发】下拉按钮⮟,在弹出的下拉列表中选择【通过单击】→【动作按钮:前进或下一项 3】选项,如下图所示。

第6步 放映幻灯片时,单击该按钮,即可播放为标题内容设置的动画,如下图所示。

10.5.2 重点:测试动画

完成对动画效果的设置后,可以进行预览测试,以检查动画的播放效果。测试动画的具体操作步骤如下。

第1步 选择要测试动画的幻灯片,这里选择第 2 张幻灯片,即目录页。单击【动画】选项卡【预览】组中的【预览】按钮☆,选择【预览】选项,如下图所示。

第2步 即可预览所添加的动画,效果如下图所示。

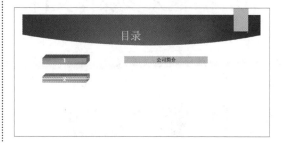

10.5.3 移除动画

如果需要更改或删除已设置的动画,具体操作步骤如下。

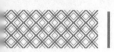
第1步 选择第2张幻灯片，即目录页，单击【动画】选项卡【高级动画】组中的【动画窗格】按钮 动画窗格，如下图所示。

第2步 弹出【动画窗格】任务窗格，可以在任务窗格中看到幻灯片中已添加的动画列表，如下图所示。

第3步 选中要删除的动画，单击鼠标右键，在弹出的快捷菜单中选择【删除】选项，如下图所示。

第4步 即可将选中的动画删除，如下图所示。

| 提示 |

如果误删除，可以按【Ctrl+Z】组合键撤销删除动画的操作。

 插入多媒体文件

在幻灯片中，可以插入多媒体文件，如声音文件或视频文件。在公司宣传幻灯片中添加多媒体文件，可以使幻灯片内容更加丰富，起到更好的宣传效果。

10.6.1 添加公司宣传视频

在幻灯片中添加公司宣传视频的具体操作步骤如下。

第1步 选择第3张幻灯片，选中公司简介文本框，适当调整文本框的位置和大小，完成调整后的效果如下图所示。

第2步 单击【插入】选项卡【媒体】组中的【视频】按钮，在弹出的下拉列表中单击【此设备】选项，如下图所示。

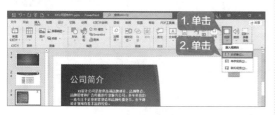

第3步 弹出【插入视频文件】对话框，选择"素材 \ch10\ 宣传视频 .wmv"文件，单击【插入】按钮，如下图所示。

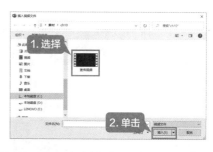

第4步 即可将视频插入幻灯片中，适当调整视频窗口的大小和位置，完成调整后的效果如下图所示。

| 提示 |

调整视频大小及位置的操作与调整图片大小及位置的操作类似，这里不再赘述。

10.6.2　添加背景音乐

除了插入视频文件外，还可以在幻灯片页面中添加声音文件。添加背景音乐的具体操作步骤如下。

第1步 选择第2张幻灯片，即目录页，单击【插入】选项卡【媒体】组中的【音频】按钮，在弹出的下拉列表中选择【PC 上的音频】选项，如下图所示。

第2步 弹出【插入音频】对话框，选择"素材 \ch10\ 声音 .mp3"文件，单击【插入】按钮，如下图所示。

第3步 即可将音频文件添加至幻灯片中。添加成功后，幻灯片中会产生一个音频标志，适当调整标志的位置，完成调整后的效果如下图所示。

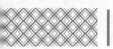
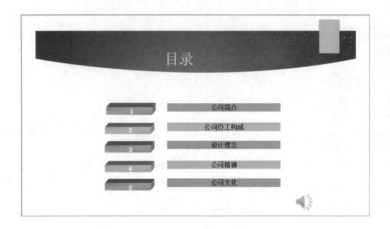

 10.7 为幻灯片添加切换效果

在幻灯片中添加幻灯片切换效果，可以使幻灯片的切换显得更加自然，使幻灯片各个主题的过渡更加流畅。

10.7.1 添加切换效果

在 ×× 公司宣传幻灯片中，为各张幻灯片之间添加切换效果的具体操作步骤如下。

第1步 选择第 1 张幻灯片，即封面页，单击【切换】选项卡【切换到此幻灯片】组中的【其他】按钮，在弹出的下拉列表中选择【华丽】选项区域中的【百叶窗】样式，如下图所示。

第2步 即可为该幻灯片添加"百叶窗"切换效果，如下图所示。

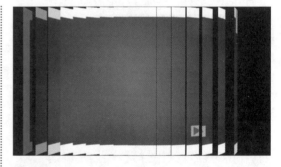

第3步 使用同样的方法，可以为其他幻灯片添加切换效果，如下图所示。

> **| 提示 |** ::::::::
>
> 如果要将设置的切换效果应用至所有幻灯片，可以单击【切换】选项卡【计时】组中的【应用到全部】按钮 📑应用到全部 。

10.7.2 设置显示效果

对幻灯片添加切换效果之后，可以更改其显示效果，具体操作步骤如下。

第 1 步 选择第 1 张幻灯片，即封面页，单击【切换】选项卡【切换到此幻灯片】组中的【效果选项】按钮 ▦，在弹出的下拉列表中选择【水平】选项，如下图所示。

第 2 步 单击【切换】选项卡【计时】组中的【声音】下拉按钮 ⌄，在弹出的下拉列表中选择【风铃】选项，在【持续时间】微调框中将持续时间设置为"02.00"，即可完成设置显示效果的操作，设置界面如下图所示。

10.7.3 设置换片方式

对于设置了切换效果的幻灯片，可以进一步设置幻灯片的换片方式，具体操作步骤如下。

第 1 步 选中【切换】选项卡【计时】组中的【单击鼠标时】和【设置自动换片时间】复选框，在【设置自动换片时间】微调框中设置自动切换时间为"01:10.00"，如下图所示。

> **| 提示 |** ::::::::
>
> 选中【单击鼠标时】复选框，则在单击鼠标时执行换片操作；选中【设置自动换片时间】复选框并设置换片时间，则在经过设置的换片时间后自动换片；同时选中这两个复选框，单击鼠标时将立刻执行换片操作，若长时间未单击鼠标，则经过设置的换片时间后自动换片。

第 2 步 单击【切换】选项卡【计时】组中的【应用到全部】按钮 📑应用到全部 ，即可将设置的显示效果和切换效果应用到所有幻灯片，如下图所示。

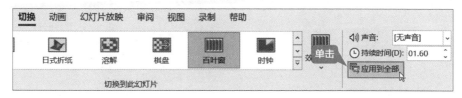

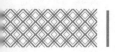

制作产品宣传展示幻灯片

产品宣传展示幻灯片的制作和××公司宣传幻灯片的制作有很多相似之处，尤其是对动画和切换效果的应用。制作产品宣传展示幻灯片时，可以按照以下思路进行。

第1步 制作封面页。为产品宣传展示幻灯片制作封面页，在封面页中输入产品宣传展示的主题和其他信息，完成制作后的效果如下图所示。

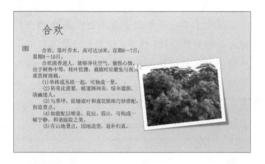

第2步 为图片添加动画效果。为幻灯片中的图片添加动画效果，使产品的展示更加引人注目，起到更好的宣传效果。为图片添加动画效果后的界面如下图所示。

第3步 为文字添加动画效果。文字是幻灯片中的重要元素之一，使用合适的动画效果，可以使文字很好地和其余元素融合在一起。为文字添加动画效果后的界面如下图所示。

第4步 为幻灯片添加切换效果。根据需要为幻灯片添加切换效果，整体制作完成后的结束页如下图所示。

1. 便利的屏幕录制

使用屏幕录制功能，可以录制选定的屏幕区域，并将录制好的视频插入幻灯片，具体操作步骤如下。

第1步 单击【录制】选项卡【自动播放媒体】组中的【屏幕录制】按钮，如下图所示。

第2步 即可弹出录制操作区域，如下图所示。

第3步 在计算机屏幕上拖曳鼠标指针，选择要录制的屏幕区域，选框如下图所示。

第4步 单击【录制】按钮，即可开始录制屏幕，如下图所示。如果要结束录制，可以按【Windows+Shift+Q】组合键。录制结束后，视频文件会自动插入至当前选择的幻灯片页面。

2. 在幻灯片中制作动画 GIF

Office 2021 支持将幻灯片另存为动态 GIF 格式文件，方便共享。

第1步 单击【文件】选项卡中的【导出】选项，在右侧的【导出】区域选择【创建动态 GIF】选项，如下图所示。

第2步 在【创建动态 GIF】界面中设置文件的格式，这里设置文件大小为"大"，【花在每张幻灯片上的秒数】为"01.00"，完成设置后单击【创建 GIF】按钮，如下图所示。

第3步 弹出【另存为】对话框，选择文件存储的位置后，单击【保存】按钮，如下图所示。

第4步 即可在幻灯片底部显示存储进度，如下图所示。

第5步 制作完成后，即可在对应存储位置看到生成的 GIF 文件，双击该文件，即可查看动画效果，如下图所示。

第11章

放映幻灯片

📃 本章导读

完成幻灯片的设计制作后，经常需要放映幻灯片。放映前要做好准备工作，选择合适的放映方式，并控制放映幻灯片的进度。使用 PowerPoint 2021 提供的排练计时、自定义幻灯片放映、放大幻灯片局部信息、使用画笔来做标记等功能，可以方便地放映幻灯片。本章以商务会议礼仪幻灯片的放映为例，介绍如何放映幻灯片。

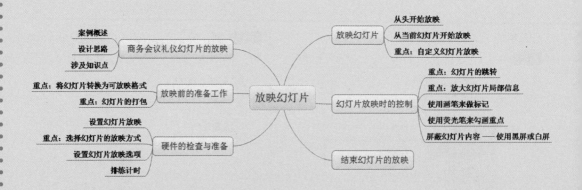

 11.1 商务会议礼仪幻灯片的放映

放映商务会议礼仪幻灯片时要求做到逻辑顺畅、动画适度、重点突出，便于观众快速地接收幻灯片中的信息。

11.1.1 案例概述

商务会议礼仪幻灯片制作完成后，需要将其进行放映。放映前要做好准备工作，以便顺利地对幻灯片中的内容进行展示。放映商务会议礼仪幻灯片时，需要注意以下几点。

1. 简洁

① 放映幻灯片时要简洁、流畅，应提前将演示文稿中的文件打包保存，避免资料缺失。

② 选择合适的放映方式，可以预先进行排练计时。

③ 商务会议礼仪幻灯片放映过程中，要避免过于华丽的切换效果和动画效果。

2. 重点明了

① 在放映幻灯片时，对于重点信息，需要放大幻灯片局部进行播放。

② 对于重点信息，可以使用画笔来进行标记，并选择荧光笔来进行勾画、区分。

③ 需要观众进行思考时，可以使用黑屏或白屏来屏蔽幻灯片中的内容。

11.1.2 设计思路

需要放映商务会议礼仪幻灯片时，可以按以下思路进行准备。

① 做好幻灯片放映前的内容准备工作。

② 选择幻灯片的放映方式，并进行排练计时。

③ 自定义幻灯片的放映。

④ 使用画笔与荧光笔在幻灯片中添加标记。

⑤ 使用黑屏与白屏。

11.1.3 涉及知识点

本案例主要涉及以下知识点。

① 转换幻灯片的格式，打包幻灯片。

② 设置幻灯片放映方式。

③ 放映幻灯片。

④ 控制幻灯片放映时的播放过程。

11.2 放映前的准备工作

在放映商务会议礼仪幻灯片之前，要做好准备工作，避免放映过程中出现意外。

11.2.1 重点：将幻灯片转换为可放映格式

放映幻灯片之前，可以将幻灯片转换为可放映格式，这样就能直接打开放映文件，适合进行演示。将幻灯片转换为可放映格式的具体操作步骤如下。

第1步 打开"素材 \ch11\ 商务会议礼仪 PPT.pptx"文档，选择【文件】→【另存为】→【浏览】选项，如下图所示。

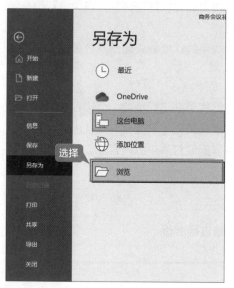

第2步 弹出【另存为】对话框，在【文件名】文本框中输入"商务会议礼仪 PPT"文本，单击【保存类型】文本框后的下拉按钮，在弹出的下拉列表中选择【PowerPoint 放映】选项，如下图所示。

第3步 单击【保存】按钮，如下图所示。

第4步 即可将幻灯片转换为可放映的格式，文件首页如下图所示。

11.2.2 重点: 幻灯片的打包

幻灯片的打包是将同一演示文稿中独立的文件集成到一起, 生成一个独立运行的文件, 避免单个文件损坏或无法调用等问题, 具体操作步骤如下。

第1步 单击【文件】→【导出】→【将演示文稿打包成 CD】→【打包成 CD】按钮, 如下图所示。

第2步 弹出【打包成 CD】对话框, 在【将 CD 命名为】文本框中为打包的幻灯片进行命名, 随后单击【复制到文件夹】按钮, 如下图所示。

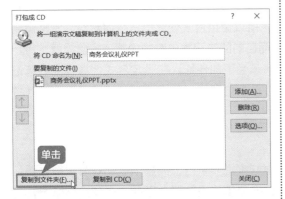

第3步 弹出【复制到文件夹】对话框, 单击【浏览】按钮, 如下图所示。

第4步 弹出【选择位置】对话框, 选择保存的目标位置后, 单击【选择】按钮, 如下图所示。

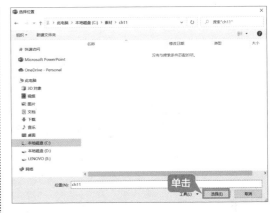

第5步 返回【复制到文件夹】对话框, 单击【确定】按钮, 如下图所示。

第6步 弹出【Microsoft PowerPoint】对话框, 用户信任连接来源后, 可以单击【是】按钮, 如下图所示。

第7步 弹出【正在将文件复制到文件夹】对话框, 开始复制文件, 如下图所示。

第8步 复制完成后, 即可打开【商务会议礼仪 PPT】文件夹, 完成对幻灯片的打包, 如下图所示。

下图所示。

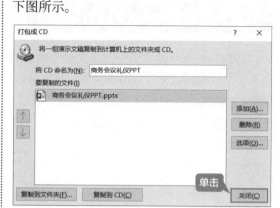

 返回【打包成 CD】对话框，单击【关闭】按钮，就完成了对幻灯片进行打包的操作，如

11.3 硬件的检查与准备

1. 硬件连接

大多数台式计算机只有一个 VGA 信号输出口，所以使用台式计算机进行演示时，常常需要单独添加一个显卡，并正确配置后才能正常使用，而目前的笔记本电脑均内置了多监视器支持，因此，要使用演示者视图，使用笔记本电脑进行演示会更加便捷。在确定台式计算机或者笔记本电脑可以多头输出信号的情况下，将外接显示设备的信号线正确连接到视频输出口上，并打开外接设备的电源，就可以完成硬件连接了。

2. 软件安装

对于支持多显示输出的台式计算机或笔记本电脑来说，机器上的显卡驱动安装也很重要，如果没有正确安装显卡驱动，可能无法使用多头输出显示信号功能。因此，遇到这种情况，需要重新安装显卡的最新驱动。如果显卡的驱动正常，则不需要进行该步骤。

3. 输出设置

显卡驱动正确安装后，任务栏的最右端会显示图形控制图标。单击该图标，在弹出的显示设置的快捷菜单中执行【图形选项】→【输出至】→【扩展桌面】→【笔记本电脑＋监视器】命令，就可以完成以笔记本电脑屏幕作为主显示器，以外接显示设备作为辅助输出的设置。

11.3.1 设置幻灯片放映

用户可以对商务会议礼仪幻灯片的放映进行放映方式设置、排练计时设置等设置。

11.3.2 重点：选择幻灯片的放映方式

在 PowerPoint 2021 中，幻灯片的放映方式包括以下 3 种：演讲者放映、观众自行浏览和在展台浏览。

具体演示方式，可以通过单击【幻灯片放映】选项卡【设置】组中的【设置幻灯片放映】按钮，在弹出的【设置放映方式】对话框中进行放映类型、放映选项及换片方式等设置。

1. 演讲者放映

幻灯片放映方式中的演讲者放映是指由演讲者一边讲解一边放映幻灯片的放映方式，此放映方式一般用于比较正式的场合，如专题讲座、学术报告等，本章案例便适合使用演讲者放映的方式。将幻灯片的放映方式设置为演讲者放映的具体操作步骤如下。

第 1 步 单击【幻灯片放映】选项卡【设置】组中的【设置幻灯片放映】按钮，如下图所示。

第 2 步 弹出【设置放映方式】对话框，默认设置即为演讲者放映，如下图所示。

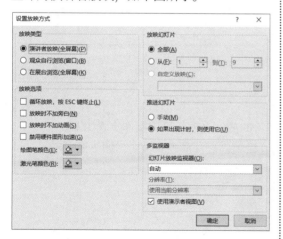

2. 观众自行浏览

观众自行浏览是指由观众自己动手使用计算机观看幻灯片的放映方式。如果希望观众自己浏览多媒体幻灯片，可以将幻灯片的放映方式设置成观众自行浏览，具体操作步骤如下。

第 1 步 单击【幻灯片放映】选项卡【设置】组中的【设置幻灯片放映】按钮，弹出【设置放映方式】对话框。在【放映类型】选项区域中选中【观众自行浏览（窗口）】单选按钮；在【放映幻灯片】选项区域中选中【从……到……】单选按钮，并在第 2 个文本框中输入"4"，设置从第 1 页到第 4 页的幻灯片放映方式为观众自行浏览，如下图所示。

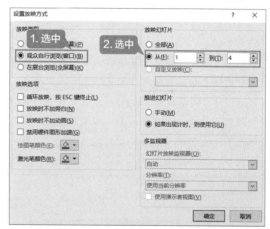

第 2 步 单击【确定】按钮，完成设置，按【F5】键进行幻灯片的演示。这时可以看到，设置后的前 4 页幻灯片以窗口的形式出现，并且在最下方显示状态栏，如下图所示。

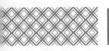
第3步 单击鼠标右键，在弹出的列表中选择【结束放映】，可退出放映界面。单击【视图】选项卡【演示文稿视图】组中的【普通】按钮，可以将幻灯片切换到普通视图状态，如下图所示。

| 提示 |

单击状态栏中的【上一张】按钮◁和【下一张】按钮▷，可以切换幻灯片；单击状态栏右侧的【幻灯片浏览】按钮▦，可以将幻灯片由普通状态切换到幻灯片浏览状态；单击状态栏右侧的【阅读视图】按钮▤，可以将幻灯片切换到阅读状态；单击状态栏右侧的【幻灯片放映】按钮🖵，可以将幻灯片切换到幻灯片放映状态。

3. 在展台浏览

在展台浏览这一放映方式可以让多媒体幻灯片自动放映，不需要演讲者操作，如放映展览会的产品展示幻灯片等，将幻灯片的放映方式设置为在展台浏览的具体操作步骤如下。

打开幻灯片后，在【幻灯片放映】选项卡【设置】组中单击【设置幻灯片放映】按钮，在弹出的【设置放映方式】对话框的【放映类型】选项区域中选中【在展台浏览（全屏幕）】单选按钮，即可将放映方式设置为在展台浏览，如下图所示。

| 提示 |

可以将在展台浏览设置为当看完整个幻灯片或幻灯片保持闲置状态达到一定时间后，自动返回幻灯片首页重新播放。这样，放映者就不需要一直守着展台了。

11.3.3　设置幻灯片放映选项

确定幻灯片的放映方式后，用户需要设置幻灯片的放映选项，具体操作步骤如下。

第1步 单击【幻灯片放映】选项卡【设置】组中的【设置幻灯片放映】按钮，如下图所示。

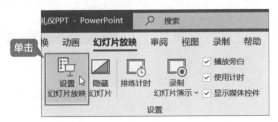

第2步 弹出【设置放映方式】对话框，选中【演讲者放映（全屏幕）】单选按钮，如下图所示。

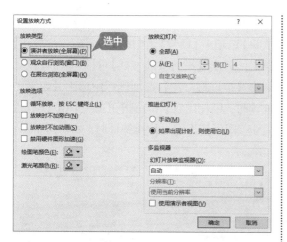

第3步 在【设置放映方式】对话框【放映选项】选项区域中，选中【循环放映，按 ESC 键终止】复选框，如下图所示，即可在最后一张幻灯片放映结束后，自动返回第一张幻灯片重复放映，直到按【Esc】键才结束放映。

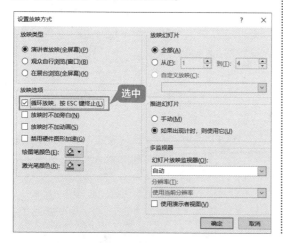

第4步 在【设置放映方式】对话框【推进幻灯片】选项区域中选中【手动】单选按钮，可设置演示过程中的换片方式为手动，如下图所示。

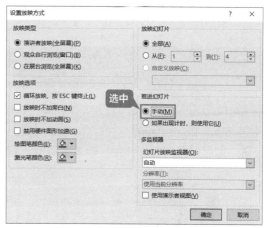

| 提示 |

选中【放映时不加旁白】复选框，表示放映时不播放制作时在幻灯片中添加的声音。选中【放映时不加动画】复选框，表示制作时设定的动画效果在放映时被屏蔽。

11.3.4　排练计时

用户可以通过排练计时为每张幻灯片确定适当的放映时间，更好地控制自动放映幻灯片时的放映节奏，具体操作步骤如下。

第1步 单击【幻灯片放映】选项卡【设置】组中的【排练计时】按钮，如下图所示。

第2步 即可进入幻灯片放映界面，与此同时，界面左上角会出现【录制】对话框，在【录制】对话框内，可以进行暂停、继续等操作，如下图所示。

第3步 按所需节奏完成幻灯片放映后，弹出【Microsoft PowerPoint】对话框，单击【是】按钮，即可保存幻灯片计时，如下图所示。

第4步 单击【幻灯片放映】选项卡【开始放映幻灯片】组中的【从头开始】按钮，即可按已保存的计时节奏自动播放幻灯片，如下图所示。

第5步 若幻灯片不能自动放映，单击【幻灯片放映】选项卡【设置】组中的【设置幻灯片放映】按钮，弹出【设置放映方式】对话框。在该对话框【推进幻灯片】选项区域中选中【如果出现计时，则使用它】单选按钮，并单击【确定】按钮，即可使用幻灯片排练计时，如下图所示。

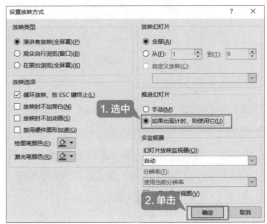

11.4 放映幻灯片

默认情况下，幻灯片的放映方式为普通手动放映。用户可以根据实际需要设置幻灯片的放映方式，如从头开始放映、从当前幻灯片开始放映、联机放映等。

11.4.1 从头开始放映

放映幻灯片一般是从头开始放映的，具体操作步骤如下。

第1步 单击【幻灯片放映】选项卡【开始放映幻灯片】组中的【从头开始】按钮或按【F5】键，如下图所示。

第2步 系统将从头开始播放幻灯片。由于上一

节中已设置了排练计时，因此，此时会按照排练计时的时间自动播放幻灯片，播放过程中的界面如下图所示。

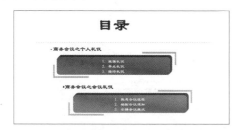

11.4.2　从当前幻灯片开始放映

放映幻灯片时，可以从选定的当前幻灯片开始放映，具体操作步骤如下。

第1步 选中第 2 张幻灯片，单击【幻灯片放映】选项卡【开始放映幻灯片】组中的【从当前幻灯片开始】按钮或按【Shift+F5】组合键，如下图所示。

第2步 系统将从当前幻灯片开始播放幻灯片。

按【Enter】键或按【空格】键可以手动切换至下一张幻灯片，播放过程中的界面如下图所示。

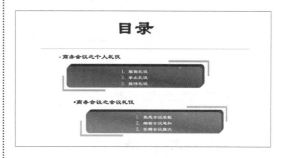

11.4.3　重点：自定义幻灯片放映

利用 PowerPoint 2021 中的【自定义幻灯片放映】功能，可以为幻灯片设置多种自定义放映方式，具体操作步骤如下。

第1步 单击【幻灯片放映】选项卡【开始放映幻灯片】组中的【自定义幻灯片放映】按钮，在弹出的下拉菜单中选择【自定义放映】命令，如下图所示。

第2步 弹出【自定义放映】对话框，单击【新建】按钮，如下图所示。

第3步 弹出【定义自定义放映】对话框，在【在演示文稿中的幻灯片】列表框中选中需要放映的幻灯片，然后单击【添加】按钮，即可将选中的幻灯片添加到【在自定义放映中的幻灯片】列表框中，单击【确定】按钮，如下图所示。

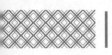

第4步 返回【自定义放映】对话框，单击【放映】
按钮，如下图所示。

第5步 即可从选中的页码开始放映，播放过程
中的界面如下图所示。

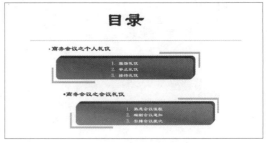

11.5 幻灯片放映时的控制

在幻灯片的放映过程中，可以进行控制幻灯片的跳转、放大幻灯片局部信息、为幻灯片添加标记等操作。

11.5.1 重点：幻灯片的跳转

在播放幻灯片的过程中，即需要幻灯片的跳转，又需要保持逻辑上的关系时，具体操作步骤如下。

第1步 选择目录页幻灯片，选中【服饰礼仪】文本并单击鼠标右键，在弹出的快捷菜单中选择【超链接】命令，如下图所示。

第2步 弹出【插入超链接】对话框，在【链接到】选项区域中，可以选择需要链接的文件位置，这里选择【本文档中的位置】选项，随后在【请

选择文档中的位置】选项区域中选中【3. 服饰礼仪】，单击【确定】按钮，如下图所示。

第3步 即可在目录页幻灯片中插入超链接，如下图所示。

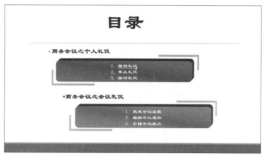

第 4 步 单击【幻灯片放映】选项卡【开始放映幻灯片】组中的【从当前幻灯片开始】按钮，即可从目录页幻灯片开始播放幻灯片，如下图所示。

第 5 步 在幻灯片放映时，单击【服饰礼仪】超链接，如下图所示。

第 6 步 即可跳转至超链接所指向的幻灯片并继续播放，如下图所示。

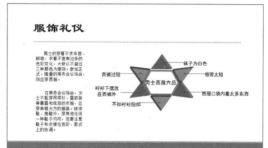

11.5.2　重点：放大幻灯片局部信息

在幻灯片放映过程中，可以放大幻灯片的局部，强调重点内容，具体操作步骤如下。

第 1 步 选择"举止礼仪"幻灯片，单击【幻灯片放映】选项卡【开始放映幻灯片】组中的【从当前幻灯片开始】按钮，如下图所示。

第 2 步 即可从当前页面开始播放幻灯片，单击屏幕左下角的【放大镜】按钮，如下图所示。

第 3 步 当鼠标指针变为放大镜图标时，指针周围是一个矩形的白色区域，其余部分则变成灰色区域，矩形所覆盖的区域就是即将放大的区域，如下图所示。

第 4 步 单击需要放大的区域，即可放大局部幻灯片，如下图所示。

第5步 当不再需要进行放大展示时，按【Esc】键，即可退出放大状态，如下图所示。

11.5.3 使用画笔来做标记

要想使观看者更加清晰地了解幻灯片内容所表达的意思，有时需要在幻灯片中添加标记。添加标记的具体操作步骤如下。

第1步 选择第4张"举止礼仪"幻灯片，单击【幻灯片放映】选项卡【开始放映幻灯片】组中的【从当前幻灯片开始】按钮或按【Shift+F5】组合键放映幻灯片，放映界面如下图所示。

第2步 在页面上单击鼠标右键，在弹出的快捷菜单中选择【指针选项】→【笔】命令，如下图所示。

第3步 当鼠标指针变为一个点时，即可在幻灯片中添加标记，如下图所示。

第4步 结束放映幻灯片时，弹出【Microsoft PowerPoint】对话框，单击【保留】按钮，如下图所示。

第5步 即可保留画笔标记，如下图所示。

11.5.4 使用荧光笔来勾画重点

使用荧光笔来勾画重点，可以与画笔标记进行区分，以达到演讲者的强调目的，具体操作步骤如下。

第1步 选中第 2 张幻灯片，单击【幻灯片放映】选项卡【开始放映幻灯片】组中的【从当前幻灯片开始】按钮或按【Shift+F5】组合键，如下图所示。

第2步 即可从当前幻灯片页面开始播放。在页面中单击鼠标右键，在弹出的快捷菜单中选择【指针选项】→【荧光笔】命令，如下图所示。

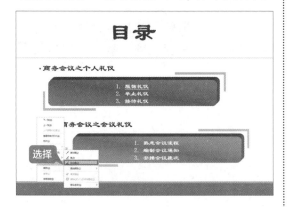

第3步 当鼠标指针变为一条短竖线时，可在幻灯片中添加荧光笔标记，如下图所示。

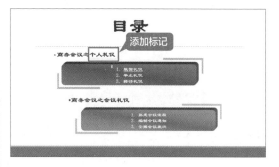

第4步 结束放映幻灯片时，弹出【Microsoft PowerPoint】对话框，单击【保留】按钮，如下图所示。

第5步 即可保留荧光笔标记，如下图所示。

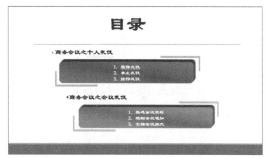

11.5.5 屏蔽幻灯片内容——使用黑屏或白屏

在幻灯片放映过程中，如果需要观众思考接下来要放映的内容，可以使用黑屏或白屏来暂时隐藏幻灯片内容。使用黑屏和白屏的具体操作步骤如下。

第1步 在【幻灯片放映】选项卡【开始放映幻灯片】组中单击【从头开始】按钮或按【F5】键放映幻灯片，放映界面如下图所示。

第2步 在放映幻灯片时，按【W】键，即可使屏幕变为白屏，如下图所示。

下图所示。

第5步 再次按【B】键或【Esc】键，即可返回幻灯片放映页面，如下图所示。

商务会议礼仪PPT

2021年3月

第3步 再次按【W】键或【Esc】键，即可返回幻灯片放映页面，如下图所示。

商务会议礼仪PPT

2021年3月

第4步 按【B】键，即可使屏幕变为黑屏，如

11.6 结束幻灯片的放映

在放映幻灯片的过程中，可以根据需要结束幻灯片放映，具体操作步骤如下。

第1步 单击【幻灯片放映】选项卡【开始放映幻灯片】组中的【从头开始】按钮或按【F5】键放映幻灯片，放映界面如下图所示。

商务会议礼仪PPT

2021年3月

第2步 按【Esc】键，即可结束幻灯片放映，结束放映后的界面如下图所示。

旅游景点宣传幻灯片的放映

与商务会议礼仪幻灯片类似的幻灯片还有论文答辩幻灯片、产品营销推广方案幻灯片、企业发展战略幻灯片等。放映这类幻灯片时，都可以使用 PowerPoint 2021 提供的排练计时、自定义幻灯片放映、放大幻灯片局部信息、使用画笔来做标记等功能，方便幻灯片的放映。放映旅游景点宣传幻灯片时可以按以下思路进行。

第1步 放映前的准备工作。将幻灯片转换为可放映格式，并对幻灯片进行打包，检查放映幻灯片的硬件设备。打包界面如下图所示。

第2步 设置幻灯片放映。选择幻灯片的放映方式，并设置幻灯片的放映选项，进行排练计时。设置放映方式的界面如下图所示。

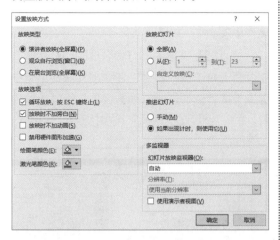

第3步 放映幻灯片。选择放映幻灯片的方式，如从头开始放映、从当前幻灯片开始放映和自定义幻灯片放映等，若从头开始放映，放映首页如下图所示。

第4步 幻灯片放映时的控制。在旅游景点宣传幻灯片的放映过程中，可以使用幻灯片跳转、放大幻灯片局部信息、为幻灯片添加标记等来控制幻灯片的放映，播放过程中的界面如下图所示。

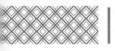

1. 快速定位幻灯片

在播放幻灯片时，如果要快进或退回第6张幻灯片，可以先按下数字键【6】，再按【Enter】键。

2. 新功能：录制幻灯片演示

PowerPoint 2021 中新增了【录制】选项卡，提供录制幻灯片演示、屏幕录制、另存为幻灯片放映及导出到视频等功能，下面以录制幻灯片演示为例进行介绍。

第1步 单击【录制】选项卡【录制】组中的【录制幻灯片演示】按钮，如下图所示。

第2步 即可开始全屏放映幻灯片。单击界面左上角的【录制】按钮，即可开始播放幻灯片，如下图所示。

第3步 单击界面下方的画笔并选择颜色，即可

在幻灯片中添加标记，如下图所示。

第4步 在界面左下角，会显示本张幻灯片页面的放映时间以及全部幻灯片放映的总时间，如下图所示。

3. 放映幻灯片时隐藏鼠标指针

在放映幻灯片时可以隐藏鼠标指针，具体操作步骤如下。

按【F5】键放映幻灯片，放映幻灯片时，在页面上单击鼠标右键，在弹出的快捷菜单中选择【指针选项】→【箭头选项】→【永远隐藏】命令，即可在放映幻灯片时隐藏鼠标指针，如下图所示。

| 提示 |

按【Ctrl+H】组合键，也可以隐藏鼠标指针。

第**4**篇

办公实战篇

本篇主要介绍 Word/Excel/PPT 2021 的应用与协作。通过对本篇的学习，读者可以掌握办公中的应用实战技能及 Word/Excel/PPT 2021 组件间的协作等操作。

第 12 章

Word/Excel/PPT 2021
办公应用实战

😑 本章导读

　　人力资源管理是一项系统又复杂的工作，使用 Word/Excel/PPT 2021 系列组件可以帮助人力资源管理者轻松、快速地完成各种文档、数据报表及幻灯片的制作。本章主要介绍员工入职申请表、员工加班情况记录表、员工入职培训幻灯片等文件的制作方法。

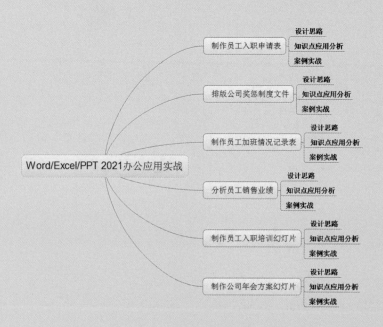

12.1 制作员工入职申请表

员工入职申请表是一种常用的应用文书，是公司决定录用员工后，员工入职前申请岗位时所填写的表格。员工入职申请表是个人申请成为公司成员的依据，制作员工入职申请表后，需要将制作完成的表格打印出来，要求新职员正式入职前填写，以便保存。

12.1.1 设计思路

员工入职申请表是各单位人力、文秘、行政等部门制作的表格文档，用于记录公司新入职员工的基本信息及岗位、工资等信息。在 Word 2021 中，可以使用插入表格的方式制作员工入职申请表，然后根据需要对表格进行合并、拆分、增加行或列、调整表格行高及列宽、美化表格等操作，制作出一份符合公司要求的员工入职申请表。这是人事管理职位或秘书职位需要掌握的最基本、最常用的 Word 文档。制作员工入职申请表，关键在于确定表格中要包含哪些项目内容，并对项目进行分类，之后根据分类布局项目。

① 确定项目：员工入职申请表中的项目可根据需求确定，不同公司需求不同，可分为必备项目和可选项目两种。必备项目包括入职部门、岗位、填表日期、姓名、性别、出生年月、婚姻状况、最高学历、专业、毕业院校、照片、联系电话、身份证号、外语等级、计算机水平、家庭住址、家庭成员信息、教育背景信息、工作经历信息及领导意见等。可选项目包括政治面貌、身高、体重、血型、籍贯、邮箱地址、户籍地、能否出差、能否加班等。

② 项目分类及布局：根据项目内容对项目进行分类后，可按照重要程度、项目预留空间等由上至下、由左至右安排具体项目的位置。

③ 其他准备：在做表格前，还要考虑字体、纸张及项目预留区域差别较大时的安排。

12.1.2 知识点应用分析

本节主要涉及以下知识点。

① 页面设置。

② 输入文本，设置字体格式。

③ 插入表格，设置表格，美化表格。

④ 打印文档。

员工入职申请表制作完成后的最终效果如下图所示。

12.1.3 案例实战

制作员工入职申请表的具体操作步骤如下。

1. 页面设置

第1步 新建一个 Word 文档，并将其另存为 "员工入职申请表 .docx"。单击【布局】选项卡【页面设置】组中的【页面设置】按钮 ，弹出【页面设置】对话框，选择【页边距】选项卡，设置页边距的【上】边距值为 "2.54 厘米"，【下】边距值为 "2.54 厘米"，【左】边距值为 "1.5 厘米"，【右】边距值为 "1.5 厘米"，如下图所示。

第2步 选择【纸张】选项卡，设置【纸张大小】

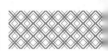

为"A4"，【宽度】为"21 厘米"，【高度】为"29.7 厘米"，如下图所示。

第3步 选择【文档网格】选项卡，设置【文字排列】选项区域中的【方向】为"水平"，【栏数】为"1"，单击【确定】按钮，完成页面设置，如下图所示。

2. 创建空白表格

在准备阶段进行项目分类时，可提前规划好表格所需要的行数和列数，避免后期大面积修改表格。制作员工入职申请表时，可先绘制一个 11 行 7 列的表格，之后再根据需要调整表格。输入表格前文本及使用【插入表格】对话框创建表格的具体操作步骤如下。

第1步 在文档中输入"员工入职申请表"文本，根据需要设置字体和字号，并输入入职部门、岗位、填表日期等内容，如下图所示。

第2步 将光标定位至要创建表格的位置，单击【插入】选项卡【表格】组中的【表格】按钮，在其下拉列表中选择【插入表格】选项，如下图所示。

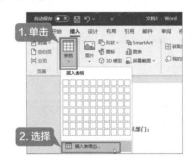

第3步 制作员工入职申请表，关键在于确定表格中要包括哪些项目内容，并对项目进行分类，之后根据分类布局项目。弹出【插入表格】对话框后，在【表格尺寸】选项区域中设置【列数】为"7"，【行数】为"11"，单击【确定】按钮，如下图所示。

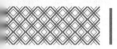

第4步 创建 11 行 7 列空白表格后的效果如下图所示。

员工入职申请表

3. 搭建框架

在员工入职申请表中，个人基本信息区域需要贴照片，可以合并单元格，留出照片区域。如果某些项目需填写的内容较多，也可以将该项目后的单元格区域合并。表格的最后 3 行可以输入家庭成员、教育背景、工作经历等内容，可以通过合并 / 拆分单元格，将最后 3 行的第 2 列至第 7 列分别合并后再拆分为 4 行 4 列的单元格，具体操作步骤如下。

第1步 选中第 7 列第 1 行至第 4 行的单元格区域，如下图所示。

员工入职申请表

第2步 单击【布局】选项卡【合并】组中的【合并单元格】按钮 合并单元格，如下图所示。

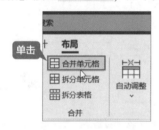

第3步 即可看到将所选单元格区域合并后的效果，如下图所示。

第4步 重复上面的操作，将其他需要合并的单元格区域合并，如下图所示。

第5步 将光标定位在倒数第 3 行第 2 列的单元格内并单击鼠标右键，在弹出的快捷菜单中选择【拆分单元格】命令，如下图所示。

员工入职申请表

第6步 弹出【拆分单元格】对话框，设置【列数】为 "4"，【行数】为 "4"，单击【确定】按钮，如下图所示。

第7步 即可看到将单元格拆分为 4 行 4 列的单元格后的效果，如下图所示。

第8步 使用同样的方法，将最后两行的第 2 列分别拆分为 4 行 4 列的单元格，如下图所示。

4. 调整表格

调整表格的行和列是编辑表格时经常使用的功能，如添加 / 删除行和列，调整列宽和行高等。在员工入职申请表中，需要在目前的最后一行后新添加 5 行，具体操作步骤如下。

第1步 将光标定位在最后一行任意单元格中，如下图所示。

第2步 单击【布局】选项卡【行和列】组中的【在下方插入】按钮，如下图所示。

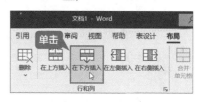

> **提示**
>
> 各种插入方式选项的含义如下所示。
>
> 【在上方插入】：在选中单元格所在行的上方插入新行。
>
> 【在下方插入】：在选中单元格所在行的下方插入新行。
>
> 【在左侧插入】：在选中单元格所在列的左侧插入新列。
>
> 【在右侧插入】：在选中单元格所在列的右侧插入新列。

第3步 即可看到插入新行后的效果，如下图所示。

第4步 如果要插入多行列数相同的行，如插入4 行，可以先选中 4 行，再执行【在下方插入】命令，即可快速插入 4 行，如下图所示。

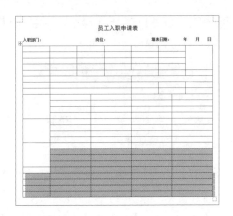

第5步 根据需要，将新插入的 5 行表格进行部分合并单元格操作，如下图所示。

第6步 将目前的最后一行拆分为 3 行 6 列的表格，再将拆分后产生的最后一行中的相邻的两个单元格进行依次合并。至此，就完成了对表格框架的构建，如下图所示。

第7步 员工入职申请表框架搭建完成后，在表格中根据实际需要输入相关文字内容，如下图所示。

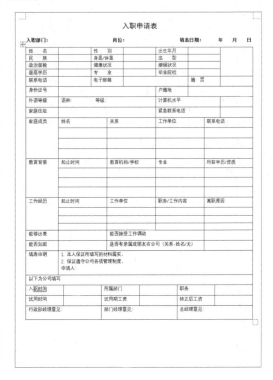

第8步 选中最后一行，在【布局】选项卡【单元格大小】组中设置【高度】为"1.89 厘米"，如下图所示。

第9步 调整最后一行行高后的效果如下图所示。

试用时间		试用期工资		转正后工资	
行政部经理意见:		部门经理意见:		总经理意见:	

第10步 之后，根据需要调整其他行的行高，使表格占满一页。调整后的最终效果如下图所示。

| 提示 |

将鼠标指针放在表格右下角，当鼠标指针变为形状时，按住鼠标左键拖曳，即可快速调整整个表格的大小。

5. 表格的美化

将表格创建完成后，可以对表格进行美化操作，如设置表格样式、设置表格框线、添加底纹等，具体操作步骤如下。

第 1 步 单击表格左上角的【全选】按钮，选中整个表格。单击【表设计】选项卡【表格样式】组中的【其他】按钮，在弹出的下拉列表中选择一种边框样式，如下图所示。

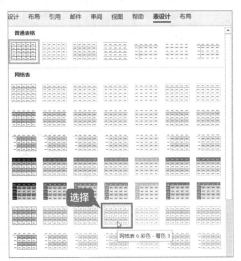

第 2 步 即可看到应用表格样式后的效果，如下图所示。

第 3 步 在【表设计】选项卡【边框】组中取消显示内边框，完成设置后的效果如下图所示。

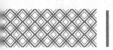
第4步 单击【表设计】选项卡【边框】组中的【边框样式】下拉按钮，在弹出的下拉列表中选择【双实线,1/2pt】样式，设置【笔画粗细】为"0.5磅"，如下图所示。

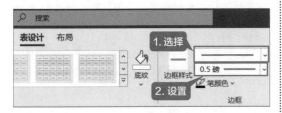

第5步 在不同分类项目下方绘制边框，如下图所示。

第6步 再次单击【表设计】选项卡【边框】组中的【边框样式】下拉按钮，在弹出的下拉列表中选择【虚线】样式，设置【笔画粗细】为"0.5磅"，如下图所示。

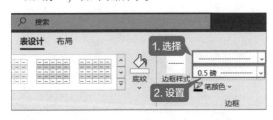

第7步 为其他需要分割的区域添加虚线框线。

最后，重复上述步骤，选择合适的样式，为整个表格添加边框线，最终效果如下图所示。

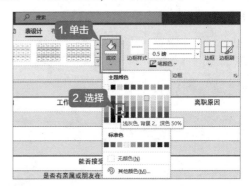

第8步 将光标定位在表格倒数第4行中，如下图所示。

第9步 单击【表设计】选项卡【表格样式】组中的【底纹】下拉按钮，在弹出的下拉列表中选择一种底纹颜色，如下图所示。

第10步 更改单元格底纹颜色后的效果如下图所示。

| 提示 |

若底纹颜色与字体颜色相近，会看不清文字内容，可以更改字体的颜色。

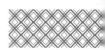
6. 设置字体及对齐方式

设置表格内容的字体及对齐方式，是增强表格可读性的常用方法。具体操作步骤如下。

第 1 步 选中整个表格，设置所有文字的【字体】为"黑体"，【字号】为"五号"，【字体颜色】为"黑色"，并取消【加粗】效果，调整后的表格如下图所示。

第 2 步 更改倒数第 4 行中文字的【字体颜色】为"白色"，并应用【加粗】效果，调整后的表格如下图所示。

第 3 步 选中整个表格，在【布局】选项卡【对齐方式】组中单击【水平居中】按钮 ⊟，如下图所示。

第 4 步 调整最后一行的【对齐方式】为"靠上两端对齐"，最终效果如下图所示。

第 5 步 至此，就完成了员工入职申请表的制作。选择【文件】选项卡中的【打印】选项，在界面右侧即可查看预览效果，选择打印机并设置打印份数，单击【打印】按钮，即可打印文档，如下图所示。

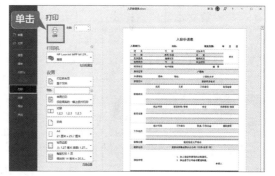

12.2 排版公司奖惩制度文件

明确公司奖惩制度，可以有效地调动员工的积极性，做到赏罚分明。

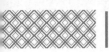

12.2.1 设计思路

公司奖惩制度是公司为了维护正常的工作秩序，保证工作高效有序地进行而制订的一系列奖惩措施。每个公司都有自己的奖惩制度，其内容根据公司情况的不同而各不相同。

公司奖惩制度分为奖励和惩罚两部分，制定时需要对各部分进行详细的划分，并用通俗易懂的语言进行说明。设计公司奖惩制度版式时，样式不可过多，要格式统一、样式简单，给阅读者严谨、正式的感觉。奖励和惩罚两部分内容可以根据需要设置不同的颜色，起到鼓励和警示的作用。

公司奖惩制度文档通常由人事部门制作，而行政文秘岗位主要是设计公司奖惩制度的版式。

12.2.2 知识点应用分析

公司奖惩制度的内容因公司而异，大型企业规范制度较多，岗位、人员也多，因此制作的奖惩制度文档比较复杂，而小公司可以根据实际情况，制作出满足需求且相对简单的奖惩制度文档，但都需要包含奖励和惩罚两部分。

本节主要涉及以下知识点。

① 设置页面及背景颜色。

② 设置文本及段落格式。

③ 设置页眉和页脚。

④ 插入 SmartArt 图形。

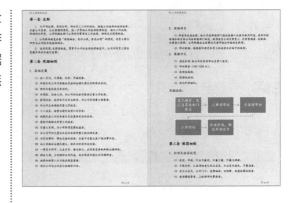

12.2.3 案例实战

排版公司奖惩制度文件的具体操作步骤如下。

1. 设计页面版式

第1步 新建一个空白 Word 文档，命名为"公司奖惩制度 .docx"。打开文件，单击【布局】选项卡【页面设置】组中的【页面设置】按钮 ⌐，弹出【页面设置】对话框。选择【页边距】选项卡，设置页边距的【上】边距值为"2.16厘米"，【下】边距值为"2.16厘米"，【左】边距值为"2.84厘米"，【右】边距值为"2.84厘米"，如下图所示。

第 2 步 选择【纸张】选项卡，设置【纸张大小】为 "A4"，如下图所示。

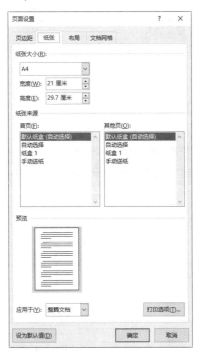

第 3 步 选择【文档网格】选项卡，设置【文字排列】的【方向】为 "水平"，【栏数】为 "1"，单击【确定】按钮，如下图所示。

第 4 步 即可完成对页面大小的设置，完成设置后的效果如下图所示。

2. 设置页面背景颜色

第 1 步 单击【设计】选项卡【页面背景】组中的【页面颜色】下拉按钮，在弹出的下拉列表中选择【填充效果】选项，如下图所示。

第 2 步 弹出【填充效果】对话框，选择【渐变】选项卡，在【颜色】选项区域中选中【单色】单选按钮，单击【颜色 1】下拉按钮，在下拉列表中选择一种颜色，如下图所示。

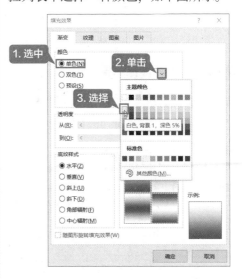

第 3 步 在下方 "深/浅" 调整器内向右侧拖曳【深/浅】滑块，调整颜色深浅。选中【底纹样式】选项区域中的【垂直】单选按钮，在【变形】区域选择右下角的样式，单击【确定】按钮，

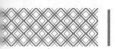
如下图所示。

第4步 即可完成对页面背景颜色的设置，完成设置后的效果如下图所示。

3. 输入文本并设计字体样式

第1步 单击【视图】选项卡中的【标尺】按钮，在文档界面显示标尺。之后打开"素材\ch12\奖罚制度.txt"文档，复制其内容，并将其粘贴到 Word 文档中，如下图所示。

第2步 选中"第一条 总则"文本，设置其【字

体】为"楷体"，【字号】为"三号"，并添加"加粗"效果，如下图所示。

第3步 单击【开始】选项卡【段落】组中的【段落设置】按钮，弹出【段落】对话框，设置"第一条 总则"的段落间距。设置【段前】为"1 行"，【段后】为"0.5 行"，【行距】为"1.5 倍行距"，单击【确定】按钮，如下图所示。

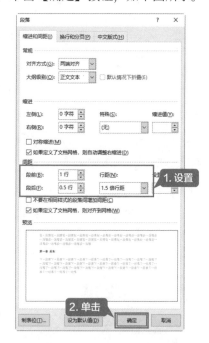

第4步 选中"第一条 总则"，双击【开始】选项卡【剪贴板】组中的【格式刷】按钮，复制其样式，并将其应用至其他类似段落中。"第一条 总则"文本应用样式后的效果如下图所示。

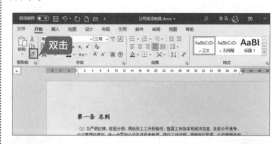

第5步 选中"1.奖励范围"文本，设置其【字体】

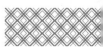

为"楷体"，【字号】为"四号"，【段前】为"0 行"，【段后】为"0.5 行"，并设置其【行距】为"1.2 倍行距"，完成设置后的效果如下图所示。

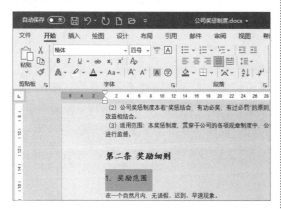

第 6 步 使用格式刷将样式应用至其他类似段落中，应用样式后的效果如下图所示。

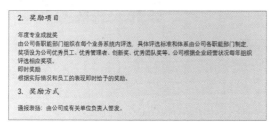

第 7 步 选中正文文本，设置其【字体】为"楷体"，【字号】为"小四"，【首行缩进】为"2 字符"，【段前】为"0.5 行"，并设置其【行距】为"单倍行距"，完成设置后的效果如下图所示。

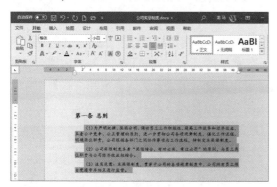

下面设置其他的段落格式，具体操作步骤如下。

第 1 步 使用格式刷将已设置的正文样式应用于其他正文中，如下图所示。

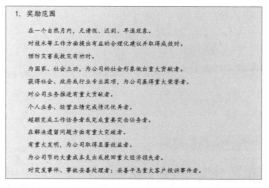

第 2 步 选中"1. 奖励范围"下的正文文本，单击【开始】选项卡【段落】组中的【项目编号】下拉按钮，在弹出的下拉列表中选择一种编号样式，如下图所示。

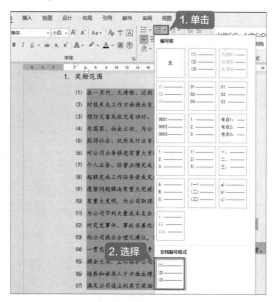

第 3 步 为所选内容添加编号后的效果如下图所示。

第 4 步 使用同样的方法，为其他正文内容设置编号，完成设置后的效果如下图所示。

3. 奖励方式

 (1) 通报表扬：由公司或有关单位负责人签发。

 (2) 即时奖金（100~1000元）。

 (3) 奖励性假期。

 (4) 奖励性旅游。

 (5) 参加外部培训。

4. 添加封面

第1步 将光标定位在文档最开始的位置，按【Ctrl+Enter】组合键，插入空白页面。依次输入"××公司""奖""惩""制""度"文本，每输入一行文本后，按【Enter】键换行，完成输入后的效果如下图所示。

第2步 全选以上文本，设置其【字体】为"楷体"，【字号】为"72"，并将其居中显示，随后调整行间距，使文本内容占满整个页面，完成设置后的效果如下图所示。

5. 设置页眉及页脚

第1步 单击【插入】选项卡【页眉和页脚】组中的【页眉】按钮 页眉∨ ，在弹出的下拉列表中选择【空白】选项，如下图所示。

第2步 在页眉部分输入内容，这里输入"××公司奖惩制度"。设置【字体】为"楷体"，【字号】为"五号"，并设置其"左对齐"，完成设置后的效果如下图所示。

第3步 使用同样的方法为文档插入页脚内容"××公司"，设置页脚【字体】为"楷体"，【字号】为"五号"，并设置其"右对齐"。完成设置后的效果如下图所示。

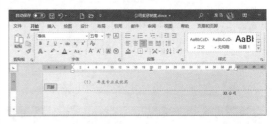

第4步 选中【页眉和页脚】选项卡【选项】选项区域中的【首页不同】复选框，取消首页的页眉和页脚。单击【关闭页眉和页脚】按钮，关闭页眉和页脚，如下图所示。

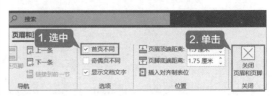

6. 插入 SmartArt 图形

第1步 将光标定位至"第二条 奖励细则"部分

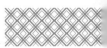

的结尾处，按【Enter】键另起一行，然后按【Backspace】键，在空白行行首输入文字"奖励流程："，设置【字体】为"楷体"，【字号】为"四号"，【字体颜色】为"黑色"，并设置"加粗"效果，完成设置后的效果如下图所示。

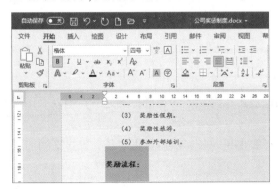

第 2 步 在"奖励流程："文本后按【Enter】键，单击【插入】选项卡【插图】组中的【SmartArt】按钮 SmartArt，如下图所示。

第 3 步 弹出【选择 SmartArt 图形】对话框，单击【流程】选项卡，然后选择【重复蛇形流程】选项，单击【确定】按钮，如下图所示。

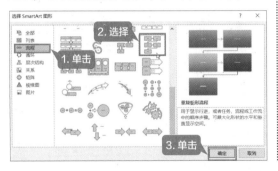

第 4 步 即可在文档中插入 SmartArt 图形。在 SmartArt 图形的【文本】处单击，输入相应的文字并调整 SmartArt 图形的大小，完成后的效果如下图所示。

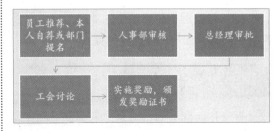

第 5 步 按照同样的方法，为文档添加"惩罚流程" SmartArt 图形，在 SmartArt 图形中输入相应的文本并调整大小后的效果如下图所示。

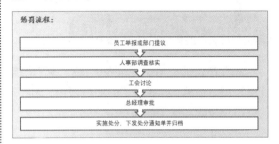

第 6 步 至此，公司奖罚制度文档排版完成。最终效果如下图所示。

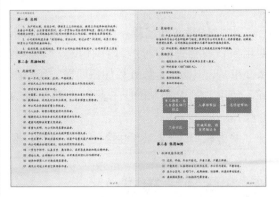

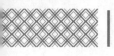

 12.3 制作员工加班情况记录表

在工作过程中记录员工的加班时间并计算出合理的加班工资，有助于提高员工的工作积极性，从而确保公司工作的顺利完成。

12.3.1 设计思路

员工加班情况记录表是人力资源部门统计公司员工工资绩效的重要标准之一，用以算出员工加班补助费用，在公司中极为常用。

本案例主要是通过记录员工加班的起止时间计算加班时长，然后根据时长计算员工的加班费用。

12.3.2 知识点应用分析

制作员工加班情况记录表的最终目的是统计员工加班信息，计算员工的加班费用，因此，其重点是时间和费用的换算。

本节主要涉及以下知识点。

① 美化表格。Excel 2021 提供了多种单元格样式及表格样式，如标题样式、主题样式、数字格式等。

② 日期与时间函数。日期与时间函数主要用来获取相关的日期和时间信息，本案例将使用 WEEKDAY 函数计算加班所属的星期时间，使用 HOUR 和 MINUTE 函数计算加班的时长。

③ 逻辑函数。本案例主要使用 IF 函数，根据特定的加班补助标准，计算员工应得的加班补助。

制作完成员工加班情况记录表后，最终效果如下图所示。

员工加班记录表							
员工编号	姓名	部门	加班日期	星期	开始时间	结束时间	加班费
1001	张XX	财务部	2019/3/7	星期四	18.00	19.30	30
1001	张XX	财务部	2019/3/8	星期五	18.00	20.00	40
1001	张XX	财务部	2019/3/9	星期六	18.00	20.50	75
1002	王XX	营销部	2019/3/7	星期四	18.00	19.40	40
1002	王XX	营销部	2019/3/14	星期四	18.00	21.30	70
1002	王XX	营销部	2019/3/15	星期五	18.00	20.50	60
1002	王XX	营销部	2019/3/16	星期六	18.00	19.10	37.5
1003	李XX	企划部	2019/3/8	星期五	18.00	20.00	40
1003	李XX	企划部	2019/3/9	星期六	18.00	21.10	87.5
1003	李XX	企划部	2019/3/10	星期日	18.00	22.10	112.5
1004	赵XX	企划部	2019/3/17	星期日	18.00	20.15	62.5
1004	赵XX	企划部	2019/3/18	星期一	18.00	21.30	70
1005	钱XX	企划部	2019/3/17	星期日	18.00	22.10	112.5
1005	钱XX	企划部	2019/3/18	星期一	18.00	23.00	100
1006	孙XX	财务部	2019/3/16	星期六	18.00	21.50	100

12.3.3 案例实战

员工加班情况记录表的具体制作步骤如下。

1. 设置单元格样式

第1步 打开"素材\ch12\员工加班情况记录表.xlsx"文档，选中 A1 单元格，单击【开始】选项卡【样式】组中的【单元格样式】按钮，在弹出的下拉列表中选择一种样式，如下图所示。

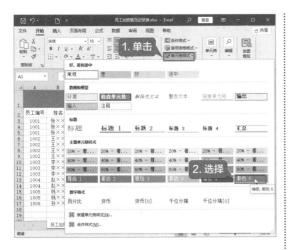

第2步 即可看到添加单元格样式后的效果，如下图所示。

第3步 设置"员工加班记录表"的【字体】为"宋体"，【字号】为"18"，【字体颜色】为"白色"，并设置【加粗】，完成设置后的效果如下图所示。

第4步 选中 A2:H17 单元格区域，单击【开始】选项卡【样式】组中的【套用表格格式】下拉按钮，在弹出的下拉列表中选择一种样式，如下图所示。

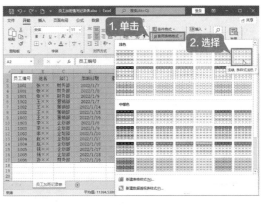

第5步 弹出【创建表】对话框，选中【表包含标题】复选框，单击【确定】按钮，如下图所示。

第6步 添加表格样式后的效果如下图所示。

取消表格筛选及设置表格行高和列宽的操作步骤如下。

第1步 在表内任意单元格上单击鼠标右键，在弹出的快捷菜单中选择【表格】→【转换为区域】命令，如下图所示。

第2步 弹出【Microsoft Excel】提示框，单击【是】按钮，如下图所示。

第3步 即可看到将可筛选表格转化为区域后的效果，如下图所示。

| | 员工加班记录表 | | | | | | |

第4步 选中 A2:H17 单元格区域，按【Ctrl+1】组合键，打开【设置单元格格式】对话框，根据需求设置表格的边框线。然后根据内容情况，对数据区域的行高和列宽进行适当调整，调整后的效果如下图所示。

2. 计算加班时间

第1步 选中 E3:E17 单元格区域，在编辑栏中输入公式"=WEEKDAY(D3,1)"，按【Enter】键，即可返回 E3 单元格的计算结果，如下图所示。

| E3 | | ✕ ✓ fx | =WEEKDAY(D3,1) | | |

	A	B	C	D	E
1					员工加班记录表
2	员工编号	姓名	部门	加班日期	星期
3	1001	张××	财务部	2022/1/7	6
4	1001	张××	财务部	2022/1/8	
5	1001	张××	财务部	2022/1/9	
6	1002	王××	营销部	2022/1/7	
7	1002	王××	营销部	2022/1/14	
8	1002	王××	营销部	2022/1/15	
9	1002	王××	营销部	2022/1/16	

> **| 提示 |**
>
> 公式"=WEEKDAY(D3,1)"的含义为返回 D3 单元格日期默认的星期数——通常情况下，星期是从星期日开始计数，数值为"1"，如果数值为"2"，则表示当前星期数为"星期一"。

第2步 选中 E3:E17 单元格，单击鼠标右键，在弹出的快捷菜单中选择【设置单元格格式】命令，即可弹出【设置单元格格式】对话框。在该对话框中更改"星期"列单元格格式的【分类】为"日期"，设置【类型】为"星期三"，单击【确定】按钮，如下图所示。

第3步 完成上一步操作后，E3 单元格显示为"星期五"。选中 E3 单元格，单击单元格右下角的【自动填充选项】按钮，在弹出的快捷菜单中，选择【不带格式填充】选项，向下填充所有"星期"列单元格，完成填充后的效果如下图所示。

| | 员工加班记录表 | | | | | | |

3. 计算加班费

第1步 选中 H3 单元格，在编辑栏中输入公式 "=(HOUR(G3-F3)+IF(MINUTE(G3- F3)=0,0,IF(MINUTE(G3-F3)>30,1,0.5)))*IF(OR(E3=7,E3=1),"25","20")"，按【Enter】键，即可返回该员工的加班费，如下图所示。

第2步 对其他员工的数据进行不带格式填充，计算出其他员工的加班费，完成填充后的效果如下图所示。

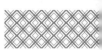

| 提示 |

公式 "=(HOUR(G3-F3)+IF(MINUTE (G3-F3)=0,0,IF(MINUTE(G3-F3)>30,1,0.5)))*IF(OR(E3=7, E3=1),"25","20")" 用来计算员工的基本工资。"HOUR(G3-F3)" 表示计算员工加班的小时数；"IF(MINUTE(G3-F3)>30,1,0.5)" 表示如果加班的分钟数大于 30，则返回 1 小时，否则返回 0.5 小时；"IF(MINUTE(G3-F3)=0,0,IF(MINUTE(G3-F3)>30,1,0.5)))" 表示如果加班分钟数为 0，则返回 0 小时，否则返回 0.5 小时或 1 小时；"IF(OR(E3=7,E3=1),"25","20"" 表示如果加班的日期为星期六或星期天，则每小时 25 元，其他时间加班每小时 20 元。

 12.4 分析员工销售业绩

数据透视表和数据透视图是快捷、强大的数据分析工具，支持用户使用简单、便捷的操作分析数据库和表格中的数据。本节介绍使用数据透视表和数据透视图分析员工销售业绩的操作。

12.4.1 设计思路

销售业绩指开展销售业务后实现销售净收入的结果。将销售人员的销售情况使用表格进行统计，然后利用数据透视表动态地改变它们的版面布局，以便按照不同的方式分析数据。每一次改变版面布局时，数据透视表会立即按照新的布局重新计算数据，如果原始数据发生更改，可以迅速更新数据透视表。在数据透视图中，还可以根据实际需要便捷地重新安排行号、列标，例如，需要按季度来分析每个员工的销售业绩时，可以将员工的姓名作为列标放在数据透视表的顶端，将季度名称作为行号放在表的左侧，然后对每个员工以季度为时间单位计算销售数量，

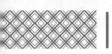

放在每个行和列的交汇处。而对于数据透视图来说，不仅具有以上功能，还能更直观地展现数据变化情况及趋势。

在员工销售业绩表中，需要详细记录每位员工每段时间的销售情况。为了便于使用数据透视表和数据透视图对销售数据进行分析，最好将数据按照季度或者姓名、员工编号等信息以一维数据表的形式排列。

12.4.2　知识点应用分析

本节主要涉及以下知识点。

① 创建数据透视表。

② 更改数据透视表样式。

③ 创建数据透视图。

④ 美化数据透视图。

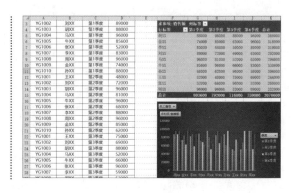

12.4.3　案例实战

使用 Excel 2021 中的数据透视表和数据透视图分析员工销售业绩的具体操作步骤如下。

1. 创建数据透视表

第1步 打开"素材 \ch12\ 销售业绩统计表 .xlsx"工作表，选中数据区域的任意单元格，单击【插入】选项卡【图表】组中的【数据透视图】下拉按钮 ，选择【数据透视图和数据透视表】，如下图所示。

第2步 弹出【创建数据透视表】对话框，在【请选择要分析的数据】选项区域中选中【选择一个表或区域】单选按钮，单击【表 / 区域】文本框后的 按钮，如下图所示。

第3步 选中 A2:D41 单元格区域后，单击 按钮，如下图所示。

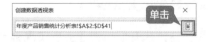

第4步 返回【创建数据透视表】对话框，在【选择放置数据透视表的位置】选项区域中选中【现有工作表】单选按钮，并指定要放置数据透视表的位置为 F3 单元格，单击【确定】按钮，如下图所示。

第5步 弹出数据透视表的编辑界面。工作表中会出现数据透视表，在其右侧是【数据透视表字段】任务窗格，如下图所示。

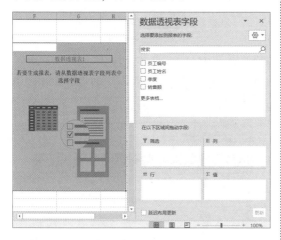

第6步 在【数据透视表字段】任务窗格中，将【员工编号】拖曳至【筛选】字段列表中，将【季度】拖曳至【列】字段列表中，将【员工姓名】拖曳至【行】字段列表中，将【销售额】拖曳至【∑ 值】字段列表中，即可看到所创建的数据透视表，如下图所示。

第7步 单击数据透视表中【列标签】后的下拉按钮▼，在弹出的下拉列表中，仅选中【第1季度】和【第2季度】两个复选框，单击【确定】按钮，如下图所示。

第8步 即可看到数据透视表中仅显示第1季度及第2季度中每位员工的销售情况，如下图所示。

员工编号	(全部)		
求和项:销售额	列标签		
行标签	第1季度	第2季度	总计
胡XX	88000	96000	184000
金XX	74000	85000	159000
李XX	83000	88000	171000
刘XX	89000	72000	161000
马XX	96000	81000	177000
牛XX	85600	96000	181600
孙XX	88000	62000	150000
王XX	52000	48000	100000
张XX	52000	68000	120000
周XX	96000	96000	192000
总计	803600	792000	1595600

筛选单一员工销售额的具体操作步骤如下。

第1步 单击筛选项【员工编号】后的下拉按钮▼，在弹出的下拉列表中选中【选择多项】复选框，然后选中要搜索的员工编号前的复选框，单击【确定】按钮，如下图所示。

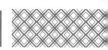

第2步 即可看到数据透视表中筛选出编号为

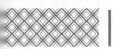
YG1006 至 YG1010 员工上半年的销售情况，如下图所示。

第3步 如果要显示所有数据，只需要再次执行同样的操作，选中【全部】复选框即可，完成操作后的界面如下图所示。

2. 更改数据透视表样式

第1步 选中数据透视表内任意单元格，单击【设计】选项卡【数据透视表样式】组中的【其他】按钮，在弹出的下拉列表中选择一种样式，如下图所示。

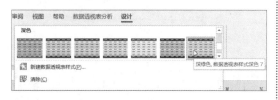

第2步 即可将所选择的数据透视表样式应用到数据透视表中，如下图所示。

第3步 单击【数据透视表分析】选项卡【活动

字段】组中的【字段设置】按钮，弹出【值字段设置】对话框。在【计算类型】列表框中选择【最大值】类型，单击【确定】按钮，如下图所示。

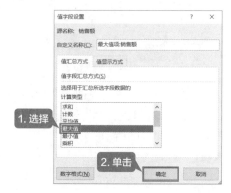

第4步 即可在【总计】行和列中分别显示各季度销售业绩的最大值与各员工销售业绩的最大值，如下图所示。

3. 创建数据透视图

第1步 选中数据透视表中的任意单元格，单击【插入】选项卡【图表】组中的【数据透视图】下拉按钮，在弹出的下拉列表中选择【数据透视图】选项，如下图所示。

第2步 弹出【插入图表】对话框，选择【柱形图】内的【簇状柱形图】选项，单击【确定】按钮，如下图所示。

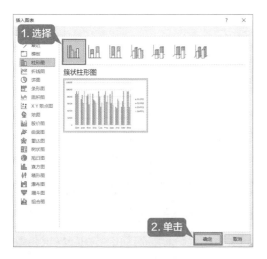

第3步 即可根据数据透视表创建数据透视图。完成创建后，根据情况调整数据透视图的大小及位置，调整后的效果如下图所示。

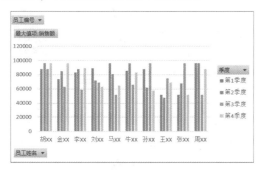

第4步 在【数据透视图字段】窗格中单击【求和项】后的下拉按钮，在弹出的列表中选择【值字段设置】选项，如下图所示。

第5步 弹出【值字段设置】对话框，更改【值

字段汇总方式】的【计算类型】为"求和"，单击【确定】按钮，如下图所示。

第6步 插入数据透视图之后，还可以进行数据筛选。单击数据透视图中【员工姓名】后的下拉按钮，在弹出的下拉列表中选择【值筛选】→【大于】命令，如下图所示。

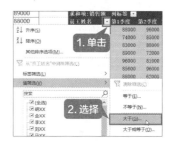

第7步 弹出【值筛选（员工姓名）】对话框，设置值为"300000"，单击【确定】按钮，如下图所示。

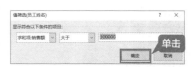

第8步 即可仅显示出年销售额大于"300000"的员工及其各季度销售额，如下图所示。

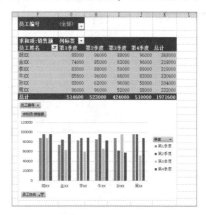

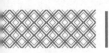

第9步 单击数据透视图中【员工姓名】后的下拉按钮，在弹出的下拉列表中选择【值筛选】→【清除筛选】命令，即可显示所有数据，如下图所示。

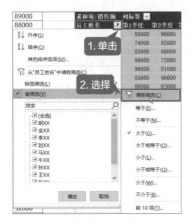

4. 美化数据透视图

第1步 选中插入的数据透视图，单击【设计】选项卡【图表样式】组中的【更改颜色】按钮，在弹出的下拉列表中选择一种颜色样式，如下图所示。

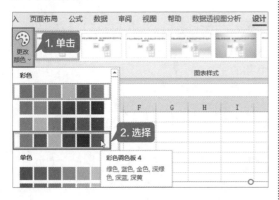

第2步 即可将所选择的颜色样式应用到数据透视图中，如下图所示。

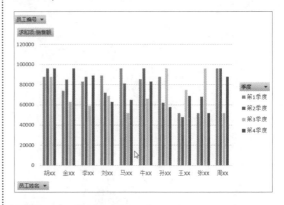

第3步 单击【设计】选项卡【图表样式】组中的【其他】按钮，在弹出的下拉列表中选择一种样式，即可更改数据透视图的样式，如下图所示。

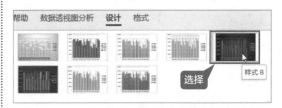

至此，就完成了使用数据透视表和数据透视图分析员工销售业绩的操作，如下图所示。

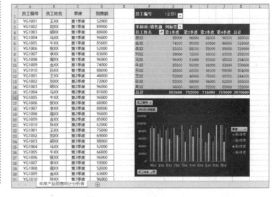

12.5 制作员工入职培训幻灯片

员工入职培训是公司为了培养新入职员工，采用各种方式对新入职员工进行有目的、有计划的培养和训练的管理活动，使新员工能了解自己的职责、熟悉公司业务，从而更快地融入公司，

更好地胜任之后的工作或晋升更高的职务。

12.5.1 设计思路

员工入职培训幻灯片中，首先需要介绍公司的发展规模及工作模式等，使新员工能够快速地了解公司，之后需要介绍公司的管理制度、团队构成及新员如何工作、提升等内容。

员工入职培训幻灯片主要由以下几点构成。

① 幻灯片首页，介绍幻灯片的名称和制作幻灯片的目的。

② 公司简介等幻灯片页面，向新员工介绍公司的基本情况。

③ 新员工学习、工作要求等幻灯片页面，帮助新员工熟悉工作环境，以便更快地融入公司。

④ 结束页面。

12.5.2 知识点应用分析

本节主要涉及以下知识点。

① 设计幻灯片模板。

② 输入文本并设置字体和段落格式。

③ 插入并美化图片、插入 SmartArt 图形。

④ 插入并美化图表。

⑤ 使用艺术字。

⑥ 设置动画和切换效果。

制作完成员工入职培训幻灯片后，最终效果如下图所示。

12.5.3 案例实战

制作员工入职培训幻灯片的具体操作步骤如下。

1. 设计幻灯片模板

第 1 步 启动 PowerPoint 2021，新建一个空白幻灯片，将其保存为"员工入职培训幻灯片 .pptx"文档。打开新建的幻灯片，单击【视图】选项卡【母版视图】组中的【幻灯片母版】按钮，如下图所示。

第 2 步 进入幻灯片母版视图。选中第 1 张幻灯片，单击【插入】选项卡【图像】组中的【图片】按钮，在弹出的下拉列表中选择【此设备】选项，如下图所示。

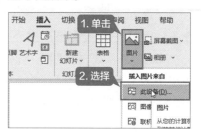

第 3 步 弹出【插入图片】对话框，选择要插入的图片，单击【插入】按钮，如下图所示。

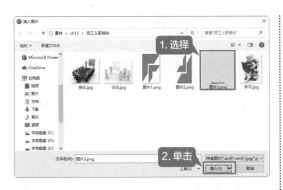

第4步 调整所插入图片的位置，将其置于底层，随后调整文本框的大小及位置，调整后的效果如下图所示。

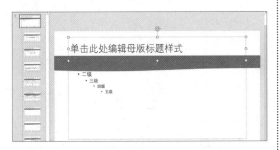

第5步 选择第2张幻灯片，选中【幻灯片母版】选项卡【背景】组中的【隐藏背景图形】复选框，取消显示第2张幻灯片页面中的背景，如下图所示。

第6步 单击【插入】选项卡【图像】组中的【图片】按钮，在弹出的下拉列表中选择【此设备】，弹出【插入图片】对话框。在该对话框中选中"图片1.png"和"图片2.png"，单击【插入】

按钮，如下图所示。

第7步 调整所插入图片的位置，完成调整后的效果如下图所示。

第8步 单击【幻灯片母版】选项卡【关闭】组中的【关闭母版视图】按钮，返回普通视图并删除首页幻灯片中的文本框，调整后的效果如下图所示。

2. 设计员入职工培训幻灯片首页页面

第1步 单击【插入】选项卡【文本】组中的【艺术字】按钮，在弹出的下拉列表中选择一种艺术字样式，如下图所示。

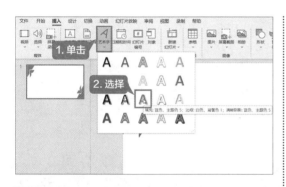

第2步 在插入幻灯片的艺术字文本框中输入"员工入职培训"文本，并设置【字体】为"华文行楷"，【字号】为"96"，适当调整艺术字文本框的位置，完成设置后的效果如下图所示。

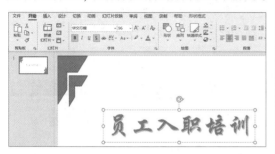

第3步 选中插入的艺术字文本，单击【开始】选项卡【字体】组中的【字体颜色】下拉按钮，在弹出的下拉列表中选择【取色器】选项，如下图所示。

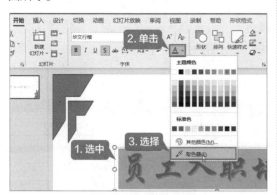

第4步 将鼠标指针放置在已插入的图片上并单击，选择颜色，即可看到设置颜色后的效果，如下图所示。

第5步 选中艺术字，单击【形状格式】选项卡【艺术字样式】组中的【文字效果】下拉按钮，在弹出的下拉列表中选择一种映像样式，如下图所示。

第6步 绘制横排文本框，并在该文本框中输入"主讲人：马经理"文本，设置【字体】为"华文行楷"，【字号】为"44"，拖曳该文本框至合适的位置，完成设置后的效果如下图所示。

3.　设计员工入职培训幻灯片目录页面

第1步 新建"标题与内容"幻灯片，输入标题文本"××科技有限公司"，设置标题文本【字体】为"楷体"，【字号】为"60"，完成设置后的效果如下图所示。

第2步 单击【插入】选项卡【插图】组中的【形状】下拉按钮，在弹出的下拉列表中选择【矩形：对角圆角】形状，如下图所示。

第3步 在幻灯片中绘制矩形图形。在绘制的矩形图形（后文简称为"形状"）上单击鼠标右键，在弹出的快捷菜单中选择【编辑文字】选项，如下图所示。

第4步 在形状中输入"公司简介"文本，设置其【字体】为"华文行楷"，【字号】为"32"，并添加"加粗"效果，如下图所示。

第5步 使用同样的方法，插入其他形状并输入文字，然后根据需要调整形状的大小及布局，完成调整后的效果如下图所示。

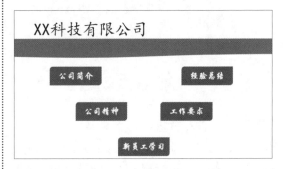

第6步 选中所有形状，在【形状格式】选项卡【形状样式】组中根据需要设置所插入形状的填充颜色，并设置形状轮廓颜色为"无轮廓"，完成设置后的效果如下图所示。

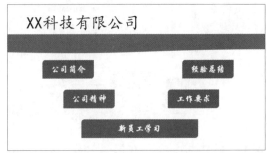

4. 设计员工入职培训幻灯片公司介绍部分页面

第1步 新建"仅标题"幻灯片，在标题文本框中输入"公司简介"文本，并设置标题文本【字体】为"华文行楷"，【字号】为"60"，如下图所示。

第2步 打开"素材 \ch12\ 公司信息 .txt"文档，将公司简介部分内容复制到内容文本框中，并设置其字体和段落格式，完成设置后的效果如下图所示。

公司简介

XX科技有限公司是一家专业从事行业软件开发的高新技术企业，成立于2009年，注册资金500万元，经过这二十几年的发展，开发研制了多项拥有自主知识产权的软硬件产品，在电力行业领域取得了优秀的成绩，也赢得了广大客户的信赖。

公司现有员工100人，公司不断跟进国内外最先进的技术，与国内许多IT产业著名厂家建立了长期稳定的合作关系。

第3步 使用同样的方法，新建"仅标题"幻灯片，在标题处输入"公司精神"，并设置字体格式，完成设置后的效果如下图所示。

公司精神

第4步 单击【插入】选项卡【插图】组中的【SmartArt】按钮，即可弹出【选择 SmartArt 图形】对话框。在弹出的【选择 SmartArt 图形】对话框中选择【列表】选项卡中的【垂直箭头列表】图形样式，单击【确定】按钮，如下图所示。

第5步 完成 SmartArt 图形的插入。打开"公司信息 .txt"文档，在图形中输入相关内容，并调整 SmartArt 图形的大小、位置及样式，完成设置后的效果如下图所示。

5.　设计员工入职培训幻灯片新员工学习部分页面

第1步 新建"仅标题"幻灯片，输入标题"新员工学习"，并设置标题样式，完成设置后的效果如下图所示。

新员工学习

第2步 在新添加的幻灯片中绘制横排文本框并输入相关内容，如下图所示。

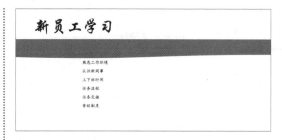

第3步 选中输入的内容，单击【开始】选项卡【段落】组中的【项目符号】下拉按钮，在弹出的下拉列表中选择【项目符号和编号】选项，如下图所示。

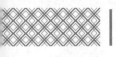

第4步 弹出【项目符号和编号】对话框，单击【自定义】按钮，如下图所示。

第5步 弹出【符号】对话框，选择要使用的符号，单击【确定】按钮，如下图所示。

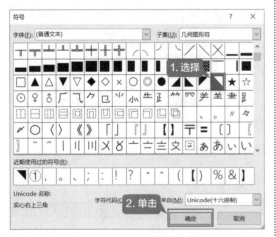

第6步 返回【项目符号和编号】对话框，单击【颜色】下拉按钮，在下拉列表中选择一种项目符号颜色后单击【确定】按钮，如下图所示。

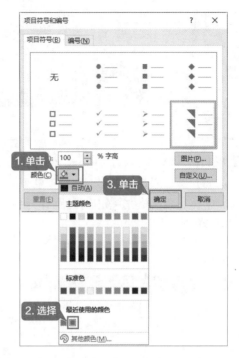

第7步 再次选中输入的内容，设置其【字体】为"楷体"，【字号】为"30"，完成设置后的效果如下图所示。

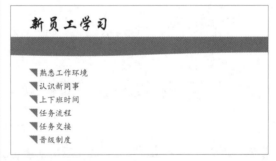

插入图表的具体操作如下。

第1步 单击【插入】选项卡【插图】组中的【图表】按钮，如下图所示。

第2步 弹出【插入图表】对话框，选择【折线图】选项卡中的【堆积折线图】选项，单击【确定】按钮，如下图所示。

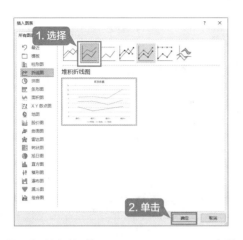

第 3 步 在弹出的【Microsoft PowerPoint 中的图表】窗口中输入如下图所示的内容，然后关闭【Microsoft PowerPoint 中的图表】窗口。

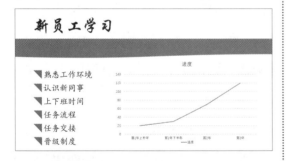

第 4 步 即可看到插入图表后的效果，如下图所示。

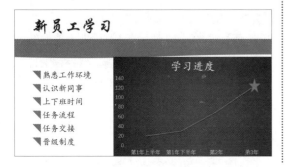

第 5 步 根据需要设置所插入的图表。更改图表标题为"学习进度"，之后插入一个五角星图标，并调整五角星图标至合适位置，完成调整后的效果如下图所示。

下面介绍如何创建其他幻灯片，具体操作步骤如下。

第 1 步 新建"仅标题"幻灯片，输入标题"工作要求"，并设置标题样式，完成设置后的效果如下图所示。

第 2 步 插入文本框并输入相关内容，设置【字体】为"楷体"，【字号】为"30"，根据需要调整文本框的位置，完成设置后的效果如下图所示。

第 3 步 插入"素材 \ch12\ 讨论 .jpg"图片，并调整图片位置及样式，最终呈现效果如下图所示。

第 4 步 新建"仅标题"幻灯片，输入标题"经验总结"，然后输入幻灯片正文内容并插入图片，最终呈现效果如下图所示。

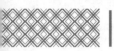

6. 制作员工入职培训幻灯片结束页面

第1步 单击【开始】选项卡【幻灯片】组中的【新建幻灯片】按钮，在弹出的下拉列表中选择【标题幻灯片】选项，新建标题幻灯片，如下图所示。

第2步 删除幻灯片内的初始文本框，单击【插入】选项卡【文本】组中的【艺术字】按钮，在弹出的下拉列表中选择一种艺术字样式。在插入的艺术字文本框中输入"培训结束"文本，按【Enter】键，输入"再次欢迎新员工加入！"文本，设置【字号】为"96"，【字体】为"华文行楷"，并根据需要设置字体颜色，完成设置后的效果如下图所示。

7. 添加动画和切换效果

第1步 选中第1张幻灯片，单击【切换】选项卡【切换到此幻灯片】组中的【其他】按钮，在弹出的下拉列表中选择一种切换样式。此处选择【细微】选项区域中的【推入】切换样式，如下图所示。

第2步 单击【切换】选项卡【切换到此幻灯片】组中的【效果选项】按钮，在弹出的下拉列表中选择【自右侧】选项，设置切换效果，如下图所示。

第3步 在【切换】选项卡【计时】组中设置【持续时间】为"02.50"，单击【应用到全部】按钮，将设置的切换效果应用至所有幻灯片，如下图所示。

第4步 选中第1张幻灯片中的标题文本，单击【动画】选项卡【动画】组中的【其他】按钮，在弹出的下拉列表中选择一种动画样式。此处选择【进入】选项区域中的【飞入】动画样式，如下图所示。

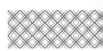

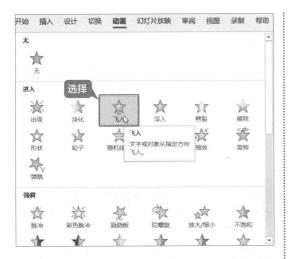

第5步 单击【动画】选项卡【动画】组中的【效果选项】按钮，在弹出的下拉列表中选择【自左上部】选项，设置动画转换的效果，如下图所示。

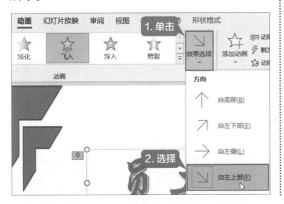

第6步 在【动画】选项卡【计时】组中设置【开始】为"上一动画之后"，【持续时间】为"01.50"，【延迟】为"00.50"，如下图所示。

第7步 即可为所选内容添加动画效果，完成添加后，其前方将显示动画序号。使用同样的方法，为其他文本内容、SmartArt 图形、自选图形、图表及图片等添加动画效果。完成员工入职培训幻灯片制作后的最终效果如下图所示。

12.6 制作公司年会方案幻灯片

　　通过年会，可以总结公司一年的运营情况，鼓舞团队士气，增加同事之间的感情，因此，制作一份优秀的公司年会方案幻灯片就显得尤为重要。

12.6.1 设计思路

　　年会是公司或组织一年一度的"家庭盛会"，主要目的是鼓舞士气、营造组织气氛、深化内部沟通、促进战略分享、增进目标认同，并展望美好未来。年会标志着一个公司或组织一年工作的结束，一般包括公司员工表彰、公司历史回顾、公司未来展望等重要内容。一些优秀公

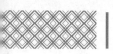

司或组织还会邀请有分量的上下游合作伙伴参与这一全公司同庆的活动，增加公司之间的沟通，促进公司之间的共同进步。

制作公司年会方案幻灯片需要充分考虑年会的形式和内容，除了考虑年会活动的地点和时间、现场的控制和布置、年会的预算、物品的管理等，还需要充分考虑年会举办时的致辞、节目、游戏、邀请的人员等，达到活跃现场、鼓舞士气的作用。

12.6.2 知识点应用分析

本章主要涉及以下知识点。
① 设计幻灯片的母版。
② 插入并编辑艺术字。
③ 设置文字样式。
④ 插入图片、自选图形、SmartArt 图形。
⑤ 设计表格。
⑥ 设置幻灯片的切换及动画效果。

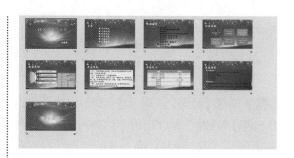

12.6.3 案例实战

制作公司年会方案幻灯片的具体操作步骤如下。

1. 设计幻灯片的母版

第1步 新建一个幻灯片，并保存为"公司年会方案幻灯片 .pptx"。打开新建的幻灯片，单击【视图】选项卡【母版视图】组中的【幻灯片母版】按钮，切换至幻灯片母版视图，如下图所示。

第2步 在左侧的窗格中选中第 1 张幻灯片，单击【插入】选项卡【图像】组中的【图片】按钮，在弹出的下拉列表中选择【此设备】，弹出【插入图片】对话框。在【插入图片】对话框中选择"素材 \ch12\ 公司年会方案 \ 背景

1.jpg"图片，单击【插入】按钮。选中所插入的图片并调整图片的大小和位置，完成调整后的效果如下图所示。

第3步 选中所插入的图片，单击【图片格式】选项卡【排列】组中的【下移一层】下拉按钮，在弹出的下拉列表中选择【置于底层】选项，如下图所示。

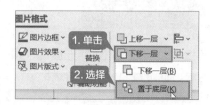

第4步 即可将图片置于幻灯片页面的底层。对标题文本框中的文字内容进行样式调整，设置其【字体】为"华文行楷"，【字号】为"54"，【字体颜色】为"白色"，并调整标题文本框的位置，完成设置后的效果如下图所示。

设置幻灯片背景的具体操作步骤如下。

第1步 在左侧窗格中选择第 2 张幻灯片，选中【幻灯片母版】选项卡【背景】组中的【隐藏背景图形】复选框，即可隐藏插入的背景，如下图所示。

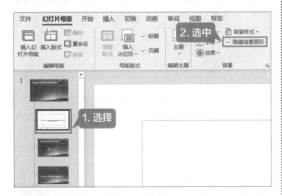

第2步 单击【幻灯片母版】选项卡【背景】组中的【背景样式】下拉按钮，在弹出的下拉列表中选择【设置背景格式】选项，如下图所示。

第3步 打开【设置背景格式】任务窗格，选中【填

充】选项区域中的【图片或纹理填充】单选按钮，然后单击【插入】按钮，如下图所示。

第4步 弹出【插入图片】对话框，选择"素材\ch12\公司年会方案\背景2.jpg"图片，单击【插入】按钮，即可插入图片。单击【幻灯片母版】选项卡【关闭】组中的【关闭母版视图】按钮，即可返回普通视图，如下图所示。

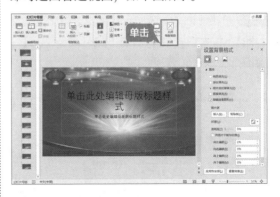

2. 设计首页幻灯片

第1步 删除幻灯片首页的文本框，单击【插入】选项卡【文本】组中的【艺术字】按钮，在弹出的下拉列表中选择一种艺术字样式，如下图所示。

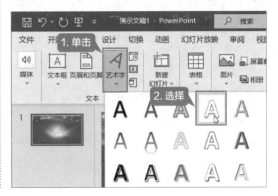

第2步 即可在幻灯片中插入艺术字文本框。在"请在此放置你的文字"文本框中输入"××公司年会方案"文本，然后设置其【字体】为"楷体"，【字号】为"80"，添加加粗效果并拖曳文本框至合适位置，完成设置后的效果如下图所示。

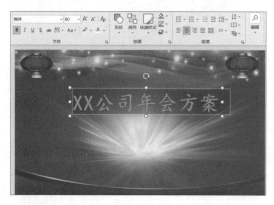

第3步 单击【插入】选项卡【文本】组中的【文本框】下拉按钮，在弹出的下拉列表中选择【绘制横排文本框】选项，如下图所示。

第4步 在幻灯片中拖曳鼠标绘制文本框，输入"行政部"文本，并设置其【字体】为"楷体"，【字号】为"40"，【颜色】为"白色"，并添加"加粗"效果，完成设置后的效果如下图所示。

至此，幻灯片首页设置完成。

3. 制作目录页幻灯片

第1步 单击【开始】选项卡【幻灯片】组中的【新建幻灯片】下拉按钮，在弹出的下拉列表中选择【仅标题】选项，如下图所示。

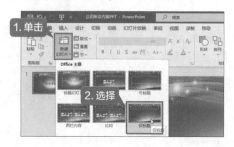

第2步 插入"仅标题"幻灯片。在【单击此处添加标题】文本框中输入"目录"文本，如下图所示。

第3步 插入横排文本框，并输入相关内容，设置【字体】为"楷体"，【字号】为"40"，【字体颜色】为"白色"，完成设置后的效果如下图所示。

第4步 选中所输入的目录内容，添加项目符号，并设置颜色为"白色"。添加项目符号后的效果如下图所示。

4. 制作活动概述幻灯片

第1步 插入"仅标题"幻灯片，修改标题文本为"活动概述"，如下图所示。

第2步 打开"素材\ch12\活动概述.txt"文档，复制其内容，将其粘贴到幻灯片页面中，并根据需要设置字体格式，完成设置后的效果如下图所示。

5. 制作议程安排幻灯片

第1步 插入"仅标题"幻灯片，修改标题文本为"议程安排"，如下图所示。

第2步 插入【重复蛇形流程】SmartArt 图形，根据需要输入相关内容并设置字体格式，完成设置后的效果如下图所示。

第3步 选中最后一个形状并单击鼠标右键，在弹出的快捷菜单中选择【添加形状】→【在后面添加形状】选项，即可插入新形状。在新形状中输入相关内容后，所有流程输入完毕，呈现效果如下图所示。

第4步 选中重复蛇形流程图，单击【SmartArt 设计】选项卡【SmartArt 样式】组中的【更改颜色】按钮，在弹出的下拉列表中选择一种颜色样式，如下图所示。

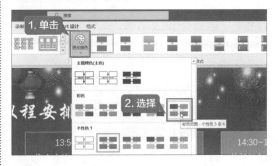

第5步 再次选中重复蛇形流程图，单击【SmartArt 设计】选项卡【SmartArt 样式】组右下角的【其他】按钮，在弹出的下拉列表中选择一种样

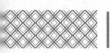
式，应用于重复蛇形流程图，如下图所示。

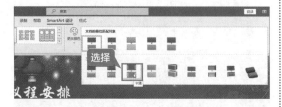

第6步 根据需要调整 SmartArt 图形的大小，并调整箭头的样式及粗细，完成调整后的效果如下图所示。

6. 制作晚宴安排幻灯片

第1步 插入"仅标题"幻灯片，修改标题文本为"晚宴安排"，如下图所示。

第2步 绘制自选图形，打开"素材\ch12\公司年会方案\晚宴安排.txt"文档，根据文档在图形中输入内容，完成输入后的效果如下图所示。

7. 制作其他幻灯片

第1步 插入"仅标题"幻灯片，修改标题文本为"年会准备"，打开"素材\ch12\公司年会方案\年会准备.txt"文档，将其内容复制到"年会准备"幻灯片页面中，并根据需要设置字体格式，完成设置后的效果如下图所示。

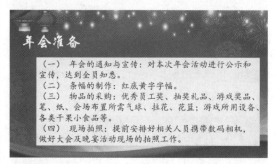

第2步 插入"仅标题"幻灯片，修改标题文本为"年会分工"，如下图所示。

第3步 单击【插入】选项卡【表格】组中的【表格】下拉按钮，在弹出的下拉列表中选择【插入表格】选项，如下图所示。

第4步 弹出【插入表格】对话框，设置【列数】为"2"，【行数】为"8"，单击【确定】按钮，如下图所示。

第 5 步 即可插入一个 8 行 2 列的表格，输入相关内容，完成输入后的效果如下图所示。

第 6 步 根据需要调整表格的行高，设置表格中文本的格式，并设置表格内容为垂直居中对齐，完成设置后的效果如下图所示。

第 7 步 插入"仅标题"幻灯片，修改标题文本为"应急预案"，打开"素材\公司年会方案\ch12\应急预案.txt"文档，将其内容复制到"应急预案"幻灯片页面中，并根据需要设置字体格式，完成设置后的效果如下图所示。

8. 制作结束页幻灯片

第 1 步 单击【开始】选项卡【幻灯片】组中的【新建幻灯片】按钮，在弹出的下拉列表中选择【空白】选项，新建"空白"幻灯片，如下图所示。

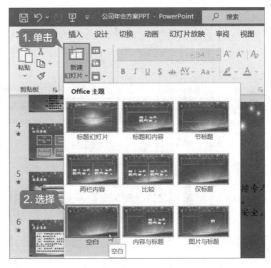

第 2 步 单击【插入】选项卡【文本】组中的【艺术字】按钮，在弹出的下拉列表中选择一种艺术字样式。在插入的艺术字文本框中输入"谢谢大家！"文本，并设置【字体】为"楷体"，【字号】为"96"，完成设置后的效果如下图所示。

9. 添加动画和切换效果

第 1 步 选中第 1 张幻灯片，单击【切换】选项卡【切换到此幻灯片】组中的【其他】按钮，在弹出的下拉列表中选择一种切换样式。此处选择【细微】选项区域中的【覆盖】切换样式，如下图所示。

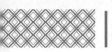
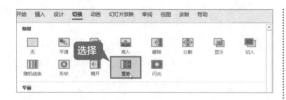

第2步 单击【切换】选项卡【切换到此幻灯片】组中的【效果选项】按钮，在弹出的下拉列表中选择【自底部】选项，设置切换效果，如下图所示。

第3步 在【切换】选项卡【计时】组中设置【持续时间】为"02.50"，单击【应用到全部】按钮，将所设置的切换效果应用至所有幻灯片，如下图所示。

第4步 选中第1张幻灯片中的标题文本，单击【动画】选项卡【动画】组中的【其他】按钮，在弹出的下拉列表中选择一种动画样式。此处选择【进入】选项区域中的【飞入】动画效果，如下图所示。

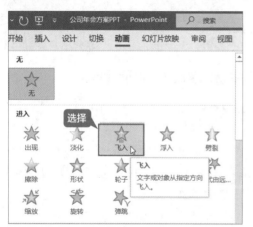

第5步 单击【动画】选项卡【动画】组中的【效果选项】按钮，在弹出的下拉列表中选择【自顶部】选项，设置动画转换的效果，如下图所示。

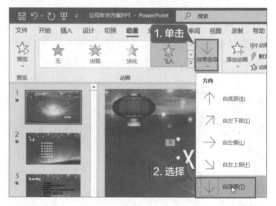

第6步 在【动画】选项卡【计时】组中设置【开始】为"与上一动画同时"，【持续时间】为"01.50"，【延迟】为"00.50"，如下图所示。

第7步 即可为所选内容添加动画效果，完成添加后，其前方将显示动画序号。使用同样的方法，为其他文本内容、SmartArt图形、自选图形、图表及图片等添加动画效果。完成公司年会方案幻灯片制作后的最终效果如下图所示。

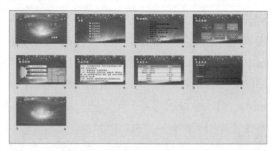

第13章

办公中必备的技能

📁 本章导读

　　打印机是自动化办公中重要的输出设备之一。如今，具备办公管理所需的知识与经验，熟练操作常用的办公器材，在自动化办公中是十分必要的。本章主要介绍连接并设置打印机、打印 Word 文档、打印 Excel 表格、打印 PowerPoint 幻灯片的方法。

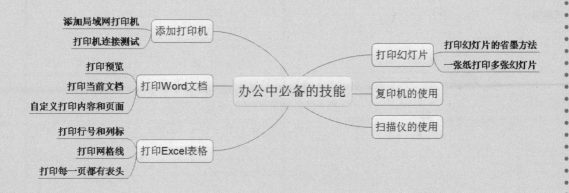

13.1 添加打印机

打印机是自动化办公中重要的输出设备之一。通过打印机，用户可以将在计算机中编辑好的文档、图片等资料打印输出到纸上，进而将资料进行存档、报送或其他用途。

13.1.1 添加局域网打印机

连接打印机后，如果计算机没有检测到新硬件，可以通过安装打印机驱动程序的方法添加局域网打印机，具体操作步骤如下。

第1步 在【开始】按钮上单击鼠标右键，在弹出的快捷菜单中选择【控制面板】选项，打开【控制面板】窗口。在【控制面板】窗口中单击【硬件和声音】下的【查看设备和打印机】超链接，如下图所示。

第2步 弹出【设备和打印机】窗口，单击【添加打印机】按钮，如下图所示。

第3步 即可打开【添加设备】对话框，系统会自动搜索网络内的可用打印机。选中搜索到的打印机名称，单击【下一页】按钮，如下图所示。

| 提示 |

如果需要安装的打印机不在列表内，可单击【添加设备】对话框左下方的【我所需的打印机未列出】超链接，在打开的【添加打印机】对话框【按其他选项查找打印机】选项区域中选择其他打印机，如下图所示。

第4步 将会弹出【添加设备】对话框，输入

WPS PIN 即可进行打印机连接，输入界面如下图所示。

第5步 正确输入相关内容后，即可得到成功添加打印机的提示，单击【完成】按钮，就完成了对打印机的安装，如下图所示。

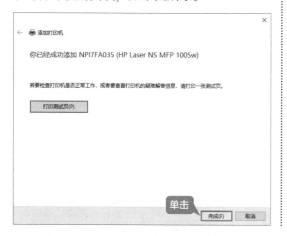

第6步 在【设备和打印机】窗口中，用户可以看到新添加的打印机，如下图所示。

|提示|::::::::

如果有驱动光盘，双击 Setup.exe 文件即可直接运行光盘。

13.1.2 打印机连接测试

安装打印机之后，需要测试打印机的连接是否有误，最直接的方式就是打印测试页。

方法1：在安装驱动过程中测试

安装驱动过程中，在提示打印机安装成功的界面单击【打印测试页】按钮，如果能正常打印，就表示打印机连接正常，单击【完成】按钮即可完成对打印机的安装，如下图所示。

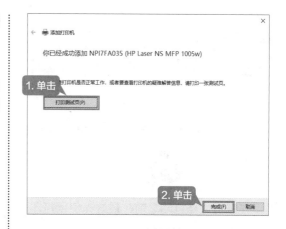

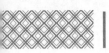

| 提示 |

如果不能打印测试页，表明打印机安装不正确，可以通过检查打印机是否已开启、打印机是否在网络中或重装驱动来排除故障。

方法2：在【属性】对话框中测试

第1步 在【开始】按钮上单击鼠标右键，在弹出的快捷菜单中选择【控制面板】选项，打开【控制面板】窗口。在【控制面板】窗口中单击【硬件和声音】下的【查看设备和打印机】超链接，如下图所示。

第2步 弹出【设备和打印机】窗口，在要测试的打印机的图标上单击鼠标右键，在弹出的快捷菜单中选择【打印机属性】命令，如下图所示。

第3步 弹出【属性】对话框，在【常规】选项卡下单击【打印测试页】按钮，如下图所示，如果能够正常打印，就表示打印机连接正常。

 13.2 打印 Word 文档

将文档打印出来，可以方便用户进行存档或传阅，本节讲述打印 Word 文档的相关知识。

13.2.1 打印预览

在进行文档打印之前，最好先使用打印预览功能查看即将打印的文档的打印预览效果，以免出现错误，浪费纸张。

打开"素材 \ch13\ 培训资料 .docx"文档，选择【文件】选项卡中的【打印】选项，即可在右侧显示打印预览效果，如下图所示。

13.2.2 打印当前文档

用户在打印预览中对该文档的效果感到满意后，就可以对文档进行打印，具体操作步骤如下。

第 1 步 在打开的"培训资料 .docx"文档中选择【文件】选项卡中的【打印】选项，在【打印】选项区域【打印机】下拉列表中选择打印机，打印机列表如下图所示。

第 2 步 在【文件】选项卡【打印】选项中的【设置】选项区域中单击【打印所有页】下拉按钮，在弹出的下拉列表中选择【打印所有页】选项，如下图所示。

第 3 步 在【文件】选项卡【打印】选项中的【份数】微调框中设置需要打印的份数，如这里输入"3"，单击【打印】按钮，即可打印当前文档，如下图所示。

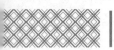
13.2.3 自定义打印内容和页面

打印文本内容时，并没有要求一次至少打印一张，有的时候可以只打印所需要的内容，而不打印无用的内容。

1. 自定义打印内容

第1步 在打开的"培训资料 .docx"文档中选中要打印的文档内容，如下图所示。

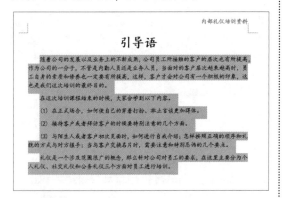

第2步 选择【文件】选项卡中的【打印】选项，在【设置】选项区域中单击【打印所有页】下拉按钮，在弹出的下拉列表中选择【打印选定区域】选项。设置要打印的份数，单击【打印】按钮即可进行打印，如下图所示。

> **提示**
>
> 完成以上操作后，即可看到仅打印出了所选中的文本内容。

2. 打印当前页面

第1步 在打开的文档中，将光标定位至要打印的 Word 页面中，如下图所示。

第2步 选择【文件】选项卡中的【打印】选项，在【设置】选项区域中单击【打印所有页】下拉按钮，在弹出的下拉列表中选择【打印当前页面】选项，单击【打印】按钮即可进行打印，如下图所示。

3. 打印连续或不连续页面

在打开的文档中，选择【文件】选项卡中的【打印】选项，在【设置】选项区域中的【页

数】文本框中输入要打印的页码，如"2~4,6"，即表示打印第 2~4 页和第 6 页的内容，此时，【页数】文本框上方的选项变为【自定义打印范围】，单击【打印】按钮即可打印所选页码的内容，如下图所示。

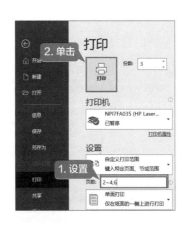

| 提示 |

　　输入要打印的页码时，连续页码可以使用英文半角连接符，不连续页码可以使用英文半角逗号分隔。

13.3 打印 Excel 表格

　　打印 Excel 表格时，用户也可以根据需要设置不同的打印方法，如在同一页面打印不连续的区域、打印行号和列标，或者每页都打印标题行等。

13.3.1 打印行号和列标

　　打印 Excel 表格时，可以根据需要将行号和列标打印出来，具体操作步骤如下。

第 1 步 打开"素材 \ch13\ 客户信息管理表 .xlsx"文档，选择【文件】选项卡中的【打印】选项，进入打印预览界面，右侧即可显示打印预览效果，默认情况下不打印行号和列标。单击【设置】选项区域中的【页面设置】超链接，如下图所示。

第 2 步 弹出【页面设置】对话框，在【工作表】选项卡【打印】选项区域中选中【行和列标题】复选框，单击【确定】按钮，如下图所示。

第 3 步 即可在预览区域看到添加行和列标题后的打印预览效果，如下图所示。

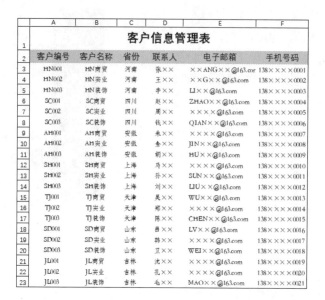

13.3.2 打印网格线

打印 Excel 表格时，默认情况下不打印网格线。如果表格中没有设置边框，可以通过设置，在打印时将网格线显示出来，具体操作步骤如下。

第1步 在打开的素材文件中，打开【页面设置】对话框（具体步骤可参考 13.3.1 内容），在【工作表】选项卡【打印】选项区域中选中【网格线】复选按钮，单击【确定】按钮，如下图所示。

第2步 即可在打印预览区域看到添加网格线后的打印预览效果，如下图所示。

| 提示 |

选中【单色打印】复选框，可以以灰度形式打印工作表。选中【草稿质量】复选框，可以节约耗材、提高打印速度，但打印质量会降低。

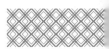

13.3.3 打印每一页都有表头

如果工作表中内容较多，排了两页及以上，那么除了第 1 页外，其他页面都不显示标题行。设置每页都打印标题行的具体操作步骤如下。

第1步 在打开的素材文件中，单击【文件】选项卡中的【打印】选项，进入打印预览界面，单击打印预览区域下的【下一页】按钮▶，可以看到第 2 页不显示标题行，如下图所示。

第2步 返回工作表操作界面，单击【页面布局】选项卡【页面设置】组中的【打印标题】按钮，如下图所示。

第3步 弹出【页面设置】对话框，在【工作表】选项卡【打印标题】选项区域中单击【顶端标题行】右侧的按钮，如下图所示。

第4步 弹出【页面设置 - 顶端标题行 :】对话框，选中第 1 行至第 2 行，单击按钮，如下图所示。

第5步 返回【页面设置】对话框，单击【打印预览】按钮，如下图所示。

第6步 在打印预览界面选择"第 2 页"，即可看到第 2 页上方显示的标题行，如下图所示。

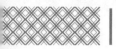

┃ 提示 ┃ ┆┆┆┆┆┆

使用同样的方法，还可以设置每页都打印左侧标题列。

 13.4 打印幻灯片

常用的幻灯片打印主要包括打印当前幻灯片、灰度打印及在一张纸上打印多张幻灯片等。

13.4.1 打印幻灯片的省墨方法

幻灯片通常是彩色的，并且内容较少，在打印幻灯片时，以灰度的形式打印可以省墨。设置灰度打印幻灯片的具体操作步骤如下。

第1步 打开"素材\ch13\推广方案.pptx"文档，打开后的界面如下图所示。

第2步 选择【文件】选项卡，在左侧选择【打印】选项，在【设置】选项区域中单击【颜色】下拉按钮▼，在弹出的下拉列表中选择【灰度】选项，如下图所示。

第3步 此时，可以看到右侧预览区域中的幻灯片以灰度的形式显示，如下图所示。

13.4.2　一张纸打印多张幻灯片

在一张纸上打印多张幻灯片，可以节省纸张，具体操作步骤如下。

第1步 在打开的"推广方案.pptx"幻灯片中选择【文件】选项卡，在左侧选择【打印】选项，在【设置】选项区域中单击【整页幻灯片】下拉按钮▼，在弹出的列表中选择【6张水平放置的幻灯片】选项，可设置每张纸打印6张幻灯片。【整页幻灯片】的列表选项如下图所示。

第2步 此时可以看到，在右侧的预览区域中，一张纸上显示了6张幻灯片，如下图所示。

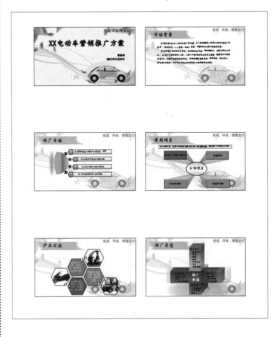

13.5 复印机的使用

复印机是通过书写、绘制或印刷的原稿得到等倍、放大或缩小的复印品的设备。复印机复印的速度快，操作简便，与传统的铅字印刷、蜡纸油印、胶印等的主要区别是无须经过制版等中间手段，能直接通过原稿获得复印品，复印份数不多时较为经济。复印机发展的总体趋势为从低速到高速、从黑白到彩色。至今，复印机、打印机、传真机已融为一体。

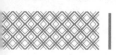

13.6 扫描仪的使用

扫描仪的作用是将稿件上的图像或文字输入计算机。如果是图像，则可以直接使用图像处理软件进行加工；如果是文字，则可以通过 OCR 软件，把图像中的文字转化为计算机能识别的文本文件，节省把字符输入计算机的时间，大大提高输入速度。

目前，许多品牌的办公和家用扫描仪均配有 OCR 软件，如紫光的扫描仪配备了紫光 OCR，中晶的扫描仪配备了尚书 OCR，Mustek 的扫描仪配备了丹青 OCR 等。扫描仪与 OCR 软件共同承担着从文稿输入到文字识别的全过程。

通过扫描仪和 OCR 软件，可以对报纸、杂志等纸质媒体上刊载的文稿进行扫描，随后进行 OCR 识别（或存储成图像文件，留待以后进行 OCR 识别），将图像文件转换成文本文件或 Word 文件进行存储。

1. 安装扫描仪

安装扫描仪与安装打印机类似，但不同接口的扫描仪安装方法不同，此处介绍 USB 接口扫描仪的安装方法。

如果扫描仪的接口为 USB 类型，用户需要在【设备管理器】中查看 USB 装置是否工作正常，然后再安装扫描仪的驱动程序。完成驱动程序的安装后，重新启动计算机，并用 USB 连线把扫描仪接好，计算机就会自动检测新硬件。

查看 USB 装置是否正常的具体操作步骤如下。

第 1 步 在计算机桌面的【此电脑】图标上单击鼠标右键，在弹出的快捷菜单中选择【属性】命令，如下图所示。

第 2 步 弹出【设置】窗口，单击右侧的【设备管理器】超链接，如下图所示。

第 3 步 弹出【设备管理器】窗口，展开【通用串行总线控制器】列表，查看 USB 设备是否正常工作，如下图所示。如果有问号或叹号，都是 USB 设备不能正常工作的提示。

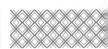

2. 扫描文件

扫描文件时要先启动扫描程序，再将要扫描的文件放入扫描仪中，运行扫描程序。

运行扫描程序时，单击【开始】按钮，在弹出的开始菜单中选择【W】→【Windows附件】→【Windows 传真和扫描】命令，打开【Windows 传真和扫描】窗口，单击【新扫描】按钮即可。【Windows 传真和扫描】窗口界面如下图所示。

1. 节省办公耗材——双面打印文档

打印文档时，可以将文档在纸张上双面打印，节省办公耗材。设置双面打印文档的具体操作步骤如下。

第1步 打开"培训资料.docx"文档，选择【文件】选项卡，在界面左侧选择【打印】选项，进入打印预览界面，如下图所示。

第2步 在【设置】选项区域中单击【单面打印】下拉按钮，在弹出的下拉列表中选择【双面打印】选项。然后选择打印机并设置打印份数，

单击【打印】按钮，即可双面打印当前文档，如下图所示。

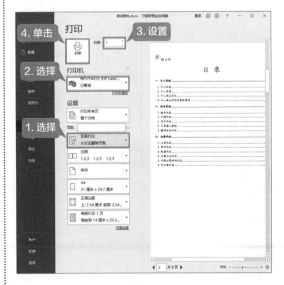

> **提示**
>
> 双面打印包括【从长边翻转页面】和【从短边翻转页面】两个选项。选择【从长边翻转页面】选项，打印后的文档便于按长边翻阅；选择【从短边翻转页面】选项，打印后的文档便于按短边翻阅。

2. 将打印内容缩放到一页上

打印 Word 文档时，可以将多个页面上的内容缩放到一页上打印，具体操作步骤如下。

第1步 打开"培训资料.docx"文档，选择【文件】选项卡，在界面左侧选择【打印】选项，进入打印预览界面，如下图所示。

第2步 在【设置】选项区域中单击【每版打印1页】下拉按钮，在弹出的列表中选择【每版打印8页】选项，然后设置打印份数，单击【打印】按钮，即可将8页的内容缩放到一页上打印，如下图所示。

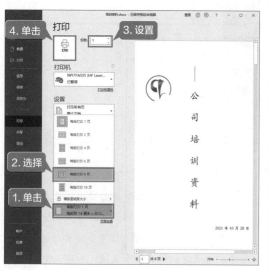

3. 在某个单元格处开始分页打印

打印 Excel 表格时，系统自动的分页可能将需要在一页显示的内容分在两页，用户可以根据需要设置在某个单元格处开始分页打印，具体操作步骤如下。

第1步 打开"素材\ch13\客户信息管理表.xlsx"文档，如果需要在前 11 行 & 前 3 列交汇处开始分页打印，则选中 D12 单元格，如下图所示。

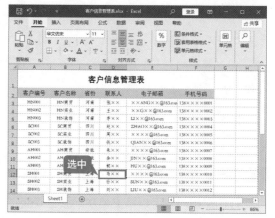

第2步 单击【页面布局】选项卡【页面设置】组中的【分隔符】下拉按钮，在弹出的下拉列表中选择【插入分页符】选项，如下图所示。

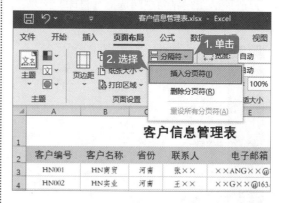

第3步 单击【视图】选项卡【工作簿视图】组中的【分页预览】按钮，进入分页预览界面，即可看到分页效果。分页效果如下图所示。

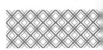

| 提示 |

拖曳表格中间的蓝色分隔线，可以调整分页的位置；拖曳表格底部和右侧的蓝色分隔线，可以调整打印区域。

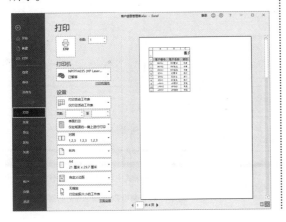

第4步 选择【文件】选项卡，在界面左侧选择【打印】选项，进入打印预览界面，即可看到将从D12单元格开始分页打印后的界面，如下图所示。

| 提示 |

如果需要将工作表中所有行或所有列，甚至是工作表中的所有内容在同一个页面打印，可以在打印预览界面单击【设置】选项区域中的【无缩放】下拉按钮▼，在弹出的列表中根据需要选择相应的选项即可，如下图所示。

第14章

Word/Excel/PPT 2021
组件间的协作

📇 本章导读

　　在办公过程中，经常会遇到诸如如何在 Word 文档中使用 Excel 表格等问题，而 Word/Excel/PPT 2021 组件之间可以很方便地进行相互调用，提高工作效率。使用 Word/Excel/PPT 2021 组件间的协作进行办公，会发挥 Office 办公软件的强大功能。

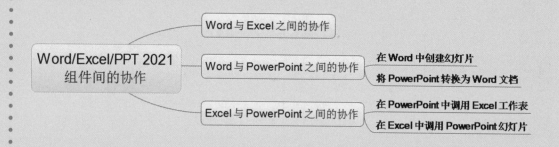

14.1 Word 与 Excel 之间的协作

在 Word 2021 中，可以创建 Excel 工作表，这样不仅可以使文档的内容更加清晰、表达的意思更加完整，还可以节约处理数据的时间。在 Word 文档中插入 Excel 表格的具体操作步骤如下。

第 1 步 打开"素材 \ch14\ 公司年度报告 .docx"文档，将光标定位于准备插入 Excel 表格的文本上方，单击【插入】选项卡【文本】组中的【对象】按钮，如下图所示。

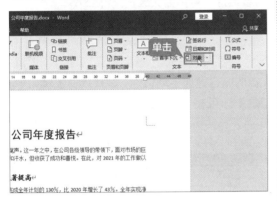

第 2 步 弹出【对象】对话框，单击【由文件创建】选项卡下的【浏览】按钮，如下图所示。

第 4 步 返回【对象】对话框，可以看到所插入文档的路径，单击【确定】按钮，如下图所示。

第 5 步 插入工作表后的效果如下图所示。

第 6 步 在工作表上双击鼠标左键，即可进入编辑状态，对工作表中的内容进行修改，如下图所示。

第 3 步 弹出【浏览】对话框，选择"素材 \ch14\ 公司业绩表 .xlsx"文档，单击【插入】按钮，如下图所示。

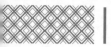

> **｜提示｜** ⋮⋮⋮⋮⋮⋮
>
> 除了在 Word 文档中插入 Excel 工作表外，还可以在 Word 文档中新建 Excel 工作表，或者对 Excel 工作表进行编辑。

14.2 Word 与 PowerPoint 之间的协作

Word 和 PowerPoint 各自具有鲜明的特点，两者结合使用，会大大提高办公效率。

14.2.1 在 Word 中创建幻灯片

在 Word 2021 中插入幻灯片，可以使 Word 文档的内容更加生动直观，具体操作步骤如下。

第1步 打开"素材 \ch14\ 旅游计划 \ 旅游计划 .docx"文档。将光标定位于准备插入幻灯片的文本下方，单击【插入】选项卡【文本】组中的【对象】按钮 ，如下图所示。

第2步 弹出【对象】对话框，选择【新建】选项卡【对象类型】列表框中的【Microsoft PowerPoint Presentation】选项，单击【确定】按钮，如下图所示。

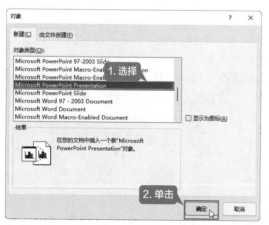

第3步 即可在文档中新建一个空白的幻灯片，并进入其编辑窗口，如下图所示。

第4步 此时，用户可以根据需求对插入的幻灯片进行编辑，如设计主题、插入图片、添加动画等，如下图所示。

第5步 编辑完成后，按【Esc】键结束对幻灯片

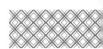

的编辑，即可根据情况调整幻灯片的尺寸大小，完成调整后的效果如下图所示。

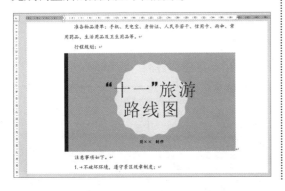

第 6 步 双击新建的幻灯片，即可进入放映状态，效果如下图所示。

14.2.2　将 PowerPoint 转换为 Word 文档

用户可以将 PowerPoint 中的内容转化到 Word 文档中，以方便阅读、打印和检查，具体操作步骤如下。

第 1 步 打开要转换为 Word 文档的 PPT，选择【文件】选项卡，单击左侧的【导出】选项，在【导出】界面中单击【创建讲义】下的【创建讲义】按钮，如下图所示。

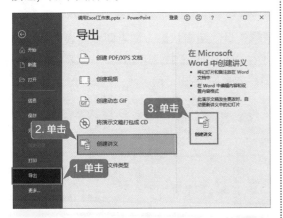

第 2 步 弹出【发送到 Microsoft Word】对话框，

选中【Microsoft Word 使用的版式】选项区域中的【空行在幻灯片下】单选按钮，然后选中【将幻灯片添加到 Microsoft Word 文档】选项区域中的【粘贴】单选按钮，单击【确定】按钮，如下图所示，即可将 PPT 中的内容转换为 Word 文档。

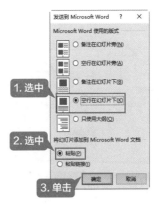

14.3　Excel 与 PowerPoint 之间的协作

在文档编辑过程中，Excel 和 PowerPoint 之间可以很方便地进行相互调用，制作出更专业的文件。

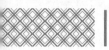

14.3.1 在 PowerPoint 中调用 Excel 工作表

在 PowerPoint 中调用 Excel 工作表的具体操作步骤如下。

第1步 打开"素材 \ch14\ 调用 Excel 工作表 .pptx"文档，选中第 2 张幻灯片，单击【开始】选项卡【幻灯片】组中的【新建幻灯片】按钮，在弹出的下拉列表中选择【仅标题】选项。新建一张"标题"幻灯片，在【单击此处添加标题】文本框中输入"各店销售情况"文本，并根据需要设置标题样式，完成设置后的效果如下图所示。

第2步 单击【插入】选项卡【文本】组中的【对象】按钮，弹出【插入对象】对话框。选中【由文件创建】单选按钮，然后单击【浏览】按钮，选择"素材 \ch14\ 销售情况表 .xlsx"文档，单击【确定】按钮，如下图所示。

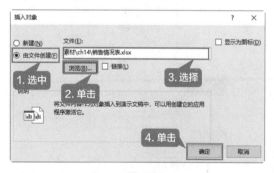

第3步 即可在幻灯片中插入 Excel 表格。双击表格，进入 Excel 工作表的编辑状态，选中 B9

单元格，输入公式"=SUM(B3:B8)"，按【Enter】键，即可计算总销售额，如下图所示。

第4步 使用快速填充功能，填充 C9:F9 单元格区域，计算出各店总销售额，完成填充后的效果如下图所示。

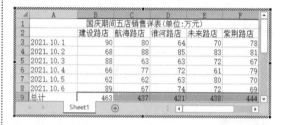

第5步 退出编辑状态，适当调整图表大小，完成在 PowerPoint 中调用 Excel 工作表的操作。最终效果如下图所示。

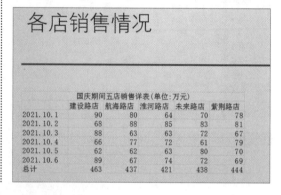

14.3.2 在 Excel 中调用 PowerPoint 幻灯片

在 Excel 中调用 PowerPoint 幻灯片的具体操作步骤如下。

第1步 打开"素材 \ch14\ 公司业绩表 .xlsx"工作表，单击【插入】选项卡【文本】组中的【对象】按钮，如下图所示。

第2步 弹出【对象】对话框，单击【由文件创建】选项卡下的【浏览】按钮，选择 "素材\ch14\公司业绩分析.pptx" 文档，单击【插入】按钮，即可看到所插入文件的路径出现在【文本名】文本框中，单击【确定】按钮，如下图所示。

第3步 即可在 Excel 工作表中插入幻灯片。在插入的幻灯片上单击鼠标右键，在弹出的快捷菜单中选择【Presentation 对象】→【编辑】选项，如下图所示。

第4步 即可进入幻灯片的编辑状态，对幻灯片进行编辑操作。编辑结束后，在任意位置单击鼠标左键，即可完成对幻灯片的编辑操作，如下图所示。

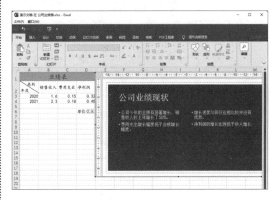

第5步 退出编辑状态后，在幻灯片上双击鼠标左键，即可放映插入的幻灯片，如下图所示。

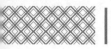

在 Excel 工作表中导入 Access 数据

在 Excel 工作表中导入 Access 数据的具体操作步骤如下。

第1步 在 Excel 工作表中单击【数据】选项卡【获取和转换数据】组中的【获取数据】按钮，在弹出的列表中选择【来自数据库】→【从 Microsoft Access 数据库】选项，如下图所示。

第2步 弹出【导入数据】对话框，选择"素材\ch14\ 通讯录 .accdb"文件，单击【导入】按钮，如下图所示。

第3步 弹出【导航器】对话框，选择要导入的数据后，单击【加载】按钮，如下图所示。

第4步 即可将 Access 数据库中的数据添加到 Excel 工作表中，如下图所示。